사계절

우리 숲에서 만나는

곤충

사계절 우리 숲에서 만나는 곤충

초판 1쇄 발행일 2015년 7월 5일
초판 3쇄 발행일 2017년 4월 4일

글·사진 정부희
펴낸이 이원중
펴낸곳 지성사 출판등록일 1993년 12월 9일 등록번호 제10-916호
주소 (122-899) 서울시 은평구 진흥로1길 4(역촌동 42-13) 2층
전화 (02) 335-5494 팩스 (02) 335-5496
홈페이지 지성사.한국 | www.jisungsa.co.kr 이메일 jisungsa@hanmail.net

ISBN 978-89-7889-303-9 (03490)

잘못된 책은 바꾸어 드립니다. 책값은 뒤표지에 있습니다.

이 도서의 국립중앙도서관 출판시도서목록(CIP)은 서지정보유통지원시스템 홈페이지(http://seoji.nl.go.kr)와 국가자료공동목록시스템(http://www.nl.go.kr/kolisnet)에서 이용하실 수 있습니다. (CIP제어번호:CIP2015015660)

사계절

봄
여름
가을
겨울

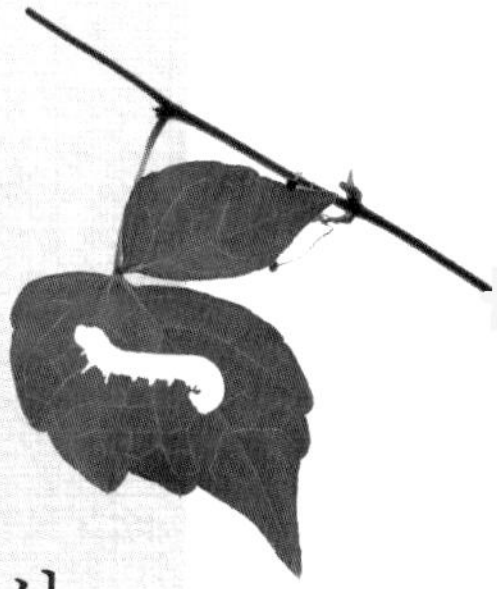

우리 숲에서 만나는

곤충

글과 사진_ **정부희**

지성사

| 저자의 글 |

봄, 여름, 가을, 겨울
계절 타는 곤충들과의 조우

제겐 아들이 둘 있는데, 한 녀석은 '대동물', 한 녀석은 '소동물'을 공부합니다. 얼마 전, 이제 막 곤충학도로서 걸음마를 시작한 작은아들이 은사 교수님과 선배들 틈에 끼어 곤충 조사차 라오스에 다녀왔습니다. '곤충 까막눈'이 뭘 보고 왔는지 걱정 반 궁금증 반이었는데 아들이 하는 말.

"라오스 곤충은 얼마나 큰지 거의 생쥐만 해요. 세상에! 어떤 방아벌레는 제 손가락만 한데 꽉 깨물기까지 하더라고요. 또 얼마나 화려한지 몸에서 광채가 번쩍번쩍 번뜩여요."

라오스는 일 년 내내 덥고 우기 건기가 교차하는 열대몬순 지역이다 보니 화려하고 커다란 곤충들이 많이 삽니다. 그에 비해 우리나라는 봄, 여름, 가을, 겨울 사계절이 뚜렷한 온대 지방이다 보니 곤충들이 열대 지역 곤충보다 몸집도 작고, 색깔도 수수합니다. 그렇지만 변화하는 계절에 맞춰 적응된 곤충들이 많아 다양성은 굉장히 높은 편입니다.

우리나라에 사는 곤충 종수는 대략 1만 6천여 종으로 추정됩니다. 이 많은 곤충들은 도대체 어디에 있을까요? 까칠한 녀석들은 아무 때나 얼굴을 보여주지 않습니다. 우리 눈에 잘 띄는 어른벌레의 시절은 매우 짧기 때문에 (짧게는 일주일에서 길게는 때때로 몇 달까지 어른벌레로 산다) 녀석들과 소중한 인연이 닿아야만 조우할 수 있습니다. 다행히도 곤충과의 인연을 맺을 기회는 산으로 들로 발품을 많이 팔면 팔수록 많아집니다. 그렇다고 무턱대고 산과 들에 나갈 수는 없는 일. 대부분의 곤충은 제각각 자신에 맞는 계절을 선택해서 살기 때문에 시기를 잘 맞춰 나가면 어여쁘고 경이로운 곤충과 벅찬 해후를 할 수 있습니다.

봄 곤충, 여름 곤충, 가을 곤충을 명확하게 구분할 수는 없지만, 그래도 대체로 봄에 많이 보이는 곤충이 있고, 여름에 많이 보이는 곤충이 있고, 가을에 많이 마주치는 곤충이 있습니다. 그 많은 곤충의 이름을 일일이 불러주면 좋으련만 그건 웬만한 곤충학자에게도 버거울 만큼 어렵습니다. 이름을 모른다고 보석같이 아름다운 곤충과의 만남을 포기할 수 없지요. 다행히도 곤충들은 계절 따라 비슷한 서식지에 비슷한 종들이 무리 지어 생활해 맘만 먹으면 데이트할 수 있답니다.

우선 봄부터 볼까요? 봄이 버선발로 걷듯 사뿐사뿐 찾아오면 숲 바닥에서는 새싹이 파릇파릇 돋아나고, 앙증맞은 야생화들이 죄다 얼굴을 내밉니다. 복수초, 현호색, 얼레지 꽃, 양지꽃, 바람꽃, 제비꽃 등이 봄꽃 잔치를 벌이면 이때를 놓칠세라 곤충들이 우르르 쏟아져 나와 합세합니다. 녀석들은 추운 겨우내 굶주린 배를 채우느라 제각각 자신의 식성에 맞는 밥상을 찾아가 식사를 합니다. 녀석들은 '젠틀맨'이라 남의 영역은 침범하지 않고 자신이 좋아하는 밥만 먹습니다. 그건 오랫동안 진화 과정을 통해 주둥이가 자신이 선택한 먹잇감에 적합하도록 변형되었기 때문입니다. 예를 들면 파리, 꽃무지, 꽃하늘소 등은 꽃 중에서 영양가가 가장 많은 꽃가루를 먹고, 어른 나비들과 꿀벌들은 꽃꿀을 마시고, 나비목 애벌레, 잎벌 애벌레와 잎벌레들(딱정벌레목)은 잎사귀를 쑥덕쑥덕 씹어 먹습니다. 다들 짧은 봄을 만끽하며 맛있는 식사를 하다 맘에 드는 짝을 만나 번식 프로젝트에 들어갑니다. 봄이 끝날 무렵이면 대부분의 봄 곤충은 서둘러 한살이를 마감하고 자취를 감추기 시작합니다. 그 많던 나비 애벌레들은 번데기 만들러 땅속, 나뭇잎 사이나 줄기 등으로 들어가고, 꽃하늘소, 목대장, 파리 등은 알을 낳고 죽기 때문입니다.

여름입니다. 봄 곤충이 들어가자 이제 여름 곤충들이 본격적으로 모습을 보이기 시작합니다. 봄 동안 부지런히 성장해 번데기가 되었던 나비와 나방은 어느새 어른벌레로 변신해 풀밭과 숲 언저리에서 나풀나풀 춤추며 날아다닙니다. 그뿐만 아닙니다. 배 끝을 전갈처럼 치켜든 밑들이류, 보기만 해도 무시무시한 말벌류, 부지런한 파리매류, 귀여운 아기 사마귀 등 육식성 곤충들도 숲 언저리를 활발하게 돌아다니고, 노린재와 메뚜기 애벌레들도 제법 눈에 띄기 시작합니다.

뭐니 뭐니 해도 여름 곤충 하면 수액 곤충입니다. 수액 곤충은 식물의 생생한 즙을 먹고 사는 곤충으로, 노린재목인 매미류와 노린재류, 딱정벌레목인 밑빠진벌레, 나무쑤시기, 사슴벌레와 장수풍뎅이 등을 꼽을 수 있습니다. 특히 초여름에는 매미 가족들을 많이 만날 수 있습니다. 가래침 같은 거품을 뽀글뽀글 내는 거품벌레류, 톡톡 튀어 다니는 멸구류와 매미충류, 중국에서 건너와 토종 식물을 해치우는 꽃매미, 뿔 달린 뿔매미류, 만지면 물컹거리는 진딧물류, 선녀처럼 어여쁜 선녀벌레, 머리에 상투를 튼 것 같은 상투벌레류, 소리 높여 노래 부르는 매미류, 솜털 같은 분비물을 뒤집어쓰는 깍지벌레류, 식물이 혹을 만들게 하는 면충류 등등 이루 셀 수 없이 많습니다.

여름이 무르익어갈 즈음, 숲 속에선 때아닌 곤충 반상회가 열립니다. 옹달샘처럼 솟아나는 숲 속 나무의 수액에는 여름 곤충이 죄다 몰려와 식사하니 말입니다. 나뭇진 옹달샘은 소우주입니다. 시금털털하고 단내 폴폴 풍기는 나뭇진에는 당분 말고도 아미노산, 칼륨, 마그네슘 등 영양물질이 듬뿍 들어 있어 배고픈 곤충들에게 최고의 영양밥이 되어주고, 편히 쉴 수 있는 쉼터가 되어줍니다. 수노랑나비, 흑백알락나비, 은판나비, 청띠신선나비, 네발나비, 장수말벌, 털보말벌, 말벌, 좀말벌, 쌍살벌, 풍이, 좀파리류, 꽃등에류, 개미, 밑빠진벌레, 고려나무쑤시기, 풍뎅이붙이류, 사슴벌레류, 장수풍뎅이……. 열 손가락으로 턱없이 모자랄 정도로 많은 곤충이 제집 드나들 듯 나뭇진 옹달샘에 모여듭니다.

세월은 흘러 어느새 가을. 선선한 바람이 살랑살랑 불어오니 여기저기서 또르르 또르르르 청아한 귀뚜라미 노랫소리가 들려옵니다. 드디어 가을 곤충의 시대가 열렸습니다. 진녹색의 잎사귀들이 누렇게 바래갈 무렵, 숲 언저리는 메뚜기류, 사마귀류, 노린재류, 잠자리류 등으로 북적댑니다. 녀석들은 대부분 봄에 알에서 깨어나서 여름내 쑥쑥 자라다 가을 무렵이면 어른으로 변신하니 명 하나는 깁니다. 그러고 보니 가을은 안갖춘탈바꿈(불완전변태)을 하는 곤충들의 계절이군요. 안갖춘탈바꿈을 하는 곤충들은 번데기 시절을 거치지 않고 애벌레에서 곧바로 어른벌레가 됩니다.

가을 하면 가장 먼저 떠오르는 곤충은 메뚜기. 그야말로 가을 풀밭은 '메뚜기 백화점'입니다. 툭툭 튀어 도망가는 팥중이, '탁' 소리를 내며 '푸더더덕' 날아가는 풀무치, 색시같이 다소곳한 섬서구메뚜기, 풀 위를 겅중겅중 걸어 다니는 실베짱이류, 풀줄기 뒤에서 감쪽같이 숨어 쌔액 쌔액 노래 부르는 쌕새기, 풀밭이 들썩일 정도로 큰 소리로 도르르륵 노래 부르는 긴날개여치, 은쟁반에 옥구슬 굴러가듯 노래 부르는 귀뚜라미, '개미와 베짱이' 우화의 주인공 베짱이……. 특히 수컷 곤충단원으로 구성된 귀뚜라미, 여치, 베짱이 등의 여치아목 오케스트라는 가을 내내 즉흥 연주를 하는데, 다들 한결같이 암컷을 애타게 기다리며 구혼 환상곡을 부릅니다.

또한 농부들이 공들여 가꿔 놓은 밭에는 노린재들이 제집 드나들 듯 들락거립니다. 잘 익은 콩 열매, 식물 줄기와 잎에 떡하니 자리 잡고 앉아 침 같은 주둥이로 신선한 식물즙을 쭉쭉 빨아먹습니다. 이에 질세라 살아 있는 헬리콥터 잠자리들도 먹잇감과 짝을 찾아 부리나케 들판을 날아다닙니다. 그러다 맘 맞는 짝을 만나면 짝짓기를 한 뒤 시냇물, 웅덩이, 연못, 논에 날아와 알을 낳는 사이 가을도 아쉬움에 뒷걸음질 치며 저만치 떠나갑니다.

새하얀 눈이 소복소복 내리는 겨울입니다. 숲 바닥에는 지난가을에 떨군 낙엽들이 가득합니다. 구수한 낙엽 냄새만 풍길 뿐 숲 속은 고요하기만 합니다. 다들 겨울잠 자러 갔는지 곤충이라곤 눈 씻고 찾아봐야 거의 보이지 않습니다. 다들 어디로 갔을까요? 어떤 사람들은 겨울이 되면 곤충이 다 죽는

다고 말하기도 합니다. 그건 오해입니다. 곤충들은 겉으로 고요해 보이는 추운 겨울 숲 속에서 산 채로 잠을 자고 있습니다. 변온동물인 곤충이 추운 겨울을 이겨내는 방법은 겨울잠을 자는 일인데, 곤충들은 저마다 자신의 한살이 주기에 맞게 겨울을 맞습니다. 사마귀나 메뚜기 같은 곤충들은 알로, 노린재나 무당벌레 같은 곤충들은 어른벌레로, 왕오색나비나 하늘소 같은 곤충들은 애벌레로, 호랑나비나 갈구리나비 같은 곤충들은 번데기 모습으로 겨울잠을 자며 봄이 오기만을 기다립니다. 겨울잠을 자는 장소도 다양합니다. 돌 밑, 덤불 속, 땅속, 물속, 나무껍질 아래, 나무속, 버섯 속, 동굴, 집 안, 낙엽더미 아래 등 따뜻한 곳이면 어디든지 곤충들이 머뭅니다.

그런데 말입니다. 곤충들이 겨울잠을 자는 곳은 거의 야외이기 때문에 온도가 매우 낮습니다. 겨울잠을 자는 동안 곤충들의 몸은 얼지 않을까요? 신기하게도 곤충의 몸에서는 자동차로 치면 부동액 같은 부동물질이 나옵니다. 특히 곤충은 몸이 어는 것을 어느 정도 막아주는 글리세롤을 많이 비축해 매서운 추위를 견뎌냅니다. 겨울! 곤충에게 겨울은 한 숨 쉬어가는 계절입니다. 혹독한 추위와 맞서는 일이 만만치는 않지만 잠시 성장을 멈추고 잠을 자면서 거친 환경을 이겨내는 단련의 계절인 것입니다.

봄, 여름, 가을, 겨울… 곤충들은 계절을 탑니다. 바뀌는 계절에 순응하며 머물기도 하고 떠나가기도 합니다. 제 눈에는 그런 곤충이 머물 때와 떠나갈 때를 진정으로 아는 지혜로운 성자처럼 보입니다. 사람들은 곤충을 보면 징그럽다고 오만상을 하면서 몸을 움츠립니다. '예쁜 곤충'이라고 강요하고 싶지는 않지만 적어도 그 '징그러운' 녀석들이 우리의 이웃인 건 분명합니다.

신발 신고 몇 발짝만 밖으로 나가보세요. 개미 한 마리라도 만날 수 있습니다. 아니 집 안을 뒤져 보세요. 하다못해 바퀴벌레라도 있을 것입니다. 그렇게 우리는 하루도 빼지 않고 늘 곤충들과 동거를 하고 있습니다.

최근 들어 그 많던 곤충들이 사라지고 있습니다. 제가 곤충 세계에 입문할 때만 해도 웬만한 곤충은 거의 만날 수 있었는데, 지금은 운이 따라야 곤충과 상봉할 수 있습니다. 녀석들은 지금도 지구 온난화에 몸살을 앓고, 살충제에 죽어가고, 사람들에게 자신의 집을 빼앗기고, 끊임없이 들어서는 건물과 도로에 쫓겨나고 있는 중입니다. 지금 맘 같아선 징그러워도 좋으니 제발 많은 곤충이 우리 앞에 불쑥불쑥 나타나 주었으면 좋겠습니다. 더 늦기 전에 숲으로 들로 나가보세요. 봄, 여름, 가을, 겨울 가리지 않고 그곳에 우리의 이웃 곤충이 기다리고 있습니다.

광장동 연구실에서 정부희

차 례 |

2부: 여름

3부: 가을

4부: 겨울

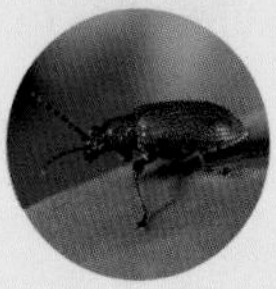

1부

–

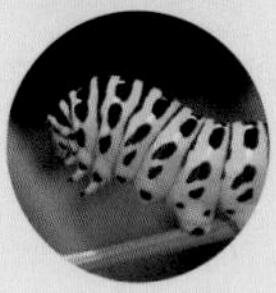

봄

1. 꽃가루에 모이는 곤충

2. 꽃꿀에 모이는 곤충

3. 잎사귀에 모이는 곤충

모질게 춥던 겨울이 저만치 떠나갑니다. 그 틈을 타 봄이 줄달음쳐 옵니다. 남쪽에서 불어오는 훈훈한 바람을 타고 봄은 숲길, 강 언덕, 마을 길, 삭막한 도시 등 온 세상을 파고듭니다. 이맘때면 몸도 맘도 술렁여 숲을 찾는 발걸음이 바빠집니다. 생명이 움트는 봄의 기운을 느끼고 싶어서 말이지요. 어느새 숲길, 얼었던 계곡물이 풀려 바위와 돌멩이에 부딪치며 돌돌돌 경쾌한 노래를 부릅니다. 새들은 맘껏 기지개를 펴며 물소리를 반주 삼아 뭐라 뭐라 재잘댑니다. 박새, 진박새, 쇠박새, 곤줄박이, 동고비, 노랑턱멧새, 오색딱따구리…… 다들 이 나뭇가지에서 저 나뭇가지로 옮겨 다니며 나무껍질 속에서 잠자는 곤충을 찾아 먹고, 막 싹 트려는 꽃눈과 잎눈도 콕콕 쪼아 먹습니다. 이따금씩 수컷 새는 곱고 아름다운 가락을 길게 뽑아 암컷 새를 유혹합니다. 저마다 다른 새들의 멋진 노래는 숲을 들썩이게 합니다. 바야흐로 숲에도 봄이 버선발로 걷듯 사뿐사뿐 찾아오고 있습니다.

잎이 고깔모자를 닮은 고깔제비꽃

얼음을 뚫고 피어난 너도바람꽃

복 받고 오래오래 살라는 복수초

앉은부채 꽃

꽃이 모여 핀 모습이
치마를 닮은 처녀치마

잎에 하얀색 점무늬가 있는 점현호색

꿩의바람꽃

키 큰 나무들이 잎사귀를 틔우려면 아직 먼 듯한데, 숲 바닥에서 뭇 생명이 흙을 뚫고 쑥쑥 솟구치고 있습니다. 차곡차곡 쌓인 낙엽 사이에서 옅은 초록빛 새싹이 뾰족뾰족 땅 위로 솟아나고, 야생화가 앙증맞게 얼굴을 내밉니다. 추운 겨울 동안 따뜻한 봄날이 오기만 애타게 기다린 야생화는 꽃망울을 하나둘 터뜨리며 숲 바닥을 수놓습니다. 복수초 꽃, 처녀치마 꽃, 너도바람꽃, 꿩의바람꽃, 점현호색 꽃, 현호색 꽃, 산괴불주머니 꽃, 얼레지 꽃, 앉은부채 꽃, 양지꽃, 둥근털제비꽃, 남산제비꽃…… 그야말로 이른 봄 숲에선 꽃 잔치가 열립니다.

왜 이른 봄에 꽃을 피울까?

아직은 꽃 피우기에 쌀쌀한 날씨인데, 왜 식물은 얼어 죽는 걸 무릅쓰고 꽃을 피울까요? 이른 봄에 꽃을 피우는 데는 그만한 사정이 있습니다. 바로 햇빛을 흠뻑 받기 위해서입니다. 키 큰 나무가 잎을 내면 햇빛을 다 가리니, 숲 바닥에 사는 풀꽃은 햇빛을 받지 못해 잘 자라지 못합니다. 풀꽃은 햇빛을 조금이라도 더 쬐려고 나무에 잎이 무성하게 달리기 전에 일찌감치 피어납니다. 식물에게 꽃은 생식기관입니다. 꽃을 피워야 암술과 수술이 꽃가루받이가 되고, 꽃가루받이가 되어야 열매를 맺고, 열매를 맺어야만 종족을 보존할 수 있으니까요. 그러니 봄추위에도 아랑곳하지 않고 꽃을 피워 열매를 빨리 맺으려고 온 힘을 다하는 것이지요. 다시 말하면 이른 봄에 꽃을 피우는 식물은 씨앗을 빨리 맺어 일찌감치 종족 번식의 임무를 완수하는 셈입니다. 그러고 보니 이때 나오는 식물은 대부분 잎사귀보다는 꽃을 먼저 피우고, 꽃이 진 다음에 잎사귀를 내는군요. 물론 잎사귀와 꽃을 한꺼번에 내는 경우도 있지만 말입니다. 이렇게 식물은 대부분의 영양분을 꽃을 만드는 데 아낌없이 쏟고, 꽃이 지고 씨앗을 성공적으로 맺으면 잎사귀를 내어 광합성을 해서 본격적으로 영양분을 모읍니다.

이른 봄에 핀 꽃은 어떻게 꽃가루받이를 할까요? 바늘이 가면 실도 따라가는 법. 꽃이 피었으니 곤충도 나옵니다. 아직 밤의 온도는 가끔 영하로 떨어지지만 한낮엔 온도가 제법 올라가 겨우내 굶주린 곤충이 곯은 배를 채우려고 꽃에 날아듭니다. 그러니 꽃들이 피기 시작하면 곤충도 덩달아 바빠집니다. 하지만 이른 봄에 나와 돌아다니는 곤충에겐 고충이 따릅니다. 잘 아시다시피 곤충은 스스로 체온을 조절하지 못하는 변온동물이라 온도가 낮으면 활동을 잘 못하기 때문입니다. 최소한 몸의 온도가 30도 정도는 되어야 물질대사가 순조롭게 돌아가 몸속 에너지를 써서 움직일 수 있습니다. 아무리 숲 바닥에 꽃이 지천으로 피었다 해도, 체온이 떨어지면 몸이 제대로 말을 듣지 않아 곤충은 '꽃밥'을 먹을 수 없습니다. '몸 따로 맘 따로'인 셈이지요.

그래서 곤충은 꾀를 냅니다. 온도가 낮은 아침과 저녁은 낙엽 속, 덤불 속, 돌 밑 같은 따뜻한 곳에서 꼼짝 않고 쉬고 있다가 햇볕이 쨍쨍 내리쬐어 온도가 올라가는 한낮에만 바깥세상으로 나와 꽃을 찾아 날아다닙니다. 꽃들도 이에 맞장구치느라 아침저녁으로는 꽃잎을 오므리고 있다가 한낮에는 꽃잎을 활짝 펴 곤충을 맞아들입니다. 더구나 꽃이 필 때, 꽃에서 에너지 소비가 활발히 일어나 꽃 속 온도는 조금 올라갑니다. 그러니 곤충에게 꽃은 최고의 식당이고 따뜻한 휴게소입니다. 곤충이 이 꽃 저 꽃 들락거리며 식사를 즐기는 동안, 이 꽃에서 묻혀 온 꽃가루를 저 꽃 암술머리에 찰싹 묻히며 중매를 합니다. 꽃밥을 먹는 대가로 꽃가루받이를 도와주는 거지요. 꽃과 곤충의 품앗이 관계는 몇억 년의 적응 과정을 통해 이루어졌습니다.

곤충을 부르는 꽃의 전략

단 한 발짝도 못 움직이는 꽃이 꽃가루받이를 순조롭게 하려면 중매쟁이인 곤충의 도움을 받아야 합니다. 식물은 저마다 곤충이 좋아하는 꽃가루와 꽃꿀이 듬뿍 들어 있는 꽃을 피웁니다. 특히 곤충의 몸 생김새나 곤충의 주둥이에 잘 어울리는 꽃을 피웁니다. 꽃의 생김새를 보면, 꽃에서 가장 중요한 기관인 수술과 암술은 곤충이 들락거리기 좋게 꽃 한가운데에서 피어납니다. 수술 끄트머리에는 수많은 꽃가루가 들어 있는 수술주머니가 달렸고, 암술 끄트머리에도 끈적끈적한 물질을 분비하는 암술머리가 달려 있습니다. 꽃잎은 수술과 암술을 잘 보호하도록 빙 둘러싸고 피어납니다. 꿀샘에 들어 있는 꽃꿀은 누구든 반드시 수술과 암술을 지나야만 맛볼 수 있도록 꽃의 가장 깊은 곳에 두었습니다.

그런데 말입니다. 식물의 입장에서 보면 꽃가루받이하는 데는 오로지 수술과 암술만이 필요할 뿐, 꽃꿀은 아무 쓸모가 없습니다. 되레 꽃꿀을 만들려면 그동안 비축해 둔 영양분만 많이 들어갈 뿐입니다. 그런데 식물은 왜 비싼 비용을 들여가며 꽃꿀을 만드는 걸까요? 이유는 꽃가루를 옮겨주는 중매쟁이 곤충을 더 많이 불러 모으기 위해서입니다. 푸짐한 꽃가루뿐만 아니라 영양가 많은 꽃꿀까지 덤으로 만들어 놓으면 많은 곤충이 꽃에 찾아오게 됩니다. 곤충은 꽃꿀을 먹으면서 자기 몸에 꽃가루를 묻힌 뒤 다른 포기의 꽃으로 날아가는데, 이때 암술머리에 꽃가루가 떨어질 확률이 높습니다. 식물의 꽃꿀 선물 공세는 효과적인 꽃가루받이를 위한 실속 투자인 셈입니다.

꽃은 여기에 만족하지 않고 곤충을 끌어들이려고 더 기발한 전략을 개발합니다. 그중 하나가 식물마다 제각각 다른 모양으로 꽃을 피워 자기 꽃 모양에 딱 맞는 곤충만 불러들이는 것입니다. 꽃 모양을 달리해서 찾아오는 곤충을 고르는 것이지요. 꽃 모양은 오랜 시간 동안 식물이 곤충과 공진화를 하며 여러 모양으로 바뀌어 왔는데, 꽃 모양에 따라 찾아오는 곤충이 정해집니다. 식물이 곤충에게 '맞춤형' 꽃을 제공하는 데는 나름의 이유가 있습니다. 식물의 입장에선 꽃가루받이만 하면 자손을 이어갈 수 있기 때문에, 굳이 값비싼 비용을 들여서 많은 양의 꽃가루와 꽃꿀을 만드는 건 낭비입니다.

예를 들어 볼까요? 개망초처럼 하늘을 바라보며 방사대칭 모양으로 꽃을 피우면, 어떤 곤충이 어느 방향에서 날아와도 착륙하기에 안성맞춤입니다. 넓고 평평하니 안정된 자세로 편하게 앉아 여유 있게 식사할 수 있어 더할 나위 없이 좋습니다. 그러니 시도 때도 없이 수많은 곤충이 찾아왔다가 다른 포기의 꽃으로 날아가기 때문에 꽃가루받이가 될 확률이 매우 높습니다. 이것이 바로 방사대칭 모양 꽃의 장점입니다. 반면에 안 좋은 점도 있습니다. 이 곤충 저 곤충 아무 곤충이나 찾아오기 때문에 꽃가루와 꽃꿀을 많이 만들어야 합니다. 광합성해서 얻은 대부분의 영양분을 꽃 만드는 데 써야 하니 개망초 입장에선 허리가 휘어질 판입니다.

이와 정반대로 꽃가루받이에 꼭 필요한 양만큼만 꽃가루와 꽃꿀을 만드는 식물도 있습니다. 사람으로 치면 살림을 알뜰살뜰 꾸려가는 식물이지요. 금낭화 꽃을 아시지요? 마치 복주머니처럼 생겼는데 꽃 모양이 좌우대칭으로 늘 땅을 보고 피어납니다. 꽃잎 네 장이 수술과 암술을 꼭꼭 감싸고 있으

하늘 향해 핀 개망초 꽃에 날아든 꽃등에 수컷

수술과 암술을 숨겨 특별한 곤충을 찾는 금낭화 꽃

니 도대체 수술가루가 어디에 있는지 보이질 않습니다. 더구나 꽃잎이 옆으로 널찍하게 펼쳐져 있는 게 아니라 수직으로 매달려 있어서 마치 절벽 같습니다. 곤충이 꽃가루와 꽃꿀을 먹으러 날아와도 꽃잎에 쉽게 착륙할 수 없으니 곤충에게 금낭화 꽃은 '그림의 떡'입니다. 곤충 입장에서 보면 참 불친절한 꽃인 셈이지요. 하지만 금낭화도 씨앗을 맺기 위해서 자기 꽃가루를 다른 포기의 암술에 옮겨줄 중매쟁이 곤충의 도움을 받아야만 합니다. 그래서 금낭화는 자기 꽃 생김새에 딱 맞는 전문 중매 곤충을 불러들여 꽃가루와 꽃꿀을 대접합니다. 금낭화가 최고로 치는 중매쟁이는 누구일까요? 바로 꿀벌이나 뒤영벌 같은 꿀벌과 집안 식구입니다.

꿀벌과 식구는 애벌레를 키우기 위해 평생 꽃가루와 꽃꿀을 따야 합니다. 그러니 꽃가루와 꽃꿀만 있다면야 착륙하기 좋은 방사대칭 모양의 꽃이든, 땅을 보고 있어서 착륙하기 힘든 좌우대칭 모양의 꽃이든 가리지 않고 찾아갑니다. 녀석들은 배마디가 '개미허리'처럼 잘록하기 때문에 유연하여 어느

꿀주머니를 깊숙이 감춘 물봉선 꽃

꽃에든 착륙을 잘합니다. 그래서 금낭화나 물봉선 같은 좌우대칭 모양의 꽃이라 해도 몸을 유연하게 이리저리 구부리며 꽃잎 위를 타고 다니면서 꽃잎 속에 숨어 있는 꽃가루를 맘껏 따 갑니다. 그걸 어찌 알았는지 금낭화는 꽃가루를 모든 곤충에게 퍼주지 않고 오로지 자기 꽃 모양에 잘 적응해온 꿀벌 집안 식구에게만 줍니다. 그러니 비싼 비용이 들어가는 꽃가루나 꽃꿀을 많이 만들지 않아도 됩니다. 중매 곤충을 불러들임으로써 적은 양의 꽃가루만으로도 효과적으로 꽃가루받이를 할 수 있으니 정말 경제적입니다. 하지만 금낭화에게도 애로는 있습니다. 전문 중매쟁이 곤충이 혹시나 어떤 이유로 점점 줄어들거나 사라지게 되면 금낭화도 씨앗을 못 맺고 대가 끊길지도 모르기 때문입니다.

1. 꽃가루에 모이는 곤충

이른 봄에 추위를 마다하지 않고 활짝 핀 꽃에는 어떤 곤충이 찾아갈까요? 파리류와 벌류 가운데 일찍 나오는 종들입니다. 때로는 어른벌레로 겨울잠을 잔 나비류가 찾아오기도 합니다. 꽃을 찾아오는 곤충 몸에는 대부분 털이 북실북실 나 있습니다. 꽃은 곤충 몸에 털이 많으면 많을수록 꽃가루가 잘 달라붙어 다른 꽃의 암술에 떨어뜨려 주니 대환영입니다.

꽃을 찾는 파리류, 벌류, 나비류, 딱정벌레류 식구들의 생김새는 한눈에 봐도 구분이 갑니다. 특히 주둥이(입틀, 구기, mouthpart) 모양이 많이 다른데 파리류는 핥아 먹는 주둥이, 나비류는 빨아 먹는 주둥이, 벌은 즙을 마시는 주둥이, 딱정벌레류는 씹어 먹는 주둥이를 가졌습니다.

같은 파리목 집안 식구라 하더라도 꽃등에처럼 핥아 먹는 주둥이를 가진 녀석도 있고, 즙을 핥아 들이마실 수 있게 기다란 침 같은 주둥이를 가진 녀석도 있습니다. 그러니 곤충마다 같은 꽃이라도 먹는 부분과 방법이 약간씩 다릅니다. 핥아 먹는 주둥이를 가진 파리류에겐 꽃가루가, 빨대주둥이를 가진 나비류에겐 꽃꿀이, 털북숭이인 벌류는 꽃가루와 꽃꿀이, 씹어 먹는 주둥이를 가진 딱정벌레류에겐 꽃가루나 꽃잎이 주 메뉴입니다.

이제부터 곤충이 꽃에 날아와 어떻게 꽃을 먹는지 살펴볼까요?

꽃 위에 앉아 식사하는 검정파리

봄꽃에 날아와 꽃가루를 핥아 먹는 파리류는 많습니다. 쉬파리류, 검정파리류, 버섯파리류, 기생파리류, 꽃등에류 등. 다들 추운 겨울 내내 굶주린 배를 채우려 온도가 올라가는 한낮이 되면 꽃으로 날아와 꽃가루를 먹습니다. 파리류는 식성이 좋아 종류를 가리지 않고 꽃이란 꽃은 다 좋아합니다. 꿩의바람꽃, 앉은부채 꽃, 양지꽃, 서양민들레 꽃, 앵초 꽃 등 꽃가루가 많은 꽃부터 적은 꽃까지 꽃가루만 있으면 잽싸게 날아와 꽃가루 만찬을 즐깁니다.

파리류의 주둥이는 어떻게 생겼기에 꽃가루를 잘 먹을까요? 파리류의 입틀은 핥아먹기에 딱 좋은 '스펀지 모양 주둥이'입니다. 스펀지 모양 주둥이는 꿀이나 다른 즙을 핥아 빨아 먹기에 안성맞춤입니다. 가만히 파리의 주둥이를 들여다보세요. 꽃가루를 핥을 때 밥주걱 같은 넓적한 주둥이가 들락날락거립니다. 그게 바로 아랫입술인데, 한 번에 최대한 많은 꽃가루를 핥을 수 있게 넓적하게 바뀌었습니다. 아랫입술에서 핥은 꽃가루는 윗입술과 아랫입술 사이에 뚫린 목구멍으로 넘어가 앞창자로 들어갑니다.

파리류는 다른 곤충보다 낮은 온도를 잘 참아내어 웬만한 추위는 견뎌내기 때문에 곤충이 뜸한 이른 봄과 늦가을에도 나옵니다.

외진 오솔길을 한 발 한 발 딛는데, 길옆에 노란 복수초가 탐스럽게 꽃을 피우고 있습니다. 아침저녁으로 추운 날씨인데도 '복 많이 받고 오래오래 살라'며 봄이 되면 피어나니 대견하기만 합니다. 복수초 꽃은 온통 노란색입니다. 꽃잎도 노란색, 암술도 노란색, 수술도 노란색입니다. 서른 개도 넘는 꽃잎은 겹쳐져 수술을 폭 감싸고 있습니다. 신기하게도 겹겹이 에워싼 꽃잎

1 2 3
4 5 6

이른 봄 꽃을 찾아온 곤충들 **1** 꿩의바람꽃의 기생파리류 **2** 봄 곤충들이 즐겨 찾는 앉은부채 꽃 **3** 돌단풍 꽃을 찾아온 금파리류 **4** 양지꽃의 꽃가루를 핥아 먹는 꼬마꽃등에 수컷 **5** 노루오줌 꽃에 날아온 파리류 **6** 생강나무 꽃의 꽃가루를 먹는 기생 파리류

은 오목거울처럼 따스한 햇볕을 모아 수술과 암술이 있는 꽃 한가운데로 보냅니다. 그러면 꽃 속은 난로처럼 온기가 가득합니다. 거기에 암술과 수술이 피며 생긴 열까지 보태져 바깥 공기보다 적어도 5~7도 정도가 높아 변온동물인 곤충에겐 더할 나위 없이 따스한 안식처입니다. 그러면 어떤 곤충이 난로처럼 따뜻한 복수초 꽃을 찾아올까요? 봄 햇볕이 따사로운 정오쯤, 이른 봄꽃의 단골손님 검정파리류가 날아와 복수초 꽃에 사뿐히 앉습니다. 녀석은 배가 몹시 고팠는지 수십 개도 넘는 수술더미에 앉아 넓적한 주둥이를 쏘

복수초 꽃의 수술더미에 앉아 꽃가루를 핥아 먹는 파리류

옥 내밀더니 꽃가루를 쓱쓱 핥아 먹습니다. 마치 주걱으로 누룽지를 긁어내듯이 말이지요. 주변을 경계하면서 주둥이를 도로 머리 아래쪽으로 집어넣었다 뺐다 하면서 꽃가루를 핥아 먹습니다. 그때마다 녀석의 털에는 꽃가루가 하나둘 묻습니다. 꽃가루주머니 몇 개를 옮겨가며 꽃가루를 핥아 먹더니 이내 몸단장을 합니다. 앞다리로 머리를 쓰다듬고, 앞다리를 비비면서 몸에 묻은 불순물을 닦아 냅니다. 털이나 더듬이 같은 감각기관은 늘 깨끗이 유지해야 주변에서 일어나는 여러 변화를 알아챌 수 있으니까요. 그러곤 다시 주둥이를 쏙 빼내 꽃가루 만찬을 즐깁니다.

파리류 대부분은 즙이 많든 적든 물기를 머금은 먹이는 다 좋아합니다. 꽃꿀, 꽃가루, 과일즙, 죽은 지 얼마 안 되는 시체, 심지어 짐승이나 사람이 눈 똥까지 모두 녀석들의 밥인 셈입니다. 설탕같이 딱딱한 고체성 먹이도 침을 토해 약간 축축하게 만든 다음 핥아 먹습니다. 이른 봄에는 아직 생물의 활동이 뜸해 주변에는 먹을 게 많지 않습니다. 다행히도 이른 봄에 피는 꽃이 있어 파리류는 꽃가루를 먹으며 굶주린 배를 채웁니다. 꽃가루에는 약간 끈적거릴 정도로 즙이 섞여 있어서 힘들이지 않고 맛있게 핥아 먹을 수 있습니다. 꽃가루에는 단백질이 30퍼센트, 지질이 10퍼센트 넘게 들어 있고, 이 밖에도 탄수화물과 비타민 같은 질 높은 영양물질이 많이 들어 있습니다. 웰빙 식품인 셈입니다.

파리는 감각이 예민해서 조금만 인기척이 나도 얼른 날아올라 도망갑니다. 얼마나 동작이 빠른지 한 꽃에서 식사를 하는 시간은 고작 10초도 안 됩니다. 짧은 시간이라도 꽃 위에 앉아서 식사를 하니 몸에 난 무수한 털에 꽃가루가 덕지덕지 묻습니다. 꽃의 입장에선 한 꽃에 머물지 않고 이 꽃 저 꽃으로 번잡하게 움직이는 파리류가 얼마나 고마운지 모릅니다. 식물이 비싼 비용을 투자하며 공들여 만든 꽃가루 밥을 먹고 다른 포기의 꽃으로 날아가 그 꽃의 꽃가루를 먹으면서 털에 묻혀 온 꽃가루를 암술에 묻혀 주니 말입니다.

애기똥풀 꽃에 들락이는 꽃등에

숲 바닥에 앵초 꽃, 둥굴레 꽃, 큰괭이밥 꽃, 피나물 꽃이 필 즈음, 숲 가장자리에도 노란 애기똥풀 꽃이 피어나기 시작합니다. 맘먹고 애기똥풀 꽃 앞에 멈춰 섭니다. 가만히 들여다보니 애기똥풀은 잎사귀, 줄기, 꽃봉오리 할 것 없이 온몸에 수염 같은 하얀 털을 보송보송 달고 있군요. 부드럽고 기다란 털은 몸을 따뜻하게 하고, 수분 증발도 막아 주고, 초식동물이 뜯어 먹지 못하게 합니다. 애기똥풀의 털은 일부 표피세포가 변한 것이라 털을 만드는

꺾으면 붉은 즙액이 나오는 피나물

꺾으면 노란 즙액이 나오는 애기똥풀

데는 비용이 거의 들지 않습니다. 애기똥풀에게 미안하지만 옆으로 길게 뻗은 잎사귀 하나를 따 봅니다. 잘린 부분에서 노란 즙이 배어 나오네요. 3분 정도 지나니 제법 많이 배어 나와 이슬방울처럼 동그랗게 맺힙니다. 내친김에 꽃줄기도 살짝 따 보니 역시 묽은 노란 즙이 방울방울 배어 나옵니다. 애기똥풀은 살짝 상처만 나도 '노란 피'를 흘리니 엄살쟁이입니다. '노란 피'가 갓난아기가 젖을 먹고 싼 묽은 똥하고 똑 닮았다고 해서 풀이름도 '애기똥풀'이니 이름 한번 쉽습니다.

노란 즙에는 독성이 듬뿍 들어 있습니다. 독의 주범은 프로토핀protopine, 켈리도닌chelidonine과 호모켈리도닌homochelidonine 같은 알칼로이드 물질입니다. 양귀비 가족인 피나물도 애기똥풀과 비슷한 알칼로이드 성분을 가지고 있습니다. 애기똥풀은 위험에 닥쳐도 한 발짝도 움직일 수 없는 처지라 초식동물이 달려들어 자기를 뜯어 먹어도 피할 수 없습니다. 그래서 독 물질을 만들어 줄기나 잎사귀에 저장해 둡니다. 물론 독 물질은 하루아침에 만들

1 2
3 4

애기똥풀 꽃의 단골손님 1 배짧은꽃등에 ©박해철 2 광붙이꽃등에류 3 호리꽃등에 4 호리꽃등에 수컷

어진 것은 아니고 오랜 세월 초식동물과 공존하는 적응 과정을 통해 만들어졌습니다. 털이나 독 물질로 자기 몸을 지키면서 애기똥풀은 봄부터 여름까지 노란 꽃을 피웁니다. 애기똥풀 꽃에도 독 물질이 들어 있을까요? 아닙니다. 꽃에는 독 물질은 없고, 되레 영양물질이 듬뿍 든 꽃가루가 있습니다.

애기똥풀 꽃은 백 원짜리 동전만 한 데다가 하늘을 향해 피어 있는 방사대칭 모양이라 곤충이 들락거리기에 딱 좋습니다. 더구나 미나리아재비과(피나물, 양지꽃, 미나리아재비 등이 속함) 가족인 애기똥풀 꽃에는 수술이 아주 많이 달려 있습니다. 그 많은 수술 자루 끄트머리 하나하나마다 꽃가루가 잔뜩 붙어 있으니 곤충에겐 인기가 많습니다. 몇 십 분만 애기똥풀 꽃 앞에 앉아 있어도 부리나케 꽃을 드나드는 곤충 네댓 종은 쉽게 구경할 수 있습니다.

과연 어떤 곤충이 애기똥풀이 잘 차려 놓은 '꽃밥상'에 제일 많이 날아올까요? 역시 꽃등에류가 꽃잎이 닳도록 들락이는군요. 맨 먼저 일등으로 날아오는 녀석은 광꽃등에. 몸길이가 8~9미리미터나 될까요? 하도 작아 한참을 들여다봐야 누군지 압니다. 숲 가장자리나 강가 풀밭에서 자주 만나는 광꽃등에. 녀석은 애기똥풀 꽃 위에서 잠시 정지비행을 하더니만 풍성한 수술더미에 곧장 내려앉습니다. 겹겹이 쌓인 수술을 여섯 다리로 덥석 붙잡고선 넓적한 주둥이를 쑤욱 빼 꽃가루를 맛있게 핥아 먹습니다. 그것도 잠시. 이번엔 덩치 큰 물결넓적꽃등에가 부웅 날아옵니다. 순간 꽃이 휘청입니다. 식사하던 광꽃등에가 깜짝 놀라 쉬익 날아 도망갑니다. 녀석도 역시 소복이 쌓인 수술더미에 앉아 주걱 같은 주둥이를 쏙 빼내 꽃가루를 맛있게 핥아 먹습니다. 이어서 광꽃등에 닮은 광붙이꽃등에, 꽃등에, 수중다리꽃등에, 꼬마꽃등에, 호리꽃등에가 줄줄이 날아옵니다. 다들 꽃에 앉았다 날았다 부산을 떨며 꽃가루를 먹을 기회만 엿봅니다. 한 녀석이 날아가면 다른 녀석이 날아오고, 또 다른 녀석이 날아가면 또 다른 녀석이 날아오고. 꽃등에류는 때로는 같이 때로는 따로 애기똥풀 꽃에 날아와 다리로

노랑배수중다리꽃등에와 수레국화

갯무꽃과 반월넓적꽃등에

꼬리조팝나무 꽃과 대모꽃등에

각시취 꽃과 쟈바꽃등에

등골나물 꽃에서 살받이게거미에게 잡힌 루리꽃등에

동자꽃 수술의 꽃가루를 핥아 먹는 물결넓적꽃등에

마타리 꽃에 날아온 꽃등에

마타리 꽃에 날아온 수중다리꽃등에

애기똥풀 수술과 암술을 꼭 붙들고 매달려 꽃가루를 쓱쓱 핥아 먹습니다.

꽃등에류는 엄연한 파리목 집안에 속한 꽃등에과(Syrphidae) 식구입니다. 파리목 가족답게 가슴에 날개가 두 장 달렸습니다. 언뜻 봐도 우리가 흔히 보는 파리류하고 많이 닮았지요. 마치 지붕처럼 날개를 삼각형 모양으로 펴고 앉아 있는 모습이나 머리 절반도 넘게 차지하는 겹눈은 영락없는 파리류입니다. 생긴 건 등에(파리목 등에과)와 비슷한데, 우아하게 꽃가루만 먹고 사니 자연스레 이름에 '꽃' 자를 붙여 '꽃등에'라고 부릅니다.

꽃등에류는 모두 핥아 먹는 주둥이를 가지고 있어서 약간 물기가 있는 즙이나 꽃가루를 주식 삼아 먹고 삽니다. 특히 영양물질이 듬뿍 들어 있는 꽃가루를 좋아하다 보니 꽃이 있는 곳에는 항상 꽃등에류가 모여듭니다. 재밌게도 꽃등에류는 짧은 주둥이로 핥아 먹어야 하니 하늘을 향해 수술을 다 내놓은 꽃을 좋아합니다. 거기다 꽃잎이 방사대칭 모양으로 펼쳐져 있으면 금상첨화입니다. 편하게 앉아서 안정된 자세로 꽃가루를 맘껏 핥아 먹을 수 있으니까요.

꽃등에과 식구는 지구에 약 6천 종이 넘게 살고, 우리나라에도 170종이 삽니다. 그 정도면 매우 큰 무리입니다. 앞서 꽃등에류의 날개가 두 장뿐이라고 했는데, 나머지 날개 두 장은 어디로 갔을까요? 뒷날개 두 장은 환경에 적응하면서 없어지고, 대신 그 자리에 평균곤이 붙어 있습니다. 투명한 곤봉처럼 생겼는데 맨눈으로도 잘 보입니다. 뒷날개 자리에 대신 생긴 평균곤은 날 때 몸의 균형을 잡아 줍니다.

재밌게도 꽃등에류는 벌하고 비슷하게 생겨 착각을 할 때가 많습니다. 배 부분에 노란색 바탕의 까만색 줄무늬가 그려져 있어서 마치 벌의 몸빛하고 비슷하기 때문입니다. 녀석들은 생긴 것과는 다르게 자기를 보호할 무기가 하나도 없습니다. 힘은 약한데 천적을 피해 살아남으려고 독침을 가진 벌을 흉내 내는 것이지요. 그것도 모자라 벌이 붕붕붕 날갯짓하는 소리까지도 흉내를 냅니다. 그러면 새나 거미 같은 힘센 천적이 꽃등에를 독침을 가진 벌로 착각하겠지요.

앵초 꽃의 꽃꿀을 들이마시는 재니등에

숲 한 모퉁이, 양지바른 곳에 분홍색 앵초 꽃이 옹기종기 사이좋게 피어 있습니다. 사랑스러운 앵초 꽃은 꽃부리(화관)가 길어 마치 나팔 같습니다. 가만히 들여다보니 꽃잎만 있고 수술과 암술은 보이지 않습니다. 통꽃인 앵초 꽃이 기다란 꽃부리 속에 암술 한 개와 수술 다섯 개를 숨겨 놓고 있기 때문입니다. 다시 말하면 앵초 꽃의 수술과 암술은 꽃잎 밖으로 드러나지 않습니다. 더구나 꽃꿀은 꽃의 가장 깊은 곳인 꽃받침 부분에서 나오니 웬만한 곤충은 앵초 꽃의 꽃꿀이나 꽃가루에 닿을 수 없습니다.

실은 앵초가 꽃을 피우려면 광합성을 해서 만든 양분 대부분을 가져다 써야 합니다. 많은 곤충이 다 먹을 수 있는 꽃을 만들려면 큰 비용이 들어갈 건 뻔하고, 그렇다고 꽃을 안 피우자니 대가 끊깁니다. 그래서 앵초는 알뜰하게 꽃을 피웁니다. 꽃가루받이하는 데 꼭 필요한 양만큼 수술을 만드는 것이지요. 꽃잎 밖으로 수술을 길게 내밀었다가 곤충이 꽃가루만 먹고 가면 헛수고하는 게 되니까, 수술을 짧게 해서 꽃잎 안쪽에만 있게 합니다. 그리고 곤충

깊은 꽃부리를 가진 앵초 꽃(왼쪽)과 긴 주둥이로 꽃꿀을 먹는 빌로드재니등에(오른쪽)

이 수술과 암술을 통과해야만 꽃꿀을 먹게 하려고 꽃의 가장 깊은 곳에다 꽃꿀을 보관합니다. 그러니 앵초의 꽃가루나 꽃꿀은 아무 곤충이나 먹을 수 없고, 오로지 주둥이가 긴 어른 나비류나 재니등에류만 먹을 수 있습니다. 이들만이 꽃부리가 긴 앵초 꽃의 꽃꿀을 먹을 수 있는 전문가입니다. 앵초는 '전문 중매쟁이'가 알아서 꽃가루받이를 해주니 굳이 꽃가루나 꽃꿀을 많이 만들지 않아도 됩니다.

앵초 꽃이 피는 시기는 아직 이른 봄이라 어른 나비류가 그리 많지 않습니다. 쇳빛부전나비, 네발나비나 청띠신선나비 등 손꼽을 정도로 적습니다. 이른 봄에는 어른 나비류보다는 재니등에류가 훨씬 더 많이 나옵니다. 재니등에류와 나비류의 주둥이는 가느다랗고 길어서 식사 메뉴가 거의 비슷합니다. 다행히도 재니등에류는 어른 나비류가 나오기 전, 이른 봄에 먼저 나와 먹이경쟁을 피해 이 꽃 저 꽃에 날아가 꽃꿀 식사를 맘껏 합니다.

마침 앵초 꽃에 온몸이 보송보송한 털로 뒤덮인 재니등에류 한 마리가 날

긴 침처럼 생긴 주둥이로 꽃식사 하는 빌로드재니등에

아옵니다. 꽃 위에서 한참 정지비행을 하더니 이내 꽃잎에 앉습니다. 그러곤 침처럼 길고 가느다란 주둥이를 꽃 속에 집어넣고 꽃꿀 식사를 시작합니다. 주둥이를 꽃잎 속으로 쑤욱 집어넣었다 빼고는 또 쑤욱 집어넣습니다. 길고 가느다란 주둥이의 아랫입술은 스펀지 같아서 꽃꿀이나 꽃가루를 핥듯이 들이마십니다. 그사이 녀석의 기다란 주둥이에는 군데군데 꽃가루가 묻습니다. 녀석이 꽃꿀을 먹으려고 꽃잎 속으로 머리를 비집고 들어가면서 입구에 있던 꽃가루가 자연스럽게 주둥이에 묻은 것이지요.

놀랍게도 재니등에류는 파리목 식구입니다. 파리류 후예답게 앞날개만 두 장 달려 있습니다. 다만 파리류의 주둥이는 아랫입술이 주걱처럼 넓게 바뀌었는데, 재니등에류는 주둥이가 철사처럼 깁니다. 모습은 다르지만 녀석은 여느 파리류처럼 물기가 있는 즙을 즐겨 먹습니다. 하지만 파리류치고는 주둥이가 길고 가늘다 보니 다양한 꽃들을 탐할 수 있습니다. 통꽃이든 갈래꽃이든 꽃꿀은 가장 깊은 곳에 있기 때문에 녀석의 긴 주둥이는 꽃꿀 먹기에 안성맞춤이지요.

재니등에류는 꽃꿀을 잘 먹을 뿐만 아니라 비행도 잘합니다. 앞다리와 가운뎃다리는 모아 앞으로 뻗고, 뒷다리는 몸의 폭만큼 벌려 뒤로 뻗고서 납니다. 뚱뚱한 몸에 달린 날개 두 장으로 공중비행을 열 시간까지도 할 수 있다니 비행 실력 하나는 끝내줍니다. 더구나 정지비행도 잘하고, 날다가 방향을 바꿀 수도 있으니 타고난 비행사입니다.

재니등에류는 다른 곤충에 기생하는 곤충입니다. 애벌레가 다른 곤충의 몸을 먹고 살기 때문에 어미 재니등에류는 날아다니며 알을 낳을 곤충을 호시탐탐 노립니다. 어쩌다 나비류, 벌류, 딱정벌레류 등을 만나면 잽싸게 다가가 그들 몸에 알을 떨어뜨립니다. 여러 학자들이 연구한 결과, 빌로드재니등에(*Bombylius major*)는 애꽃벌류에, 노랑털재니등에류(*Villa sp.*)는 메뚜기류의 알이나 나비류 애벌레에, 우단재니등에(*Anthrax anale*)는 길앞잡이의 애벌레에, 노랑털재니등에는 체체파리의 번데기에 알을 낳는 것으로 알려졌습니다.

아이러니하게도 앵초 꽃처럼 화관통이 긴 꽃은 늘 주둥이가 긴 재니등에류가 들락거려야 꽃가루받이가 되지만, 재니등에류는 앵초 꽃 말고도 꽃꿀만 있으면 다른 꽃도 들락거립니다. 꿩의바람꽃, 노루귀 꽃, 양지꽃, 진달래꽃 등. 정지비행을 할 수 있으니 아무 꽃이나 찾아가 꽃꿀을 핥아서 들이마십니다. 물론 사이사이 꽃꿀을 찾는 다른 곤충들에게 알을 낳을 틈을 엿보면서 말입니다.

• 중매쟁이 곤충, 딱정벌레 •

식물의 역사를 들여다보면 원래 꽃가루받이를 도맡아 한 중매쟁이 곤충은 딱정벌레였습니다. 지금은 그 유명세를 벌에게 물려주고 대신 잎사귀 같은 다른 부분을 먹지만 말입니다. 몇억 년 전으로 거슬러 올라가 보면 겉씨식물은 거의 바람을 이용해서 꽃가루받이를 했습니다. 즉, 풍매화였지요. 식물이 번성하면서 속씨식물이 등장했고, 꽃가루받이할 때도 곤충의 도움을 받는 경우가 많아졌습니다. 그때 한창 성하던 곤충은 딱정벌레였습니다.

1 2
3 4

꽃가루를 이용하는 하늘소 **1** 노루오줌 꽃의 넉점각시하늘소 **2** 개망초 꽃과 긴알락꽃하늘소 **3** 굵은수염하늘소 **4** 나도냉이꽃의 넉점각시하늘소

식물은 중매쟁이를 바람에서 곤충으로 바꾸면 꽃가루를 많이 만들지 않아도 되니 좋습니다. 그렇다고 그때 번성했던 딱정벌레류에게 공짜로 꽃가루받이를 해달라고 할 수는 없어서 식물은 제각각 딱정벌레류가 먹을 수 있는 꽃을 피웁니다. 딱정벌레류를 꾀어낼 만큼 영양가 많은 꽃가루를 만들고, 딱정벌레 눈에 확 띄는 꽃잎을 만들고, 안 보이는 곳에서도 맡을 수 있는 꽃향기를 만듭니다. 식물의 계획은 딱 들어맞아 딱정벌레류는 먹을 것 많은 속씨식물 꽃에 모여들어 이 꽃 저 꽃 옮겨 다니며 꽃을 먹는 바람에 자연스럽게 꽃가루받이를 도와 속씨식물이 지구에서 번성하는 데 일등 공신이 됩니다. 지금도 그 흔적이 남아서 원시적인 속씨식물의 중매는 대부분 딱정벌레류가 담당합니다.

당시 딱정벌레류는 주로 원시적인 식물인 목련과 식구의 꽃가루받이를 도와주었고, 목련과 식물 말고도 다른 식물의 꽃가루받이를 도왔습니다. 무엇보다도 딱정벌레류 주둥이는 큰턱이 잘 발달한 '씹어 먹는 주둥이'입니다. 그러다 보니 꽃꿀보다는 꽃가루를 야금야금 씹어 먹거나 쓱쓱 쓸어 먹습니다. 어떤 때는 꽃잎까지 씹어 먹기도 합니다. 딱정벌레류는 겉날개가 매우 딱딱해 몸이 무거운 편입니다. 그래서 땅을 향해 피는 좌우대칭 모양의 꽃보다는 하늘을 바라보며 피는 방사대칭 모양의 꽃을 자주 찾아갑니다. 아무래도 방석처럼 안정적인 방사대칭 모양의 꽃이 앉기에 편하니까요.

수많은 딱정벌레류 가운데는 시체, 썩은 버섯, 동물의 배설물을 먹고 사는 '부식성' 딱정벌레류도 끼여 있는데, 어떤 꽃은 썩거나 역겨운 냄새를 풍겨 딱정벌레류를 불러들이기도 합니다. 우리가 잘 아는 족도리풀 꽃, 앉은부채 꽃, 등칡 꽃이 좋은 예입니다. 물론 썩은 냄새를 풍기는 꽃에는 '시체 전문가' 파리류도 날아와 식사를 합니다. 딱정벌레류와 파리류는 모두 하늘을 바라보며 피는 방사대칭 모양 꽃의 꽃가루를 먹습니다.

역겨운 냄새를 풍겨 딱정벌레류, 버섯파리류를 부르는 족도리풀 꽃

곤충과 식물의 종이 다양해지면서 딱정벌레류는 점점 꽃 중매쟁이 역할을 다른 곤충에게 내어줍니다. 꽃이 다양해지면서 꽃을 찾는 곤충도 다양해졌기 때문입니다. 특히 벌과 어른 나비류가 늘어나면서 식물은 더욱 번성합니다. 벌과 나비는 딱정벌레류보다 한 꽃에 오래 머무르지 않고 이 꽃 저 꽃 부지런히 들락거리며 꽃꿀을 마시고 꽃가루를 따니 꽃가루받이를 제대로 도와줍니다. 특히 꿀벌과 식구는 꽃가루를 따다가 애벌레를 키우기 때문에 꽃가루가 아주 많이 필요합니다. 꽃가루를 따러 여러 꽃들을 방문할수록 꽃가루받이가 될 확률이 높습니다. 식물에게 벌과 나비는 최고의 중매쟁이인 셈입니다.

이에 화답이라도 하듯 어떤 꽃은 나비의 빨대 주둥이에 맞게, 어떤 꽃은 털 많은 꿀벌의 몸 생김새에 맞게 제각각 적응합니다. 꽃은 곤충 눈에 확 띄도록 꽃잎에 꿀 안내판(honey guide)을 만들기도 하고, 나비의 기다란 주둥이에 맞게 꽃꿀을 좀 더 깊은 곳에 숨기기도 합니다. 이렇게 곤충과 꽃은 서로에게 적응하고 서로에게 맞춰 가면서 오늘날에 이르렀습니다. 공진화 과정을 차근차근 밟은 것이지요. 공진화는 지금도 이뤄지고 있어 앞으로 세월이 더

찔레꽃 먹는 점박이꽃무지

찔레꽃 먹는 호랑꽃무지

엉겅퀴 꽃을 먹는 풀색꽃무지

쥐똥나무 꽃을 먹고 있는 풀색꽃무지

산사나무 꽃을 먹고 있는 검정꽃무지

흘러서 식물과 곤충의 관계가 어떻게 변화할지 궁금합니다.

비록 벌과 나비류 같은 다른 곤충이 딱정벌레를 밀어내고 꽃 중매쟁이 역할을 도맡는다 해도, 아직 많은 딱정벌레류는 꽃에 몰려듭니다. 재밌게도 꽃에 모이는 딱정벌레는 대부분 어른벌레입니다. 꽃봉오리에 알을 낳는 좁쌀바구미류나 콩 꼬투리에 알을 낳는 콩바구미류 따위가 있긴 하지만 애벌레는 드문 편입니다. 꽃을 먹고 사는 딱정벌레류는 대부분 꽃가루나 꽃꿀을 먹지만 때때로 꽃잎을 먹기도 하지요.

꽃을 먹는 딱정벌레류로는 몸집이 큰 꽃무지류, 접은 딱지날개가 역삼각형인 꽃하늘소류, 하늘소류를 닮은 하늘소붙이과 식구, 쑤시기붙이과 식구, 밑빠진벌레 일부, 잎벌레과 일부, 풍뎅이과 일부, 목대장과 식구 들을 꼽을 수 있습니다. 이 가운데 꽃가루나 꽃꿀을 즐겨 먹는 녀석들은 밑빠진벌레과, 쑤시기붙이과, 꽃벼룩과, 하늘소붙이과, 꽃무지과, 꽃하늘소류 등입니다. 반면에 꽃가루만 아니라 꽃잎까지 먹어치우는 녀석들은 풍뎅이류와 점날개잎벌레 같은 몇몇 잎벌레류가 있습니다.

재밌게도 봄이면 포식성 곤충도 꽃을 찾아옵니다. 무당벌레, 홍날개, 의병벌레류, 수시렁이 등이 주인공입니다. 이 녀석들은 원래 포식성(또는 부식성)인데 꽃가루를 먹으려고 꽃에 날아옵니다. 겨울을 난 뒤 이른 봄에는 잡아먹을 곤충이 부족할 겁니다. 대신 꽃가루를 먹으면서 굶주린 배를 채우는 것이지요. 녀석들에게 꽃가루는 대체 식량인 셈입니다. 또한 꽃에는 풀색명주딱정벌레 같은 딱정벌레과 식구도 몇몇 찾아옵니다. 앞서 설명한 것처럼 이들은 배고프면 꽃가루도 먹지만, 꽃에 모여서 식사하는 곤충을 잡아먹습니다.

꽃을 '정거장'으로 이용하는 가뢰류 애벌레도 있습니다. 예를 들면 남가뢰류 1령 애벌레는 엉겅퀴 같은 국화과 식물의 수술자루나 꽃가루주머니에 달라붙어 줄벌이 꽃가루를 먹으러 오길 기다립니다. 줄벌이 꽃가루를 따는 동안 줄벌의 탐스러운 털에 올라타 애벌레 방까지 갑니다. 남가뢰의 애벌레는 기생할 줄벌 집으로 가기 위해 잠시 기다리는 정거장으로 꽃을 이용하는 셈입니다.

꽃에 찾아와 식사를 하는 딱정벌레목 식구 가운데 우리 주변에서 흔히 볼 수 있는 종을 추려 보면 다음과 같습니다.

* 꽃무지과: 풀색꽃무지, 호랑꽃무지, 넓적꽃무지, 검정꽃무지, 알락꽃무지, 어깨무늬풍뎅이
* 꽃하늘소류: 꽃하늘소, 육점박이꽃하늘소, 붉은산꽃하늘소, 긴알락꽃하늘소, 줄점각시하늘소, 넉점각시하늘소
* 밑빠진벌레류: 검정날개알밑빠진벌레류, 납작알밑빠진벌레
* 잎벌레류: 점날개잎벌레
* 목대장류: 목대장
* 하늘소붙이: 노랑하늘소붙이, 알통다리하늘소붙이, 아무르하늘소붙이, 흑청색하늘소붙이, 남색하늘소붙이
* 개미붙이류: 불개미붙이
* 쑤시기붙이류
* 꽃벼룩류

국수나무 꽃에 날아온 꽃무지

봄 햇살이 쏟아지니 팝콘이 팡팡 터지듯 하얀 국수나무 꽃이 날마다 흐드러지게 피어납니다. 국수나무 꽃에는 어느 곤충이든 다 찾아옵니다. 하늘을 바라보고 피어서 곤충이 앉아서 밥 먹기 편한 데다, 꽃이 수십 송이가 넘게 모여 피어서 먹을거리가 많기 때문입니다. 이 기회를 놓칠세라 나무껍질 아래서 겨울잠을 자던 검정꽃무지가 국수나무 꽃에 부웅 날아옵니다. 커다란

1 국수나무 2 국수나무 꽃
3 국수나무 꽃에 날아든 검정꽃무지

검정꽃무지가 꽃에 앉으니 꽃줄기가 휘어집니다. 검정꽃무지는 가시털 달린 다리로 꽃을 밟고 다니다가 한 곳에 앉아서 자그마한 꽃 속에 머리를 파묻고 꽃가루를 먹습니다. 녀석의 주둥이는 핥듯이 쓸어 먹을 수 있게 바뀌어 꽃가루를 쓸어 먹습니다. 꽃가루를 먹는 동안 녀석의 주둥이와 몸에는 꽃가루가 알알이 묻습니다.

한쪽 꽃줄기에선 검정꽃무지가 짝짓기하느라 정신을 쏙 빼고 있습니다. 암컷 한 마리도 지탱하기가 힘든데 수컷까지 암컷의 등에 올라타니 국수나무 줄기가 휘어질 수밖에요. '다른 그루의 꽃으로 날아가 중매하기는커녕 짝짓기까지 하다니!' 하지만 검정꽃무지는 위험한 천적만 없다면 국수나무 꽃에 오래 머무르고 싶어 합니다. 딱지날개 탓에 몸이 무거워 날아다니기도 힘든 데다가, 먹을 꽃가루가 이리도 많으니 굳이 다른 꽃으로 옮겨 다니지 않아도 되니까요. 또 눌러앉아 꽃가루 밥을 먹다 보면 맘에 드는 짝을 만나 짝짓기까지 할 수 있으니 멀리 갈 필요가 없습니다. 그래도 새 같은 천적이 나타나면 부웅 날아 다른 그루의 꽃으로 넘어가 식사를 하면서 몸에 묻은 꽃가루를 암술에 떨어뜨리기도 합니다.

짝짓기를 마친 검정꽃무지는 썩어 가는 나무껍질 아래에 알을 낳습니다. 알에서 깨어난 애벌레는 썩어 부스러진 나무 속을 먹으며 일 년 넘게 살다가 번데기를 거쳐 어른벌레가 되어 열흘쯤 살고 죽지요. 어른벌레와 애벌레

검정꽃무지 애벌레

는 밥이 다릅니다. 어른벌레는 꽃가루, 나뭇진, 과일즙 따위를, 애벌레는 썩어 부스러진 나무속을 먹습니다.

해당화 꽃에서 만찬을 즐기는 풍뎅이

해당화 꽃에서 짝짓기를 하고 있는 어깨무늬풍뎅이

바닷가에도 봄이 무르익어 갑니다. 따뜻한 5월이 되면 바닷가에 해당화가 피기 시작합니다. 발갛게 핀 해당화 꽃은 아무리 봐도 시원시원합니다. 커다란 꽃잎 안쪽에 노란 수술이 소복하게 자리 잡고 있어 딱정벌레류가 좋아하게 생겼습니다. 꽃잎을 살짝 오므린 해당화 꽃을 들여다봅니다. 어깨무늬풍뎅이들이 무더기로 와서 꽃을 먹고 있군요. 딱지날개의 어깨 부분에 자그마한 검은 무늬가 있어서 어깨무늬풍뎅이라고 부릅니다. 녀석들은 4월부터 10월까지 꽃에 날아옵니다. 몸집은 큰 편(몸길이 8~11밀리미터)이라서 맨눈으로도 잘 보이는데, 몸은 구릿빛입니다. 몸은 기다란 털로 덮여 있습니다. 하얀색 털이 특히 몸 아랫부분과 옆구리 부분에 수북이 붙어 있습니다. 딱지날개는 짧은 편이라서 배마디의 끝이 그대로 드러나 있습니다.

녀석들은 해당화 꽃의 노란 수술더미 속에 머리를 박고 있고 꽃가루를 먹습니다. 얼마나 먹성이 좋은지 꽃가루뿐만 아니라 꽃가루주머니와 수술자루까지 씹어 먹습니다. 툭툭 건드려도 몸만 달싹달싹할 뿐 도망갈 생각을 안 합니다. 수술을 헤집고 다니며 먹은 탓에 온몸엔 노란 꽃가루가 덕지덕지 붙어 있습니다. 바로 옆의 꽃을 보니 마침 어깨무늬풍뎅이 한 쌍이 짝짓기를 하느라 정신이 없습니다. 짝짓기를 하면서도 암컷은 여전히 꽃가루를 먹고 있고, 암컷 등에 올라탄 수컷은 얌전하게 앉아 있습니다. 암컷이 수술더미를 파고들 때마다 수컷은 떨어지지 않으려 암컷을 꽉 잡는데, 그때 이들 몸에는 노란 꽃가루가 묻습니다. 해당화 꽃 한 송이를 다 먹을 정도로 열심히 먹고 있을 때 마침 등검정쌍살벌이 위잉 소리를 내며 해당화 꽃에 날아옵니다. 짝짓기를 하던 녀석들은 놀라 수술 틈으로 파고들다가 이내 무거운 날개를 펴고 힘겹게 날아올라 저쪽으로 부웅 날아갑니다. 배가 고프면 다른 그루의 꽃으로 날아가 꽃가루를 먹으면서 몸에 묻혀 간 꽃가루는 그 꽃의 암술머리에 떨어뜨립니다. 그러면 해당화 꽃이 꽃가루받이가 되니 어깨무늬풍뎅이는 해당화 꽃에게 밥값을 제대로 치르는 것이지요.

꽃가루를 오물오물 씹어 먹는 꽃하늘소

하늘소는 '하늘을 나는 소'란 뜻입니다. 하늘소는 딱정벌레목 집안 식구인데, 애벌레는 대부분 나무속을 파먹고 살다가 어른벌레가 되면 나무 밖으로 나와 나무껍질을 뜯어 먹거나 꽃가루를 먹고 삽니다. 하늘소과 가운데 꽃하늘소류(꽃하늘소아과)는 이름 그대로 꽃에 몰려와 꽃가루를 먹고 삽니다. 꽃하늘소류의 더듬이는 채찍 모양이고, 길이는 제 몸(머리 앞부분에서 딱지날개 끝부분)

의 절반을 넘습니다. 뭐니 뭐니 해도 꽃하늘소류의 특징은 딱지날개 모양에 있습니다. 딱지날개를 접고 앉으면 딱지날개가 역삼각형이 됩니다. 흔히 만나는 꽃하늘소류에는 봄산하늘소, 넉점각시하늘소, 줄각시하늘소, 수검은산꽃하늘소, 옆검은산꽃하늘소, 붉은산꽃하늘소, 열두점박이꽃하늘소, 알통다리꽃하늘소, 깔따구꽃하늘소 등이 있는데 어른벌레는 꽃가루를 먹습니다.

쥐오줌풀 꽃을 먹는 알통다리꽃하늘소

꽃하늘소류에게 꽃은 무척 고마운 존재입니다. 꽃을 찾아가기만 하면 언제든지 꽃가루로 굶주린 배를 채울 수 있기 때문입니다. 그뿐 아니라, 꽃을 먹으러 모인 녀석들이 맘에 드는 짝을 만나면 멀리 갈 것도 없이 그 자리에서 짝짓기를 합니다. 그래서 꽃하늘소류는 거의 비슷한 시기에 날개돋이를 합니다. 짝짓기에 성공하려면 개체수가 많아야 유리하기 때문입니다.

꽃하늘소류가 꽃에서 머무는 시간이 길다 보니 천적에게 노출될 확률이 높습니다. 그래서 꽃하늘소류는 방어 전략을 세웁니다. 어떤 꽃하늘소는 힘센 곤충을 흉내 내기도 하고, 어떤 꽃하늘소는 주변 환경과 비슷한 색으로 위장하기도 합니다. 벌하늘소처럼 힘센 벌을 흉내 내거나, 붉은산꽃하늘소처럼 붉은색같이 강렬한 색으로 몸을 치장하거나, 긴알락꽃하늘소처럼 딱지날개에 줄무늬를 그려 넣어 몸의 윤곽을 애매하게 함으로써 적을 헷갈리게 하지요.

1 2
3

꽃을 좋아하는 꽃하늘소류

1 산형화과 꽃에 날아온 붉은산꽃하늘소
2 쉬땅나무 꽃을 먹는 알락수염붉은산꽃하늘소
3 쥐오줌풀 꽃에서 짝짓기 중인 긴알락꽃하늘소

5월, 하얗게 핀 찔레꽃에는 곤충 반상회가 열립니다. 찔레꽃은 온종일 문턱이 닳을 정도로 곤충으로 붐빕니다. 꿀벌, 꼬마꽃벌류, 꽃등에류, 나비류, 꽃무지류 따위가 날아옵니다. 꽃이 하늘을 바라보고 핀 방사대칭 모양이라서 주둥이가 어떤 모양인 곤충이라도 식사를 할 수 있기 때문입니다. 꽃등에와 꽃무지는 꽃가루를 먹고, 나비는 꽃꿀을 먹고, 벌은 꽃꿀을 마시고 꽃가루도 따 가지요. 여기에 긴알락꽃하늘소도 끼여 있습니다. 몸은 검은색인데, 딱지날개에 띠무늬가 네 줄 가로로 그려져 있어 알아보기 쉽습니다. 녀석은 수많은 수술을 여섯 다리로 꼭 붙들고 큰턱을 양옆으로 펼쳤다 오므렸다 하면서 꽃가루를 씹어 먹습니다. 윗날개가 딱지날개라 몸이 무거워서 아예 찔레꽃에 자리 잡고 앉아 꽃가루를 먹습니다.

쥐똥나무에도 꽃이 푸짐하게 피었습니다. 육점박이범하늘소가 자그마한 쥐똥나무 꽃에 걸터앉아 묵묵히 꽃가루를 오물오물 씹어 먹고 있네요. 큰턱을 양옆으로 벌렸다 오므렸다 하면서 꽃가루 밥을 먹습니다. 꽃 한 송이를 먹어치우곤 바로 옆 꽃으로 머리를 뻗어 꽃가루를 따 먹습니다. 연둣빛 바탕에 까만 점이 여섯 개 박혀 있는데, 빛깔이 매우 예뻐서 한눈에 반합니다. 녀석 역시 건드리지만 않으면 한곳에 무던하게 앉아 배를 채웁니다. 한참 먹다가 갑자기 먹던 걸 멈추고 앞다리 발목마디 사이에 더듬이를 끼워 넣고 쓱쓱 훑어내립니다. 반대편 더듬이도 훑어내리고 머리 앞부분도 쓰다듬습니다. 털에는 수많은 감각기관이 깔려 있으니 틈만 나면 몸 청소를 합니다. 끈적끈적한 꽃가루와 여러 먼지가 털에 묻기 때문입니다.

다행히 쥐똥나무 꽃에서 만찬을 즐긴 녀석들은 대부분 천적을 피해 다른 꽃으로 날아가 식사를 합니다. 그러는 사이 몸에 묻혀 온 꽃가루가 우연히 암술에 떨어집니다. 그러면 쥐똥나무는 기다리고 기다리던 꽃가루받이에 성공하고 쥐똥 같은 열매를 맺습니다.

꽃의 단골손님 하늘소붙이

꽃의 단골손님에는 하늘소붙이류도 있습니다. 생긴 게 '하늘소'와 닮았다 해서 '하늘소붙이'라 부르는데, 어른벌레는 꽃가루를 즐겨 먹고 애벌레는 썩은 나무속을 먹으며 삽니다. 딱지날개는 딱딱한 하늘소에 비해 부드러운 편

양지꽃의 알통다리하늘소붙이 수컷(왼쪽: 울퉁불퉁한 알통을 지닌 뒷다리)과 암컷(오른쪽: 가느다란 뒷다리)

봄에 흔하게 만나는 아무르하늘소붙이

이라 누르면 우그러질 정도로 말랑말랑합니다. 어떤 종은 몸에 독성물질을 가지고 있습니다.

봄꽃의 대명사 양지꽃에 하늘소붙이가 날아와 사뿐히 앉습니다. 뒷다리가 역도 선수의 팔 근육처럼 울퉁불퉁한 게 알통다리하늘소붙이 수컷이군요. 녀석은 딱정벌레목 식구지만 몸이 가벼운 편이라 부지런히 날아다닙니다. 꽃에 앉기 무섭게 녀석은 암술을 빙 둘러싼 수술 끝에 달린 꽃가루를 큰턱으로 야금야금 씹어 먹습니다. 꽃가루를 먹더니 아예 수술자루까지 씹어 먹습니다. 그러는 사이 머리와 몸에는 노란 꽃가루가 묻습니다. 녀석은 아주 부지런한 데다 경계심까지 많아

국수나무 꽃 위에서 짝짓기하는 아무르하늘소붙이

마타리 꽃을 즐겨먹는 노랑하늘소붙이

한 꽃에 오래 머무르는 일이 없습니다. 이 꽃 저 꽃 옮겨 다니며 쉬지 않고 꽃가루를 따 먹습니다.

숲길을 걸을 때 가장 많이 만나는 하늘소붙이는 아무르하늘소붙이입니다. 한 그루 국수나무 꽃에 모인 아무르하늘소붙이는 어림잡아 백 마리쯤 되어 보입니다. 몸은 갈색이고, 몸길이는 길어 봤자 9밀리미터쯤인데 아주 날씬합니다. 녀석들은 자그마한 꽃에 앉아서 꽃가루를 열심히 씹어서 먹습니다. 어떤 녀석은 꽃가루도 모자라 수술자루까지 씹어 먹습니다. 녀석들도 한 꽃에 오래 머물지 않고 수시로 날았다 앉았다 하면서 꽃가루를 먹습니다. 녀석들이 부지런히 옮겨 다니면 다닐수록 국수나무 꽃은 신이 납니다. 녀석들이 꽃가루받이를 해줄 테니까요. 여기저기 꽃 위에선 짝짓기가 한창입니다. 거의 비슷한 시기에 날개돋이를 해 꽃으로 날아와 식사를 하다 보니 짝을 만날 기회가 많습니다. 짝짓기를 마친 암컷은 썩은 나무로 가서 알을 낳습니다.

키 작은 풀꽃 어디서나 볼 수 있는 점날개잎벌레 **1, 2** 노루귀 꽃 **3** 원추리 꽃잎 식사 **4** 개망초 꽃 **5** 서양민들레 꽃

밑빠진벌레류도 이른 봄에는 꽃을 찾아옵니다. 딱지날개가 배마디를 다 덮지 못해 '밑이 빠진 것'처럼 보여 밑빠진벌레라 부릅니다. 봄꽃이 만발할 즈음이면 검정날개알밑빠진벌레가 눈에 띄게 많습니다. 이름과는 다르게 앞가슴이 빨갛고 딱지날개가 까만 게 깜찍하고 귀엽습니다. 몸매는 둥글넓적 두루뭉술하고, 더듬이 끝의 세 마디가 곤봉처럼 부풀어 올랐습니다. 더듬이에는 수많은 감각기관이 흩어져 있어서 안테나처럼 주변에서 일어나는 일을 다 알아차립니다. 온도, 습도, 바람 같은 주변 환경의 변화와 천적이 다가오

는 것을 감지할 수 있습니다. 녀석들은 주로 꽃가루를 먹습니다. 그래서 진달래꽃, 피나물 꽃, 노루귀 꽃 등 꽃이란 꽃은 다 찾아갑니다.

대부분 밑빠진벌레류는 꽃가루와 썩거나 발효된 먹이를 즐겨 먹습니다. 어른벌레와 애벌레 모두 썩어 가는 과일, 나뭇진, 시체 즙, 썩은 나무에 붙은 균류 따위를 먹고 삽니다. 숲 속 나무에서 흐르는 나무즙 주변을 보면 밑빠진벌레류가 많이 모여 있습니다. 대부분 어두운 숲 속 나무속에서 주로 살다 보니 아직 우리나라에서는 연구된 게 많지 않습니다.

잎벌레과 식구 가운데 꽃을 자주 찾아오는 녀석은 점날개잎벌레입니다. 녀석은 어른벌레로 겨울잠을 자고 이른 봄에 주로 꽃에 날아옵니다. 꽃가루를 먹기는 하지만 잎사귀와 꽃잎도 잘 먹습니다. 양지꽃, 노루귀 꽃, 원추리 꽃, 꿩의바람꽃, 민들레꽃 따위에 날아가 큰턱으로 꽃잎을 베어 씹어 먹습니다. 몸은 까만색인데, 돋보기로 자세히 보면 딱지날개에 옅은 무늬가 찍혀 있어 점날개잎벌레라 부릅니다. 녀석들은 행동이 아주 민첩합니다. 건드리면 높이뛰기 선수처럼 톡톡 튀어 도망칩니다. 그 비밀은 뒷다리에 있는데, 뒷다리의 넓적다리마디가 벼룩의 다리처럼 부풀어 올라 잘 튀어 오릅니다.

병꽃나무 꽃에 날아온
쑤시기붙이류

개망초 꽃에 앉아 식사하는 검정날개알밑빠진벌레

이런 특징을 가진 잎벌레류는 벼룩잎벌레류(벼룩잎벌레아과)에 속합니다.

그 밖에도 쑤시기붙이류, 목대장, 비단벌레류가 꽃에 날아와 꽃가루를 먹습니다.

2. 꽃꿀에 모이는 곤충

식물 진화의 역사에서 꽃꿀은 비교적 최근에 만들어졌는데, 특이하게도 꽃식물만이 꽃꿀을 만듭니다. 꽃꿀은 기본적으로 당의 묽은 수용액입니다. 주성분은 과당, 포도당, 설탕이고, 아미노산, 지질, 비타민(비타민B 복합체), 유기산과 다른 무기질 물질까지 들어 있어 영양가가 높습니다. 이런 꽃꿀을 만드는 데는 비용이 많이 들어가겠지요. 꽃꿀을 분비하는 세포도 만들어야 하고, 영양가 높은 꽃꿀도 만들어야 하니 말이지요. 그래도 대를 잇기 위해선 달갑게 받아들여야 합니다.

지혜롭게도 식물은 비용을 많이 들여 만든 꽃꿀을 곤충이 금방 찾을 수 있는 곳에 두지 않습니다. 될 수 있으면 꽃의 가장 깊은 부분에 여러 가지 방법으로 숨겨 놓습니다. 서양민들레나 피나물 같은 방사대칭 모양의 꽃은 수술과 암술이 시작되는 가장 아랫부분에 숨겨 놓고, 현호색이나 물봉선 같은 좌우대칭 모양의 꽃은 가늘고 긴 거(spur, 꽃잎 밑부분이 튜브처럼 길게 늘어난 주머니로 그 안에 꿀을 저장함) 속에 꽃꿀을 숨겨 둡니다.

식물은 왜 꽃꿀을 깊은 곳에 숨겨 놓을까요? 꽃 모양이 어떻든 간에 곤충이 꽃꿀을 먹기 위해서는 반드시 수술과 암술을 거쳐 가게 하려는 전략입니다. 꽃꿀을 먹으면서 자연스럽게 곤충의 털에는 꽃가루가 묻을 테고, 꽃가루가 묻은 채 다른 포기의 꽃으로 날아가 꽃꿀을 먹으면서 그 꽃의 암술머리에 우연히 꽃가루를 떨어뜨리겠지요. 꽃가루받이에 성공하기 위해 꽃꿀을 깊은 곳에 감춰 두는 것이지요.

꽃의 가장 깊은 곳에 저장한 꽃꿀은 아무나 먹을 수 없습니다. 주둥이가 긴 곤충만이 꽃꿀을 빨아 먹을 수 있습니다. 과연 누가 감춰 둔 꽃꿀을 먹을까요? 바로 나비목 식구입니다. 나비류는 벌목 식구 다음으로 '능력 있는' 중매쟁이 곤충입니다. 길고 가느다란 주둥이를 가진 덕분에 꽃꿀만 먹는 '꽃꿀 전문가'입니다. 아쉽게도 나비류는 주둥이가 빨대 모양이라서 꽃가루는 먹을 수 없습니다. 그러다 보니 나비류를 유혹하는 어떤 꽃은 나비가 잘 앉을 수 있게 꽃잎을 만들고, 꽃가루보다는 꽃꿀을 더 많이 준비합니다. 나비 하면 제일 먼저 떠올리는 건 비늘. 나비의 날개는 비늘로 물 샐 틈 없이 빽빽이 덮여 있습니다. 마치 한옥 지붕에 차곡차곡 줄을 맞춰 기왓장을 올린 것처럼 말이지요. 그래서 예전에는 한자말로 나비목을 인시목鱗翅目, 즉 '비늘 날개를 단 곤충'이라 불렀지요. 날개가 비늘로 덮였으니 얼마나 연약할까요? 그래서 오래 산 어른 나비는 날개가 누더기가 됩니다. 비 맞고, 바람 맞고, 천적의 공격을 받다 보면 날개가 찢어지고 비늘도 떨어지니까요.

그리고 나비 특징으로 빨대 주둥이를 들 수 있지요. 곤충을 모르는 사람도 웬만하면 나비 주둥이가 빨대 같다는 건 알 겁니다. 항상 예외는 있어서, 어떤 나비류는 주둥이가 퇴화하여 아예 먹을 수가 없습니다. 곤충의 입틀은 윗입술, 아랫입술, 한 쌍의 큰턱, 한 쌍의 작은턱과 혀로 이루어져 있습니다. 나비류는 벌류나 딱정벌레류같이 큰턱이 발달하지 않고, 대신 작은턱이 변형되었습니다. 작은턱 한 쌍은 서로 달라붙으면서 자연스럽게 기다랗고 좁은 관이 하나 만들어지는데, 이 관이 바로 빨대 모양의 주둥이입니다. 어른 나비는 기다란 빨대 모양의 주둥이를 꽃꿀에 꽂고서 머리에 있는 펌프근육을 움직여 꽃꿀을 빨아들입니다. 평소 기다란 주둥이를 달고 다니려면 날아다니거나 걸어 다닐 때 무척 불편하기 때문에 쓰지 않을 때는 주둥이를 용수철처럼 돌돌 말아 머리 아래에 둡니다. 몇몇 박각시 주둥이는 제 몸길이보다 더 길지만, 나비류 주둥이는 대부분 제 몸길이보다는 짧은 편입니다.

극남노랑나비

어른 나비류가 활동하는 시기는 종마다 조금씩 다릅니다. 이른 봄에는 어른으로 겨울을 난 나비류가 나오고, 봄이 무르익어가면서는 번데기로 겨울을 난 녀석들이 나오고, 초여름이면 애벌레로 겨울을 난 녀석들과 봄에 한살이를 시작한 녀석들이 나옵니다. 또한 나비류처럼 낮에 활동하는 녀석들도 있고, 나방류처럼 밤에 주로 활동하는 녀석들도 있습니다.

어른벌레로 겨울잠을 자다 이른 봄에 깨어나는 나비는 많지 않습니다. 다 꼽아 봐도 겨우 열 손가락 안에 들 정도입니다. 청띠신선나비, 네발나비, 뿔나비, 멧노랑나비, 각시멧노랑나비, 작은멋쟁이나비, 큰멋쟁이나비, 남쪽에 사는 남방노랑나비와 극남노랑나비 등. 연약한 몸으로 어찌 엄동설한을 꿋꿋하게 버텼을까 놀랍기만 합니다. 녀석들은 대부분 덤불 속, 동굴 속, 낙엽 속 같은 따뜻한 곳에서 겨울잠을 자다 이듬해 봄이 되면 잠에서 깨어나 돌아다닙니다. 그 가운데 들판이나 산 가장자리에서 가장 많이 마주치는 나비는 네발나비와 뿔나비입니다.

이른 봄에 만나는 뿔나비

3월입니다. 하루 중 가장 따뜻한 점심 때, 봄볕이 따사롭게 숲 바닥을 데우자 그새 뿔나비가 나와 돌아다닙니다. 땅바닥에 앉는가 싶더니 금세 저만치 날아가 바싹 마른 신갈나무 잎사귀에 앉았네요. 갈색 날개를 딱 접고 있으니 낙엽인지 나비인지 분간이 잘 안 갑니다. 잠시 뒤 해를 등에 지고 날개 네 장을 활짝 펼칩니다. 변온동물이라 체온을 높이려고 일광욕하는 모습이 마치 한가롭게 햇볕을 희롱하는 것 같습니다. 갈색 비늘로 덮인 앞날개엔 오렌지색 점이 박혀 있고 뒷날개에도 오렌지색 무늬가 세로줄로 찍혀 있습니다. 날개를 접으면 칙칙한 갈색 빛깔만 남아 마치 낙엽 같습니다. 더구나 날개 가장자리는 종이를 뜯어 놓은 것처럼 들쭉날쭉합니다. 재밌게도 녀석의 머리에는 짧은 뿔 한 쌍이 앞쪽으로 내뻗어 있습니다. 아랫입술이 변형되어 생긴 뿔 때문에 '뿔나비'란 이름이 붙었습니다. 주둥이를 보니 여느 나비처럼 빨대 모양 주둥이를 돌돌 말아 머리 아래쪽에 넣어 두었습니다. 뿔나비류는 지구에서 단 열세 종류만 살고, 우리나라에는 오로지 뿔나비 한 종만이 살 뿐입니다.

이른 봄이라 어른 뿔나비는 따뜻한 한낮에만 잠깐 나와 식사를 하고 다시 덤불 속이나 낙엽 무더기 틈으로 들어가 쉽니다. 여전히 삭막한 들판에서 녀석은 뭘 먹을까요? 주로 동물의 시체 즙, 똥, 축축한 진흙을 먹습니다. 물론 매화 꽃, 회향목 꽃, 풍년화 꽃, 큰개불알풀 꽃, 생강나무 꽃의 꽃꿀도 먹습니다.

점점 봄이 무르익어 날씨가 따뜻해지면 녀석들은 물가에 많이 모입니다. 다들 빨대 주둥이를 쭉 빼고 진흙 속에 꽂고서 진흙 즙을 들이마십니다. 수

1 2
3 4

이른 봄 팽나무를 이용하는 뿔나비 **1** 겨울을 난 뿔나비 **2, 3** 팽나무 잎을 먹고 사는 애벌레 **4** 번데기

십 마리가 떼 지어 있기라도 하면 꼭 토종닭들이 모여 모이를 쪼아 먹는 것 같습니다. 사진 한 방 찍으려고 살금살금 다가가면 눈치 빠른 녀석들은 죄다 날아오릅니다. 물에 떠 있는 오리들이 떼 지어 날아오르는 것처럼 말이에요. 잠시 뒤 녀석들은 다시 진흙 밭에 내려 앉아 식사도 하고, 짝도 만납니다. 그런데 축축한 흙은 왜 먹을까요? 진흙 속에는 나트륨, 칼륨, 칼슘 같은 무기질이 들어 있습니다. 지혜롭게도 녀석들은 꽃꿀에 적은 무기물을 진흙 같은 것에서 보충합니다.

짝짓기를 마친 어미 뿔나비는 팽나무를 찾아가 알을 낳습니다. 알에서 깨어난 애벌레는 팽나무 잎사귀를 먹으며 자라 번데기를 거쳐 초여름에 어른벌레로 변신합니다. 어른벌레는 꽃꿀과 진흙 따위로 맘껏 식사를 하다가 여름이 되면 여름잠을 잡니다. 가을이 오면 여름잠에서 깨어나 개미취 같은 가을꽃에 날아와 꽃꿀을 마시며 영양을 채웁니다. 추워지면 겨울잠을 자러 덤불이나 낙엽더미 속으로 들어갑니다. 뿔나비는 일 년에 한살이가 한 번 돌아갑니다.

다리가 네 개인 네발나비

우리나라에 제일 많은 나비가 무어냐고 물으면 저는 선뜻 네발나비를 꼽습니다. 물론 배추흰나비도 많지만 배추흰나비(애벌레)는 사람들이 재배하는 배추 같은 십자화과 농작물을 먹고 삽니다. 그에 반해 네발나비(애벌레)는 순수하게 야생풀인 환삼덩굴을 먹고 사니 엄밀하게 따지면 네발나비가 더 많다고 생각합니다. 네발나비는 이른 봄부터 늦가을까지 전국 방방곡곡 어디를 가나 만나는 녀석입니다. 네발나비는 이름 그대로 다리가 네 개입니다. 곤충의 다리는 여섯 개인데, 네발나비의 앞다리는 거의 퇴화되어 앞다리 자리에 돌기 같은 흔적만 남아 있습니다. 그래서 나비목 가문에서 다리가 네 개인 녀석은 모두 네발나비과 집안으로 묶습니다.

네발나비는 유행의 첨단을 걷습니다. 날개옷이 요즘 유행하는 호피 무늬거든요. 노란 바탕에 까만 점박이 무늬가 그려져서 화려합니다. 네발나비도 나

1 2
3 4

1 배추 밭에서 흔하게 만나는 배추흰나비 2 배추흰나비 번데기 3 이른 봄 회양목 꽃의 꿀을 빨아 먹고 있는 네발나비 4 개망초 꽃꿀을 들이마시는 네발나비

비목 식구이니 당연히 날개에 비늘이 쫙 깔려 있습니다. 비늘은 빗물이 몸에 스며들지 않게 방수도 하고, 보는 각도에 따라 여러 빛깔이 나게 합니다. 물론 짝짓기를 할 때는 날개 빛깔 덕분에 자기 짝이 어디 있는지 알아차리지요.

마침 낙엽 덤불 속에서 겨울잠을 자던 어른 네발나비가 나와 바위 위에 앉아 쉽니다. 봄볕에 날개를 따뜻하게 데우고 있는 중이네요. 몸이 데워지니 점점 배가 고파 오나 봅니다. '겨우내 아무것도 안 먹었더니 배가 너무 고픈걸. 맛있는 꽃꿀은 어디쯤에 있을까?' 꽃을 찾아 나풀나풀 날아다니는데 저만치 회양목에 꽃이 잔뜩 피었네요. '어머나! 이렇게나 많이 피다니. 고맙기도 해라. 회양목아, 네 덕분에 굶지 않겠어' 하며 네발나비가 회양목 꽃에 앉습니다. 잠시 머뭇거리다가 빨대 주둥이를 쭉 펼쳐서 꽃에 꽂고는 꽃꿀을 쭉쭉 들이마십니다. 꽃꿀을 마시는 녀석의 몸과 다리와 주둥이 쪽에 난 털에 꽃가루가 묻습니다.

네발나비 번데기

꽃꿀로 영양을 보충한 네발나비는 짝을 만나 짝짓기를 하고 알을 낳습니다. 알은 아무 데나 낳지 않고 꼭 환삼덩굴에 낳습니다. 아기 네발나비는 편식을 해서 환삼덩굴 잎사귀만 먹거든요. 나비목 식구 애벌레는 식물 잎사귀를 먹는데, 자기가 좋아하는 먹이식물(숙주식물)이 정해져 있습니다.

알에서 깨어난 애벌레는 환삼덩굴 잎사귀를 먹습니다. 재밌게도 잎사귀 위에서 온몸을 드러내고 먹는 게 아니라 집을 짓고 그 안에 들어가서 잎을 먹습니다. 어떻게 집을 지을까요? 단풍잎처럼 다섯 갈래로 나뉜 환삼덩굴 잎 가장자리를 끌어다 입에서 명주실을 토해서 붙입니다. 수백 번 머리를 왔다 갔다 하면서 명주실을 토해 잎 가장자리와 잎 가장자리를 엮어 텐트 같은 잎사귀 집을 짓습니다. 애벌레는 그 안에 숨어 살면서 머리만 쏙 집 밖으로 빼내 잎을 먹거나, 자기 집 일부를 먹기도 합니다. 애벌레는 언뜻 보면 무섭게 생겼습니다. 온몸에 나뭇가지 같은 돌기가 덮여 있어서 건드리면 찔릴 것 같지만 쓰다듬어 보면 부드럽고 아무런 독물질도 나오지 않습니다. 애벌레는 잎사귀를 다 먹으면 옆의 잎사귀로 이사를 갑니다. 환삼덩굴 잎사귀를 먹으며 허물을 네 번 벗으면서 무럭무럭 자랍니다. 보름쯤 애벌레 시절을 보내고 나면 번데기가 됩니다. 번데기가 된 지 일주일 뒤에 드디어 어른 네발나비로 변신합니다.

초여름, 온갖 어려움을 이기고 어른이 된 네발나비는 다시 한살이를 시작합니다. 네발나비의 번식력 하나는 끝내줍니다. 일 년에 많게는 네 번씩이나 한살이가 돌아가니 말입니다. 더구나 어른 네발나비는 겨울에도 죽지 않고 따뜻한 덤불 속이나 낙엽 속에서 겨울잠을 잡니다. 연약한 날개를 가진 나비치고는 명이 긴 편입니다.

까만 날개에 파란 띠를 두른 청띠신선나비

봄이 되니 층층나무의 터진 껍질에서 수액이 흘러나옵니다. 언제부터 흘렀는지 벌써 나무껍질 한쪽 면이 흥건히 젖었습니다. 그런데 수액으로 젖은 나무껍질에 웬 나비가 딱 달

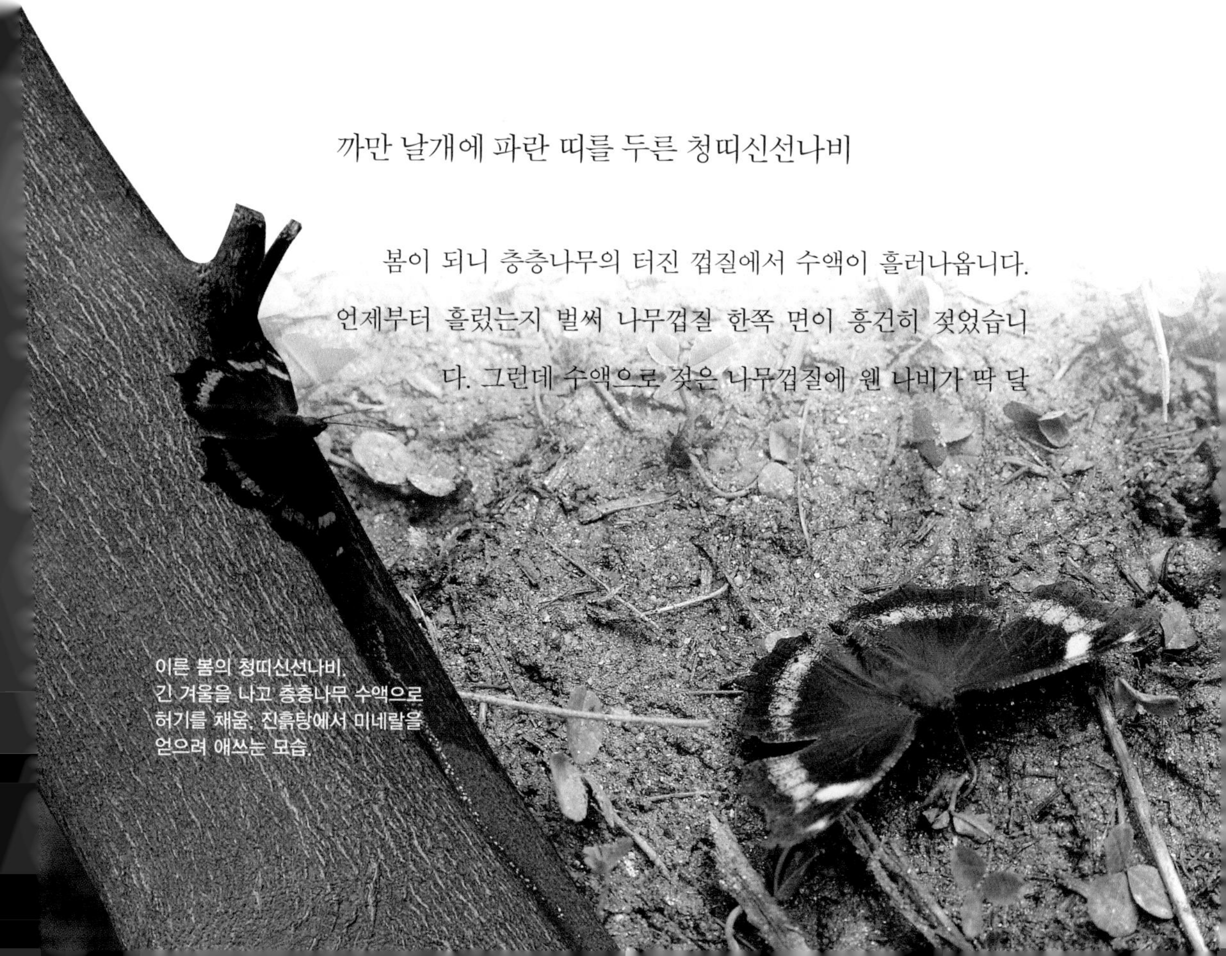

이른 봄의 청띠신선나비. 긴 겨울을 나고 층층나무 수액으로 허기를 채움. 진흙탕에서 미네랄을 얻으려 애쓰는 모습.

라붙어 날개를 펼쳤다 접었다 하며 퍼덕입니다. 까만 날개에 파란 띠를 두르고 날개를 펄럭이는 모습이 신선이 도포 자락을 휘날리는 것 같습니다. 그래서 청띠신선나비라고 부릅니다.

청띠신선나비는 곤충치고는 몸집이 큽니다. 날개를 편 길이가 6센티미터도 넘으니 금방 눈에 띕니다. 나풀나풀 날 때마다 '청띠'가 살짝 보였다 감춰졌다, 또 보였다 감춰졌다 하니 신비롭기까지 합니다. 아침나절에 일광욕하려고 날개를 활짝 펴고 땅에 앉으면 금세 주변이 훤해집니다. 날개에는 비늘이 겹겹이 쌓여 있어 살짝 만지기만 해도 손가락에 비늘이 묻습니다.

청띠신선나비의 어른벌레와 애벌레는 서로 다른 밥을 먹습니다. 어른 청띠신선나비는 빨대 주둥이로 나뭇진이나 진달래꽃, 얼레지 꽃 같은 봄꽃의 꽃꿀을 먹지만, 아기는 큰턱으로 잎사귀를 아삭아삭 씹어 먹습니다. 청띠신선나비 애벌레 역시 좋아하는 먹이식물이 따로 있습니다. 바로 청미래덩굴 잎이지요. 몸에 가시돌기가 많은 애벌레는 청미래덩굴 잎사귀 밥을 먹으면서 5령까지 자라고 번데기가 됩니다. 번데기는 바위, 나무줄기나 나뭇잎 따위에 거꾸로 매달립니다. 번데기가 된 지 열흘쯤 지나면 아름다운 어른벌레로 변신합니다.

청띠신선나비는 일 년에 적게는 한 번(강원도 산간 지역, 북한 지역)에서 많게는 세 번(제주도, 남부 지역) 한살이가 돌아갑니다. 청띠신선나비도 네발나비처럼 어른벌레로 겨울을 납니다. 연약한 날개로 어떻게 겨울을 날까 걱정을 하지만 덤불 속, 동굴 속, 낙엽 속같이 따뜻한 곳에서 겨울잠을 푹 잡니다. 이듬해 봄이 오면 부스스 잠에서 깨어나 나무즙이나 꽃꿀을 찾아 먹으며 하루하루를 보냅니다.

전 세계에 사는 생명력 강한 작은멋쟁이나비

작은멋쟁이나비와 큰멋쟁이나비도 어른벌레로 겨울을 납니다. 작은멋쟁이나비는 산과 들에 핀 꽃에서 자주 봅니다. 일 년에 한살이가 두세 번 돌아가 봄부터 가을까지 심심찮게 봅니다. 어른나비로 변신한 지 얼마 안 되어 산뜻한 녀석도 있지만, 오래 산 녀석들은 날개가 그야말로 누더기가 됩니다. 비 맞고, 바람 맞고, 천적에게 공격 받다 보면 날개가 찢어지고 비늘도 떨어지니까요. 그래도 작은멋쟁이나비는 생명력이 매우 강해 추운 남극 지역만 빼고 온 세계에 삽니다. 유럽에 사는 작은멋쟁이나비는 장거리 여행도 마다하지 않습니다. 특히 지중해 지역에 사는 작은멋쟁이나비는 무리 지어 지중해를 건너 스칸디나비아 북쪽 지역까지 날아 이동한다니 '곤충계의 철새'인 셈입니다.

1 마타리 꽃꿀을 마시는 작은멋쟁이나비 2 꽃꿀을 마시다가 살받이게거미에게 잡아먹히는 큰멋쟁이나비 3 작은멋쟁이나비의 아름다운 자태

작은멋쟁이나비 애벌레는 쑥을 즐겨 먹는데, 명주실을 입에서 토해내 쑥 잎을 얼기설기 엮어 집을 만들고서 그 안에 들어가 삽니다. 반면에 큰멋쟁이나비는 작은멋쟁이나비보다 훨씬 적게 보입니다. 큰멋쟁이나비 애벌레는 거북꼬리나 좀깨잎나무 같은 쐐기풀과 식물의 잎사귀를 아주 좋아합니다. 녀석 역시 잎을 송편처럼 접어 집을 만들고 그 안에서 애벌레 시절을 보냅니다.

혹시 각시멧노랑나비를 아시나요? 녀석 역시 어른벌레로 겨울을 나고 따뜻한 봄이 되면 나와서 날아다닙니다. 녀석의 몸빛은 옅은 노란색입니다. 마치 계란 흰자와 노른자를 함께 섞어 풀어 놓은 듯이 고운 색깔이 납니다. 날개 모양도 매우 아름답습니다. 날개를 접고 앉아 있으면 예쁜 잎사귀나 우아한 꽃잎처럼 보입니다. 나풀나풀 날다가 심술궂은 봄바람이라도 불라치면 녀석은 바람을 이기지 못하고 연약한 날개를 땅에 눕히고 앉습니다. 바람

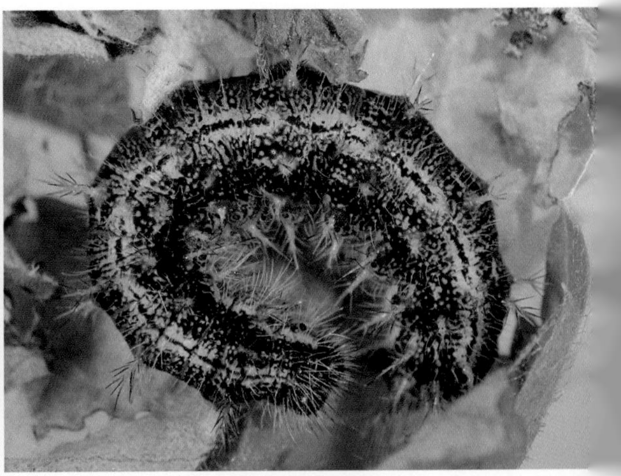

쑥 잎으로 집 짓고 사는 작은멋쟁이나비 애벌레. 여러 장의 쑥 잎으로 엮어 만든 집(왼쪽), 집을 열고 본 가시털 많은 애벌레(오른쪽)

에 덜 맞으려고 옆으로 누운 모습을 보면 저절로 웃음이 납니다. 각시멧노랑나비도 진달래꽃 같은 이른 봄에 피어나는 꽃의 꽃꿀을 빨아 마시고, 때로는 짐승의 똥 즙이나 진흙 즙을 마시기도 합니다.

봄에 어른으로 변신하는 호랑나비

어른벌레로 겨울을 난 나비들이 나와 한창 꽃꿀과 나무즙 따위로 식사를 하는 동안 봄은 하루가 다르게 무르익어 갑니다. 어느새 산과 들에는 봄꽃으로 만발합니다. "꽃이 피면 나비가 온다"는 말에 맞장구라도 치듯이 겨우내 잠만 자던 번데기에서 태어난 어른 나비가 하나둘 산과 들판을 날아다닙니다.

번데기로 겨울잠을 자고 봄에 어른으로 변신하는 나비류는 꽤 많습니다. 호랑나비, 제비나비, 긴꼬리제비나비, 사향제비나비, 애호랑나비, 배추흰나비, 노랑나비, 대만흰나비, 갈구리나비, 큰흰줄나비, 푸른부전나비, 산푸른부전나비, 작은홍띠점박이푸른부전나비, 큰홍띠점박이푸른부전나비, 쇳빛부전나비, 북방쇳빛부전나비, 범부전나비, 작은은점선표범나비, 거꾸로여덟팔나비 등 손꼽으려면 열 손가락이 모자랍니다. 생활사가 나비류만큼 일일이 다 밝혀지지 않았지만 일부 나방류도 번데기로 겨울을 납니다. 그 가운데 반달누에나방, 왕물결나방, 가는띠밤나방, 얼룩무늬밤나방, 주홍띠밤나방, 한일무늬밤나방 등이 있습니다.

마침 애호랑나비가 숲 바닥을 날아다닙니다. 어른으로 변신한 지 얼마 안

봄 나비의 다양한 모습

이른 봄에 주로 숲 주변에서 활동하는 멧팔랑나비

큰금계국 꽃꿀을 마시는 긴은점표범나비

벌써 날개가 헤진 채 대파 꽃을 빠는 호랑나비

개망초 꽃꿀을 먹는 노랑나비

날개를 활짝 펴 햇빛을 받아 체온을 높이려는 모시나비

등산복에 밴 땀을 빨아 마시고 있는 거꾸로여덟팔나비

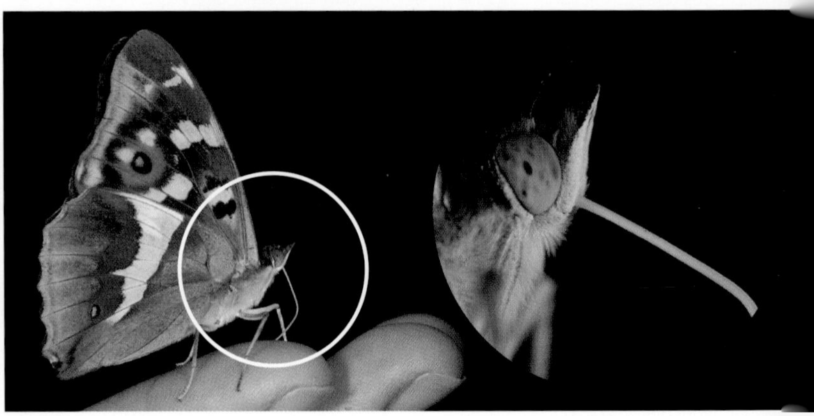

빨대주둥이로 사람이 흘린 땀을 쭉쭉 들이마시고 있는 번개오색나비

되는지 날개 빛이 참 산뜻합니다. 검은 바탕에 노란 줄무늬와 빨간 무늬가 돋보입니다. 진달래꽃이 피는 이른 봄에 날아다닌다 해서 '이른봄호랑나비'란 별명을 가지고 있는 애호랑나비. 녀석은 진달래꽃, 얼레지 꽃, 제비꽃 등 꽃이란 꽃은 다 찾아다니며 꽃꿀을 마십니다. 꽃꿀로 영양을 충분히 채운 뒤에 족도리풀을 찾아가 잎 뒷면에 알을 낳습니다. 어른 애호랑나비는 주둥이가 빨대 모양이라 꽃꿀을 마시지만 애벌레는 주둥이의 큰턱이 발달해서 잎사귀를 베어 씹어 먹는데, 유난히도 족도리풀 잎사귀만 골라 먹습니다. 애벌레는 족도리풀 잎을 먹으며 무럭무럭 자라다가 5월 중순쯤 땅으로 내려가 낙엽 틈이나 돌 틈에 번데기를 만듭니다. 번데기로 무려 열한 달쯤 잠을 자다가 이듬해 봄 진달래꽃이 필 때면 번데기에서 어른으로 탈출해 숲길을 날아다닙니다. 애호랑나비뿐만 아니라 호랑나비과 식구 대부분은 번데기로 겨울을 납니다.

'국민 나비'인 호랑나비도 번데기로 겨울을 나고 봄에 어른으로 변신해서 날아다닙니다. 어른 호랑나비의 날개는 노란빛인데 검은 줄무늬가 시원스럽게 쭉쭉 그려져 있고, 뒷날개 맨 아랫부분에 오렌지색과 파란색이 섞인 띠무늬가 그려져 있어 눈부시게 화사합니다. 녀석은 오솔길을 가로질러 이쪽으로 쌩 날아 왔다가, 다시 되돌아서 저쪽으로 날아갑니다. 나풀나풀 날다가도 활강하듯 쓰윽쓰윽 빠르게 날아다니고는 산초나무 주변을 맴돕니다. 녀석은 쏜살같이 날아와 막 움트는 산초나무 새싹에 앉아 배 끝을 구부립니다. 순식간에 알을 낳고선 번개같이 날아올라 건너편 가지 새싹 위에 또 알을 낳

콩과식물에 낳아 놓은 노랑나비의 알

습니다. 알은 동그랗고 옅은 노란빛을 띱니다. 햇살까지 비추면 보석처럼 반짝반짝 빛납니다. 적게는 30개, 많게는 400개까지도 낳으니 어른 호랑나비가 꽃꿀 먹고 하는 일은 오로지 알 낳는 일. 알을 낳느라 힘들어 기진맥진하며 천천히 명줄도 끊어집니다.

봄부터 가을까지 날아다니는 푸른부전나비

서양민들레 꽃에 날아와 꽃꿀 식사하는 푸른부전나비

들판이나 도심 주변 땅에는 서양민들레 꽃이 만발하고 이 잔칫상에는 끊임없이 곤충 손님이 들락거립니다. 봄이 오자마자 일찌감치 어른으로 변신한 푸른부전나비도 서양민들레 꽃에 나풀나풀 날아옵니다. 여섯 다리로 혀 모양의 꽃(설상화, 혀꽃)을 가볍게 딛고서 머리 아래쪽에 돌돌 말아 감춰 둔 주둥이를 뺍니다. 빨대 주둥이를 쭉 뽑아 길게 펼치고 꽃 속에 쑥 집어넣고 꿀을 빨아 먹습니다.

이렇게 번데기로 겨울을 난 나비는 봄에 한살이를 시작하기 때문에 대부분 일 년에 한살이가 두 번 정도(배추흰나비는 많게는 네 번) 돌아갑니다. 그래서 녀석들은 각양각색의 꽃이 만발하는 봄부터 국화과 꽃이 번성하는 가을까지 날아다니며 꽃꿀을 먹습니다.

암컷은 날개가 없는 겨울자나방

3월 초순, 밤마다 숲 속은 나방들이 나와 짝을 찾느라 술렁입니다. 캄캄한 밤, 이맘때면 밤에는 기온이 영하로 떨어지지만, 숲 속에는 어른 겨울자나방들이 총출동합니다. 나무줄기에 손전등을 이리저리 비추며 겨울자나방을 찾습니다. 마침 날개가 없는 나방 한 마리가 불빛에 놀라 나무줄기를 타고 잽싸게 걸어 올라갑니다. 얼마나 빠른지 벌써 눈에서 멀어지고, 나무줄기 한쪽에서는 날개에 물결무늬가 그려진 나방 몇 마리가 날개를 퍼덕이며 날고 있습니다. 날개 없는 나방이 나무 위로 도망치니 날개 달린 녀석이 훌쩍 날아 뒤따라갑니다. 알고 보니 날개가 없는 녀석은 암컷이고, 날개 달린 녀석은 수컷이로군요. 재밌게도 겨울자나방류의 암컷은 날개가 퇴화하여 날 수가 없습니다. 암컷은 아주 뚱뚱합니다.

이른 봄 쌀쌀한 밤에 활동하는 겨울자나방류

나무줄기에 앉아 쉬는 자나방류

쌀쌀한 밤에 왜 겨울자나방들이 나와 돌아다닐까요? 짝짓기를 하기 위해서입니다. 깜깜한 어둠 속에서 날개가 없는 암컷은 나무껍질이나 낙엽 더미 속에서 나와 나무 위로 올라가서 성 페로몬을 내뿜습니다. 향기로운 페로몬 냄새는 숲 속으로 퍼지다가 수컷 더듬이에 걸려듭니다. 오묘한 페로몬 냄새를 맡은 수컷은 냄새의 진원지인 암컷을 찾을 때까지 날아다닙니다. 수컷은 무사히 나무줄기에 있는 암컷을 찾아옵니다. 암컷과 수컷은 그 자리에서 짝짓기를 합니다. 짝짓기를 마친 암컷은 머지않아 움틀 잎눈이나 꽃눈에 알을 낳습니다. 다른 곤충이 나오기 전에 일찌감치 나와 한살이를 시작하는 것이지요. 이렇게 일찌감치 한살이를 시작하면 다른 곤충과 먹이경쟁을 어느 정도 피할 수 있어 종족 번식에 유리합니다. 잎이 돋아나면 알에서 애벌레가 깨어 나와 보드라운 잎사귀를 먹고 삽니다. 겨울자나방류 말고도 잎말이나방류 몇 종과 밤나방 몇 종도 이른 봄에 나와 짝짓기를 하고 한살이를 시작합니다.

긴 주둥이로 꽃꿀을 마시는 박각시

박각시는 매우 뚱뚱한 나방입니다. 대체로 어른 박각시는 초여름부터 초가을 사이에 많이 나옵니다. 어른 박각시는 특이하게 날개를 삼각형으로 펼치고 앉는데, 낮에 활동하는 녀석도 있고 밤에 활동하는 녀석도 있습니다. 밤에 활동하는 박각시는 대부분 허옇거나 향이 짙은 꽃에 찾아가 기다란 빨대 주둥이로 꽃꿀을 마십니다.

낮에 활동하는 녀석 가운데 꼬리박각시류는 밥 먹는 자세가 무척 특이합니다. 마치 벌새처럼 꽃 앞에서 정지비행을 합니다. 날개를 빠르게 퍼덕이면서 기다란 빨대 주둥이를 쭈욱 빼내 꽃꿀을 마십니다. 날갯짓을 어찌나 빠르게 푸덕이는지 날개의 형체가 안 보입니다. 녀석은 한곳에 멈추어 정지비행을 하기도 하고, 위아래로 오르락내리락 하며 날기도 하고, 뒤 방향으로 날기도 합니다. 나는 것으로만 보면 거의 '새' 수준입니다.

도라지 꽃에 찾아와 꽃꿀 식사를 하는 머루박각시

나비류처럼 박각시도 길고 가느다란 빨대 주둥이를 가지고 있는데, 식사를 하지 않을 때는 돌돌 말아 머리 아래쪽에 둡니다. 빨대 주둥이가 길다 보니 박각시는 꿀주머니가 길게 발달한 꽃들에게 인기가 많습니다. 진화론의 대부 다윈은 마다가스카르 섬에서 돌기가 20센티미터나 되는 난초를 발견하면서, '꿀샘주머니가 저리도 긴데 과연 누가 저 난초의 꽃꿀을 먹을까?' 하며 궁금해했습니다. 그 난초의 아래쪽 꽃받침(바닥 부분)은 뒤쪽으로 길게 늘어나 기다란 꿀주머니로 바뀐 것인데, 그 꿀주머니 속에 꽃꿀이 있었습니다. 다윈의 궁금증은 금세 풀렸습니다. 바로 난초에 날아온 박각시를 발견한 것이지요. 결국 긴 꿀주머니에 든 꽃꿀은 주둥이가 긴 박각시류가 먹었고, 꽃꿀을 먹는 동안 난초의 꽃가루는 박각시류의 털에 묻었습니다. 박각시류는 다른 난초 꽃에 날아가 꽃꿀을 먹는 동안 몸에 묻혀 온 꽃가루를 암술머리에 떨어뜨리고 난초꽃은 꽃가루받이에 성공합니다. 그걸 보고 다윈은

날갯짓하면서 순비기나무 꽃꿀을 빠는 줄박각시

날갯짓하면서 꽃꿀 빨기의 달인, 작은검은꼬리박각시 ©박해철

난초의 꿀주머니와 박각시의 긴 주둥이는 오랜 시간을 거치면서 천천히 서로 길어진 것이라고 했습니다. 물론 자연은 본래 생각했던 것보다 훨씬 복잡하지만 다윈의 공진화에 대한 생각은 지금까지도 어느 정도는 받아들여지고 있습니다.

꽃가루받이 전문가 꿀벌

따뜻한 봄, 숲 바닥에 피어난 꽃을 찾는 단골손님 가운데 벌도 있습니다. 굳이 꽃에 많이 날아오는 벌의 등수를 매기자면 단연 꿀벌이 일등이고, 애꽃벌류는 이등쯤 될 터이고, 호박벌이나 뒤영벌도 등수에 듭니다. 다들 꿀벌과 가족이지요. 꿀벌과 가족을 꼽아 보면 꿀벌류, 뒤영벌류, 애꽃벌류, 꼬마꽃벌류, 가위벌류 등으로 꽤 많습니다. 아시다시피 꿀벌 가족은 꽃가루와 꽃꿀을 먹고 삽니다. 어른벌레뿐만 아니라 애벌레도 평생 꽃가루와 꽃꿀을 먹고 살기 때문에 지구에서 꽃이 사라지면 꿀벌 가문이 끊기는 건 시간문제입니다.

아인슈타인은 지구에서 꿀벌이 사라지면, 인류는 그로부터 4년밖에 살 수 없을 것이라고 경고했습니다. 숫자는 액면 그대로 받아들일 수 없지만 꿀벌이 인간 생활에 중요한 영향을 미친다는 것을 제대로 짚은 것이지요. 그만큼 꿀벌은 인류가 먹고 사는 식물이 열매나 씨앗을 만들어내는 데 매우 큰 몫을 합니다. 실은 지구에 사는 '꽃식물'의 80퍼센트는 곤충의 도움을 받아 꽃가루받이가 됩니다. 그 가운데 85퍼센트는 꿀벌이 꽃들을 오가며 꽃가루받이를 해준 덕분에 열매와 씨앗을 맺고, 과일나무는 90퍼센트가 꿀벌의 도움을 받습니다. 또한 인류를 먹여 살리는 세계 식량의 3분의 1이 곤충의 도움을 받아 꽃가루받이가 되는데, 그 가운데 80퍼센트는 꿀벌이 꽃가루받이를 해준 덕분에 열매를 맺습니다. 아무리 대체 식량이 개발된다 해도 결국 꿀벌이 사라지면 인류가 사는 데 필요한 먹을거리가 사라질지도 모릅니다.

그동안 꿀벌에 대한 연구는 셀 수 없이 많아 꿀벌 이야기가 참 많이 알려졌습니다. 꿀벌 하면 떠오르는 단어들…… 춤 언어의 마술사, 부지런한 노동꾼, 공동체 생활을 척척 잘 해내는 일꾼, 자기 왕국을 다스리는 여왕벌, 몸 바쳐 적을 무찌르는 자살 특공대 일벌 군단, 설계도 없이 집을 짓는 천재 건축가 등. 그런 명성에 맞게 꿀벌은 이른 봄부터 부지런히 꽃들을 찾아 활동합니다. 숲에 핀 꽃은 가리지 않고 찾아 날아가 꿀을 먹고, 꽃가루도 뒷다리에 움푹 파인 '바구니'에 모으기도 합니다. 진달래꽃, 생강나무 꽃, 벚꽃, 숲 바닥에 핀 풀꽃을 쉴 새 없이 들락거리며 꿀과 꽃가루를 땁니다.

마침 꿀벌 한 마리가 붕 소리를 내며 날아오자 양지꽃이 휘청입니다. 꽃에 꿀벌의 꽃 여행. 뒷다리에는 꽃가루를 매달고, 주둥이로는 꿀을 빨아 위에 저장해 옮기는 모습이 마치 보따리상 같다.

엉겅퀴 꽃

나도냉이 꽃

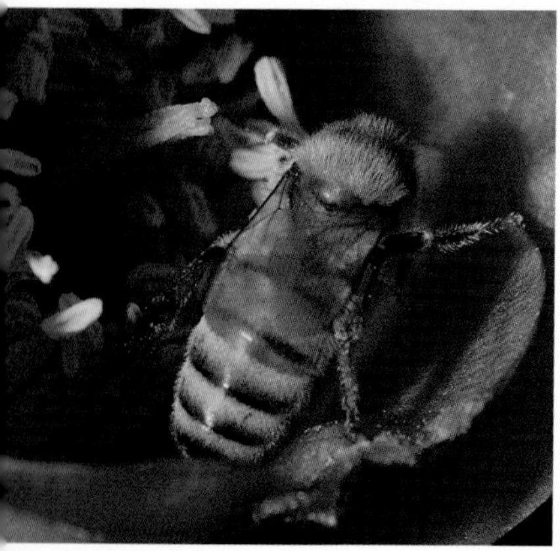
동백나무 꽃

찔레나무 꽃

진달래 꽃

물봉선 꽃

모란 꽃

서양민들레 꽃

앉아 식사를 하던 애꽃벌류가 깜짝 놀라 도망갑니다. "와, 이게 웬 횡재야? 조그만 꽃에 꽃가루가 이렇게나 많다니!" 녀석은 뒤도 안 돌아보고 수술 사이에 기다란 주둥이를 꽂고 꽃꿀을 먹습니다. 벌써 다른 포기에 핀 꽃들을 순례했나 봅니다. 보송보송한 털에 꽃가루가 모래 알갱이처럼 다닥다닥 묻어 있습니다. 뒷다리에는 이미 동그스름한 꽃가루 경단이 매달려 있습니다. 양지꽃에 머리를 들이민 꿀벌을 가만히 들여다보니 빨간 주둥이가 나와 있군요. 긴 주둥이로 열심히 꿀을 마시고 있습니다. 꿀벌은 배고플 때도 꿀을 마시지만, 대부분 벌집에 사는 애벌레들을 위해 꿀을 따서 꿀주머니에 모읍니다.

잠시 뒤 꿀벌은 온몸으로 꽃가루를 모으기 시작합니다. 머리를 꽃 속에 묻기도 하고, 수술 위를 걸어 다니기도 하고, 몸을 오른쪽으로 틀었다 왼쪽으로 틀었다 하면서 양지꽃 구석구석을 누빕니다. 마치 쳇바퀴 도는 다람쥐처럼 양지꽃 수술더미에서 부드럽게 미끄러지듯 돌아다닙니다. 녀석이 수술 위를 부지런히 다닐수록 털에 꽃가루가 소복소복 쌓입니다. 놀랍게도 꿀벌 몸에 난 털은 끝 부분이 두 갈래로 갈라져 꽃가루가 잘 묻고, 한번 묻은 꽃가루는 떨어지는 일이 거의 없습니다.

이렇게 꿀벌은 이 꽃 저 꽃을 오가며 긴 주둥이로 꽃꿀을 빨아들여 꿀주머니(crop, 소화관의 일부로 꿀배라고도 함)에 담고, 꽃가루는 큰턱으로 따기도 하고, 몸을 이리저리 굴리면서 몸에 빽빽이 난 수많은 털에 묻혀 나릅니다. 일벌은 힘이 세서 자기 몸무게의 50퍼센트에서 많게는 92.5퍼센트까지 꽃꿀을 가져옵니다. 꽃꿀에는 물이 50퍼센트나 되어서 자기 체온을 이용해서 수분을 빼고, 소화가 잘 되도록 효소까지 넣어 저장용 꿀을 만듭니다. 털에 묻혀 온 꽃가루는 뒷다리와 가운뎃다리에 난 솔 같은 털로 쓸어 모은 다음, 꿀주머니에서 축축한 꽃꿀을 내뱉어 꽃가루와 잘 섞어 반죽합니다. 꽃가루 경단이 만들어지면 뒷다리 종아리마디에 파인 '꿀바구니'에 옮겨 담습니다. 이렇게 부지런히 모아 만든 꿀과 꽃가루 경단은 엄마 여왕벌이 낳은 애벌레 밥입니다. 일부는 남겨 두었다가 추운 겨울 동안 양식으로 씁니다. 그런 덕분에 꽃이 피지 않는 겨울에도 죽지 않고 거대한 가족을 이루며 살아남을 수 있는 것이지요.

벌집을 따로 만들지 않는 호박벌

꿀벌뿐만 아니라 호박벌이나 뒤영벌류도 식물이 정성껏 만든 꽃가루나 꽃꿀을 먹어야 살아남습니다. 몸집이 큰 탓에 녀석들이 한번 떴다 하면 숲 속이 술렁입니다. 마침 덩치 큰 호박벌 한 마리가 부웅 굉음을 내며 요란하게 날아옵니다. 녀석은 활짝 핀 보랏빛 얼레지 꽃으로 직행합니다. 얼레지 꽃잎 안쪽에 그려진 강렬한 'W' 무늬인 꿀 안내판으로 정확하게 들어갑니다. 순식간에 여섯 다리로 수술 자루를 잡고 매달리니 순간 얼레지 꽃이 휘청 흔들립니다. 녀석의 몸집은 2센티미터로 엄청나게 커서 얼레지 꽃 한 송이를 독차지합니다. 그러는 바람에 얼레지 꽃의 꽃가루가 몸에 골고루 달라붙습니다. 녀석의 몸엔 기다란 털이 물 샐 틈 없이 빽빽이 붙어 있어 꽃가루가 잘 달라붙습니다. 생긴 건 곰처럼 생겼는데 몸짓은 어찌나 빠른지 꽃가루주머니를 한 바퀴 휘감아 돌더니 휙 다른 꽃으로 날아갑니다.

1 2 3
4 5 6

덩치가 크지만, 꿀벌 못지않은 뒤영벌들의 꽃 방문기 1 호박벌 숫벌 2 갈퀴덩굴 꽃에 날아든 황토색뒤영벌 3 쇠서나물 꽃에서 꽃가루를 모으고 있는 황토색뒤영벌 4 미나리냉이 꽃에서 꽃가루를 모으고 있는 우수리뒤영벌 5 각시취 꽃에서 꽃꿀 식사 중인 삿포로뒤영벌 6 자그마한 숲개별꽃에 매달린 좀뒤영벌

꿀벌과 달리 호박벌의 여왕벌은 일 년밖에 살지 못합니다. 여름에 짝짓기를 마친 여왕벌은 땅속에서 혼자 겨울잠을 자다가 이듬해 봄이 되면 밖으로 나옵니다. 세상은 이미 따스한 봄. 녀석은 이리저리 날아다니며 자신이 살 만한 집을 찾아다닙니다. 꿀벌들처럼 애벌레들을 키울 벌집을 따로 만들지 않습니다. 땅속 구멍, 쥐구멍, 두더지 굴, 새 둥지 따위를 찾아내어 자기 집으로 재활용합니다. 집을 구했으니 이제 꽃가루를 모으고 꽃꿀을 따면 됩니다.

호박벌은 부리나케 숲 바닥, 숲 가장자리와 들판에 핀 꽃들을 찾아다니며 꽃가루와 꽃꿀을 땁니다. 그러고선 집으로 가져가 애벌레들에게 먹입니다.

나무에 구멍을 내어 집을 만드는 어리호박벌

호박벌을 닮은 어리호박벌도 꽃이란 꽃은 다 들락거리며 꽃가루를 모으고 꽃꿀을 땁니다. 특이하게도 어리호박벌은 나무에 집을 만듭니다. 큰턱으로 나무를 뜯어내 동그란 구멍을 냅니다. 물론 싱싱한 나무보다는 약간 썩어 가든지 죽어 가는 나무가 어느 정도 분해되어 있어서 뚫기에 유리하겠지요. 녀석 또한 애벌레가 꽃가루와 꽃꿀을 먹고 사니까 애벌레가 다 자라 번데기가 될 때까지 부지런히 꽃을 찾아다니며 꽃가루를 따야 합니다. 하지만 이들은 편법을 좋아합니다. 꽃자루 부근을 옆에서 뚫어 꽃꿀만 쏙 빼먹는 얌체짓도 서슴지 않습니다.

각양각색의 털로 뒤덮인 꼬마꽃벌

애꽃벌류(꿀벌과, 애꽃벌아과)나 꼬마꽃벌류(꿀벌과, 꼬마꽃벌아과) 또한 이른 봄에 꽃을 찾는 단골손님입니다. 녀석들은 자그마한 몸으로 숲 속 꽃 잔치에 어김없이 나타납니다. 커 봤자 몸길이가 1센티미터도 안 되는 꼬마꽃벌류와 애꽃벌류는 꽃 모양이 활짝 벌어진 양지꽃이나 진달래꽃 같은 갈래꽃부터, 현

1 2 3
4 5

작은 꽃벌류의 꽃 탐방 1 구리꼬마꽃벌 2 달맞이꽃에 날아온 애꽃벌 3 복수초 꽃 속에서 쉬고 있는 애꽃벌류 4 하늘말나리 꽃에 매달려 꽃가루를 모으는 애꽃벌류 5 양지꽃에서 꽃가루를 모으는 꼬마꽃벌류

호색처럼 긴 주머니 모양의 통꽃까지 가리지 않고 들락거리며 꿀과 꽃가루를 모읍니다. 꼬마꽃벌과 애꽃벌은 말 그대로 꽃에서 만들어내는 꿀과 꽃가루를 먹고 사는 몸집이 작은 벌입니다. 벌치고는 작은 편이라 꽃 앞에 앉아야 자세히 보입니다.

몸집은 날씬한 편이고 호리호리합니다. 앉을 때는 네 개의 날개를 접어 배 위에 살포시 얹습니다. 더듬이는 매듭을 잘 엮어 놓은 것 같고, 겹눈은 툭 튀

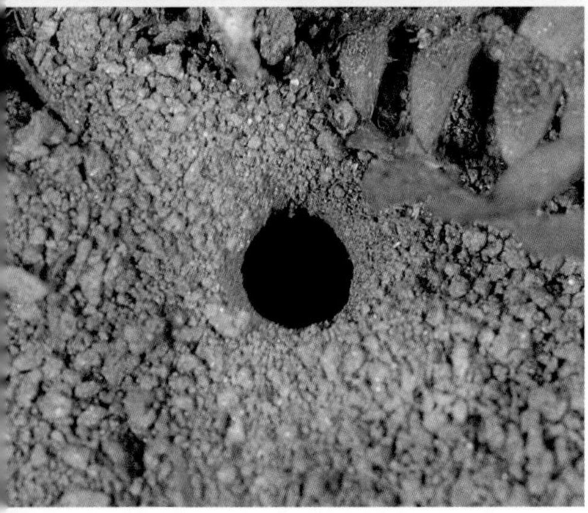

1 애꽃벌류의 땅속 둥지
2 1 땅 파러 온 모습
2 파 놓은 집 입구

어 나와 깜직하고, '허리(가슴과 배를 이어주는 첫째 배마디)'는 잘록합니다. 뭐니 뭐니 해도 녀석의 자랑거리는 온몸을 덮고 있는 털입니다. 가늘고 부드러운 털, 길고 억센 털, 다리에 난 빳빳한 가시털, 똑바로 서 있는 털, 누워 있는 털 등 각양각색의 털들이 그 자그마한 몸을 빽빽하게 덮고 있습니다. 털 색깔도 금색부터 은색까지 다양해 꽃 속에 앉아 있으면 아름답습니다. 검은색인 배에는 금테 또는 흰색 줄무늬를 두르고 있습니다.

녀석의 몸엔 왜 털이 많이 났을까요? 바로 몸을 보호하기 위해서입니다. 추운 날, 털은 스스로 온도조절을 못 하는 곤충의 몸을 따뜻하게 지켜줍니다. 더운 날에는 뜨거운 햇빛을 한번 걸러 주고요. 곤충에게 털이 없다는 건 사람으로 치면 대머리와 같습니다. 머리카락이 하나도 없어서 속살이 드러난다면 추운 날과 뜨거운 날에 얼마나 난감할까요? 또한 곤충의 털은 감각기관입니다. 털은 신경과 연결되어 있어 주변 온도나 습도 등 바깥 환경이 어떤지 알아차릴 수 있습니다. 더구나 녀석들은 애벌레의 먹이인 꽃가루를 모아야 하니 털이 많을수록 꽃가루도 많이 모을 수 있습니다.

녀석들의 다리는 넓적하고 튼튼하게 생겼고, 겉에는 털이 나 있습니다. 부드러운 털과 억센 털이 섞여 빼곡하게 덮여 있습니다. 다리털은 애벌레의 식량인 꽃가루를 모으는 데 큰 몫을 합니다. 꽃에 들락거리며 꽃꿀과 꽃가루를 몸에 난 털, 특히 다리털에 모읍니다. 더구나 뒷다리의 종아리마디가 약간 파여 있어서 꽃가루를 모으기엔 안성맞춤이지요. 꽃을 찾아다닌 방문 횟수는 다리털에 묻은 꽃가루를 보면 금방 알 수 있습니다. 꽃을 많이 찾아갈수록 다리에 묻은 꽃가루는 경단처럼 푸짐하니까요.

어미 꼬마꽃벌류와 애꽃벌류가 부지런히 꿀과 꽃가루를 모은 뒤 날아가는 곳은 어디일까요? 땅굴입니다. 운 좋으면 이른 봄, 숲길을 찬찬히 걷다 보면 꾹꾹 잘 다져진 흙길 위에 난 구멍을 찾을 수가 있습니다. 구멍 주변에는 땅속 흙을 퍼다 나른 조그맣고 둥글둥글한 흙덩이가 쌓여 있습니다. 마치 갯벌에서 게들이 구멍을 파며 퍼낸 올챙이 닮은 진흙 덩이처럼요.

추운 겨울을 난 꼬마꽃벌과 애꽃벌은 이른 봄부터 땅굴을 파 애벌레가 살 집을 마련해 놓고 꽃이 피기를 기다립니다. 땅속은 위쪽보다 따뜻해서 기온이 변덕스럽게 오르락내리락해도 아늑합니다. 작은 몸으로 어찌 땅을 파 굴을 만들까요? 몸이 연장입니다. 단단한 큰턱으로 흙덩이를 물어 집 밖으로 내버립니다. 단단한 땅속 부분은 머리를 박아 흙을 부스러뜨립니다. 흙 부스러기는 다리로 모아서 큰턱으로 물고 뒷걸음질을 쳐 땅굴 밖으로 나가서 내다 버립니다. 쉼 없는 노동 끝에 애벌레 방 완성! 이제 어미는 꽃가루와 꽃꿀을 따다가 방에 넣어 두고 그 위에 알을 낳으면 됩니다. 알에서 깨어난 애벌레는 어미가 꽃가루와 꽃꿀로 정성스럽게 만든 꽃가루 경단을 먹으며 무럭

무럭 자라 번데기를 거쳐 여름쯤에 어른벌레로 변신합니다.

꼬마꽃벌과 애꽃벌은 대부분 일 년에 한살이가 두 번 돌아갑니다. 식물은 부지런한 녀석들 덕분에 꽃가루받이가 될 기회가 많으니 더할 나위 없이 좋을 뿐이지요. 여름에 어른으로 변신한 꼬마꽃벌과 애꽃벌은 땅굴 집을 새로 안 만들어도 됩니다. 봄에 엄마 벌이 지은 땅속 흙집을 고쳐 쓰면 되니까요. 물론 자기가 애벌레 시절에 살았던 방을 그대로 찾아내는 것은 아닙니다. 녀석들은 집 짓는 수고로움을 더는 대신에 부지런히 새끼 키우기에 전념합니다. 머지않아 가을이 돌아오니 시간을 아껴 써야 겨울이 오기 전에 새끼를 다 키워 낼 수 있기 때문이지요.

• 꿀벌은 왜 사라지고 있을까? •

농사를 돕는 부지런한 일꾼, 꿀벌. 사람과 자연이 조화롭게 공생하는 걸 보여주는 산증인, 꿀벌. 세계 식량 가운데 3분의 1을 꽃가루받이해주는 꿀벌. 그 꿀벌이 최근 들어 사라지고 있습니다. 재밌게도 인류가 먹는 음식을 좌지우지하는 꿀벌속(*Apis*, 꿀벌과) 식구는 단 아홉 종뿐입니다. 아홉 종 가운데 여덟 종이 아시아 지역에 살며, 한 종(*Apis mellifera*, 서양꿀벌)만이 유럽과 아프리카 대륙에 살고 있습니다. 우리나라에는 재래꿀벌과 양봉꿀벌만이 삽니다. 열 종도 안 되는 꿀벌이 인류의 식량을 책임지고 인류 존속에도 영향을 준다니, 꿀벌의 중요성은 침이 마르게 얘기해도 모자랍니다.

미국 농무부는 1980년에 450만 개였던 양봉농가의 벌통이 2008년에는 244만 개로 줄었다고 보고했습니다. 또한 2006년 겨울부터 다음해 봄까지, 북반부에 사는 꿀벌 가운데 4분의 1이 사라진 것으로 알려졌습니다. 이렇게 꿀벌은 북아메리카와 유럽을 중심으로 줄어들고 있어서, 어찌 보면 범지구적인 현상이라고 볼 수 있습니다. 즉 꿀벌의 군집붕괴현상(CCD)입니다. 과학자들이 원인을 찾고 있지만, 꿀벌이 사라지고 있는 이유는 아직도 조사 중입니다.

꿀벌의 군집붕괴 이유는 한두 가지가 아니라 무려 61가지나 된다는데(2009년 미국 'CCD워킹그룹'의 첫 연례보고서), 최근에는 농약 중독과 꿀벌을 밀집해서 사육하는 것, 전자파 등이 주요 원인으로 거론되고 있습니다.

많은 사람의 관심을 끈 것은 전자파 노출입니다. 실제로 전자파에 노출된 꿀벌이 꽃가루를 모으러 나갔다가 벌집으로 되돌아오는 시간이 그렇지 않은 꿀벌보다 더 오래 걸렸습니다. 전자파에 노출되지 않은 벌들은 1~2분 안에 벌집으로 돌아왔지만, 전자파에 노출된 벌들은 8~9분 만에 돌아왔다 하니(독일의

헤르만 스티버 박사의 실험), 전자파가 벌들의 감각기능을 교란한다고 볼 수 있습니다.

농약 중독에서는 '네오니코티노이드' 살충제라는 것이 꿀벌의 떼죽음을 일으키게 한 큰 원인으로 떠오르고 있습니다. 이 농약을 친 식물에서 꿀벌이 꽃가루를 먹으면 꿀벌의 신경계에 이상을 일으켜 죽게 됩니다. 그래서 유럽연합(EU)에서는 '네오니코티노이드' 성분이 포함된 농약을 2013년부터 2015년까지 한시적으로 사용 금지했습니다.

그 밖에도 연구자의 실험 결과를 통해서 다양한 주장이 나오고 있습니다. 꿀벌을 벌통에서 밀집해 사육하여 면역력이 떨어져서 그렇다는 주장도 있습니다. 실제로 꿀벌들에게 병균과 진드기 등 피해도 큽니다.

어떤 이유에서든 꿀벌이 사라지는 것은 정말 두려운 일입니다. 지구에 사는 많은 생물이 유능한 꽃 중매쟁이인 꿀벌에게 의지하고 살기 때문입니다. 사람 또한 꿀벌의 도움을 꼭 받아야 하는 생물입니다.

3. 잎사귀에 모이는 곤충

이른 봄에 들판, 숲 바닥, 숲 가장자리에 피어나던 꽃들이 지고 나면 본격적으로 나무들이 잎사귀를 내기 시작합니다. 5월, 어느새 나무들은 잎사귀를 주렁주렁 달고 있어 숲 속은 온통 초록빛 세상입니다. 쭉쭉 뻗은 나뭇가지에 잎사귀를 매단 키 큰 나무들 틈새로 들어오는 햇빛을 받고 자라는 키 작은 나무들과 숲 바닥의 풀들이 숲 속을 가득 메웁니다. 이어 다른 생물들도 한둘씩 숲에 둥지를 트니 어느새 숲에선 생명의 큰 합창 소리가 울려 퍼지는 듯합니다. 때맞춰 잎사귀를 먹는 곤충도 기다렸다는 듯이 등장합니다. 나방류 애벌레, 나비류 애벌레, 잎벌레류 어른벌레와 애벌레, 잎벌류 애벌레가 숲과 들판에 나와 본격적으로 한살이를 시작합니다. 이름도 알 수 없는 애벌레들이 어찌나 많은지 숲과 들판을 걸을 때면 멀미가 날 지경입니다.

많은 숲 속 생물의 귀중한 식량은 나무와 풀입니다. 특히 초식동물은 하루라도 식물을 못 먹으면 살아가기 힘듭니다. 초식동물은 자기 식성에 맞게 잎, 줄기, 나뭇가지, 나무줄기, 썩어가는 나무속, 나무뿌리 따위를 먹어치우니 식물의 최대 소비자입니다. 초식동물 가운데에도 수많은 곤충이 식물을 먹고 삽니다. 지금까지 알려진 동물은 150만 종 정도. 그 가운데서 알려진 곤충은 약 100만 종. 그 가운데 식물을 먹고 사는 초식곤충 수는 약 35만 종으로 전체 곤충의 약 30퍼센트를 차지합니다. 전체 식물 종수가 약 30만 8천 종이니, 따져 보면 식물 종수보다 초식곤충 수가 더 많습니다. 숫자로만 보면 지구에서 가장 성공한 곤충은 초식곤충인 것이지요.

어디 그뿐인가요? 초식곤충이 많다 보니 이들을 잡아먹기 위해 힘센 포식곤충도 자연스럽게 숲 속으로 들어오고, 포식곤충을 잡아먹기 위해 더 힘센 거미나 새들이 숲 속으로 들어옵니다. 말이 나왔으니 새 이야기를 잠깐 할까요? 새싹이 돋아나면 곤충이 우후죽순 나오는 걸 어찌 아는지 새들도 이때가 되면 본격적인 번식 프로젝트에 들어갑니다. 봄이 되면 숲이나 들에선 일년 내내 우리나라에 사는 텃새와 남쪽에서 더위를 피해 우리나라로 와 번식을 하는 여름 철새가 알을 낳습니다. 알에서 새끼들이 깨어날 즈음이면 들판과 숲은 온통 곤충 세상입니다. 특히 이때쯤이면 나비목 애벌레가 숲 속에서 진을 치고, 딱정벌레 같은 곤충도 많이 나오기 시작합니다. 이때를 놓칠세라 어미 새들은 부지런히 곤충 애벌레나 어른벌레를 잡아다 새끼에게 먹입니다. 특히 나비목 애벌레가 번데기를 만들려고 땅속으로, 나뭇잎 사이로 들어가기 전에 어서 새끼를 키워야 합니다. 새끼 새들에게 애벌레는 최고의 단백질 식사이니까요. 숲에 새가 많아지면 녀석들을 잡아먹으러 상위 포식자인 맹금류나 포유류가 숲에 들어옵니다.

이렇게 식물이 꽃을 피우고 잎사귀를 내면 초식곤충이 몰려들고, 초식곤충이 많아지면 새들이 때맞춰 새끼를 낳아 키우고, 새들이 많아지면 맹금류나 포유류의 먹잇감도 많아집니다. 그런 과정에서 숲 속 동물이 먹고 싼 똥에는 똥을 먹고 사는 분식성 곤충이 모이고, 죽은 시체에도 시체를 먹고 사는 부식성 곤충이 자연스럽게 몰려오고, 썩은 나무를 분해하는 버섯에는 버섯살이 곤충이 들어와 삽니다. 그러니 나무와 풀로 가득 찬 숲은 많은 생물이 깃들이는 '생명의 땅'입니다.

그렇다면 숲에는 왜 식물을 먹는 초식성 곤충이 많을까요? 그 이유 가운데 하나는 곤충이 어떤 특정한 식물을 여러 방식으로 먹기 때문입니다. 잎사귀를 먹고 사는 곤충, 꽃가루와 꽃꿀을 먹고 사는 곤충, 줄기의 즙을 먹고 사는 곤충, 뿌리를 먹고 사는 곤충, 열매를 먹고 사는 곤충, 썩은 나무속에서 사는 곤충……. 숲 속에 널린 먹이를 먹기 위해 곤충은 선택한 식물을 잘 먹을 수 있도록 몸을 알맞게 바꿔 왔습니다. 예를 들면 잎사귀를 먹는 곤충은 씹어 먹는 주둥이를 가졌고, 꽃꿀을 마시는 곤충은 빨대 모양 주둥이를 가졌고, 나무속을 파먹고 사는 곤충은 머리가 튼튼하고 단단합니다. 그뿐만 아니라 식물도 자기가 좋아하는 특정식물만 정해 놓고 먹어서 다른 종과 먹이경쟁을 피합니다. 초식곤충의 보이지 않는 지혜가 결국은 많은 곤충이 숲과 더불어 살 수 있는 원동력이 됩니다.

식물과 곤충의 밀고 당기기

그러면 식물은 초식곤충에게 자기 몸을 무조건 내주기만 할까요? 아닙니다. 식물과 밀고 당기는 게임이 오랜 시간 동안 펼쳐졌고, 지금도 펼쳐지고 있습니다. 잎사귀가 햇빛과 물, 이산화탄소를 이용해 어렵사리 만든 영양물질을 곤충이 다 먹어버리면, 식물은 자기 종족번식에 실패할 수도 있습니다. 초식곤충 역시 자기 밥인 식물을 먹지 않으면 살아남기는커녕 대를 이어갈 수도 없습니다. 아이러니하게도 식물은 한자리에서 뿌리를 내리고 사는 붙박이형이라서 다른 곳으로 한 발짝도 옮길 수 없습니다. 초식곤충에게 먹히지 않으려면 자기만의 방어 전략을 개발해야 합니다. 진화 과정에서 식물이 초식곤충을 막아내려 개발한 방어 전략은 크게 두 부류로 나눌 수 있습니다. 하나는 '물리적 방어 전략'이고, 또 하나는 '화학적 방어 전략'입니다.

두릅나무 줄기에 붙어 있는 뾰족한 가시

우선 물리적 방어 전략은 식물이 몸에 털과 가시 같은 무기를 만들어 붙이는 것입니다. 털과 가시를 만드는 데는 비용이 들어가지 않습니다. 표피세포나 잎사귀를 일부분 변형했기 때문입니다.

대부분 식물은 털을 가지고 있습니다. 잎의 앞 뒷면에 빽빽이 난 털, 줄기에 보송보송 돋은 털, 잎 가장자리를 따라 주루룩 돋아난 털 등. 수많은 털은 수분이나 수증기를 모아 물방울을 만들어 광합성에 쓰고, 자기 몸을 따뜻하게도 하고, 초식 곤충이 자기 몸을 먹는 것을 방해합니다. 어떤 식물은 줄기 표피세포를 뾰족한 가시로 만들어 붙이고, 또 어떤 식물은 잎사귀를 단단한 가시로 만들어 달고 있습니다. 뾰족한 가시는 바늘처럼 뾰족해서 자기를 먹으려고 달려드는 곤충에게 위협적일 수 있습니다. 가시 많은 식물에 멋모르고 달려들었다가 찔리면 상처를 입고 죽을지도 모르기 때문에 곤충은 가시가 더덕더덕 난 식물에 다가가는 것을 꺼려할 수 있습니다. 식물에게는 털과 가시가 바로 무기인 셈입니다.

그런데 식물에 털과 가시가 붙어 있다고 곤충이 못 먹을까요? 아닙니다. 대부분 곤충은 식물에 털이 많든, 가시가 있든, 잎이 뻣뻣하고 거칠든 아무 상관하지 않고 잘만 먹습니다. 털과 가시로는 안 되겠는지, 식물은 또 다른 전략을 세웁니다. 바로 화학적 방어 전략입니다. 식물은 독이 듬뿍 든 화학 방어물질을 만들어 잎, 줄기, 뿌리, 씨앗에 차곡차곡 저장합니다. 어떤 식물의 잎사귀를 먹을 때 쓰기도 하고, 떫기도 하고, 얼얼하게 아리기도 하고, 시

독물질을 대놓고 내는 모델 식물들. 꺾었더니 노란 즙액을 흘리는 애기똥풀(왼쪽), 잎을 자르니 흰 우유 같은 물질을 내는 박주가리(오른쪽)

기도 합니다. 예를 들면 천남성 잎사귀에선 얼얼할 정도로 아린 맛이 나고, 머위 잎사귀에서는 쓴맛이 나고, 괭이밥 잎사귀에는 신맛이 납니다. 또한 잎이나 줄기를 꺾거나 뜯기라도 하면 특이한 즙이 줄줄 흘러나옵니다. 피나물에서는 주황색 즙, 애기똥풀에서는 노란 즙, 박주가리에서는 우유 같은 하얀 즙, 아까시나무 어린 줄기에서는 아무 색이 없는 투명한 즙이 배어납니다. 그뿐만 아닙니다. 사람 생명도 앗아가는 독약인 청산가리를 품고 있는 은행씨, 살구씨, 사과씨 등도 모두 식물이 내는 화학물질입니다. 이렇게 식물은 몸속에 독을 품고서 '내 몸에 독이 많으니 먹지 마!' 하고 초식곤충에게 경고 신호를 보냅니다.

독이 든 화학물질을 만들려면 비용이 제법 들어갑니다. 식물이 목숨을 지탱하는 데 꼭 필요한 영양소가 있는데 이를 1차대사물질이라고 합니다. 탄수화물, 단백질, 지방, 무기질 등이 대표적인 예로 사람 몸을 구성하는 물질과 똑같습니다. 이에 비해 생명을 유지하는 데 꼭 필요한 건 아니지만 자기를 방어하는 데 쓰이는 화학물질은 2차대사물질입니다. 이 물질은 독을 품고 있어서 식물이 자기를 먹으려는 초식곤충을 막아내는 데 요긴하게 쓰는 무기입니다. 식물은 약 2만 가지나 되는 화학물질을 품고 있다고 알려졌다니 그 다양함에 놀라울 뿐입니다.

식물의 독물질에는 어떤 화합물이 들어 있기에 초식곤충이 꺼려할까요? 식물에는 화합물이 수만 개에 이를 정도로 많지만, 크게 세 가지로 나누면 알칼로이드(질소 기반 화합물), 플라보노이드류, 테르펜류와 페놀류가 대표적입니다. 마약으로 사용하는 모르핀이나 담배에 들어 있는 니코틴은 알칼로이드 물질이고, 소나무에서 내뿜는 송진 같은 식물성 수지나 향신료는 테르펜류 물질입니다. 또한 떫은맛을 내는 탄닌과 소화하기 어려운 리그닌은 페놀류 물질입니다. 식물은 이런 화학물질을 많이 만들어내어 초식곤충이 얼씬거리지 못하게 합니다.

하지만 그냥 물러설 초식곤충이 아닙니다. 왜? 초식곤충에게 식물을 먹는 일은 죽느냐 사느냐의 문제이니까요. 식물에 독이 있든 없든 간에 초식곤충은 자기 밥인 식물을 먹어야 살기 때문입니다. 그러니 곤충은 기를 쓰고 식물이 품고 있는 독성물질을 극복하는 일에 목숨을 겁니다. 곤충이 모든 식물의 독성물질에 맞서기에는 역부족입니다. 그래서 곤충은 가장 맘에 드는 식물을 점찍어 놓고 집중적으로 공략합니다. 열 번 찍어 안 넘어가는 나무 없다는 말은 식물과 곤충의 세계에서도 통합니다. 오랫동안 곤충은 식물이 품고 있는 방어물질을 먹고 또 먹어 내성이 생겨 면역이 되기도 하고, 독성물질을 해독하기도 합니다. 이쯤 되면 식물과 곤충의 한 판 싸움에서 일단 곤충이 판정승.

게다가 똑똑하게도 곤충은 식물의 방어물질을 식욕을 돋우는 섭식 자극제나 섭식 유인제로도 이용합니다. 다시 말해 곤충은 멀리서 식물이 내뿜는 방어물질 냄새만 맡아도 제 밥인 줄 알고 먹이식물을 찾아옵니다. 식물의 화학 방어무기는 곤충에게 자기 먹이를 알아보게 만드는 도구입니다. 어디 그뿐인가요? 먹는 것도 모자라 어떤 곤충은 그 방어물질을 제 몸에 저장해 두었다가 위험에 처하면 순간적으로 내뿜어 천적을 물리치고 위협하기도 합니다. 이렇게 곤충이 식물을 공략한 세월은 상상을 초월한 긴 시간입니다. 지구 역사에서 오랜 기간을 거쳐 곤충은 식물의 화학 방어물질을 자기가 좋아하는 섭식 유인제로, 천적을 위협하는 방어무기로도 재활용한 셈입니다.

잎사귀만 먹고 사는 엽식성 곤충

이렇게 식물이 자기를 무장하는 데는 잎사귀가 가장 큰 공헌을 합니다. 잎사귀는 햇빛과 물을 받아들여 광합성을 해서 식물은 번식이나 방어에 필요한 모든 영양소를 만들어내는 생산자이자 공급자이기 때문이지요. 식물이 그 영양분으로 먹고 살 뿐만 아니라 수많은 숲 속 생물이 먹고 삽니다. 그런 소중한 잎사귀를 먹고 사는 곤충이 있는데, 바로 '엽식성 곤충'입니다. 식물의 여러 부위 가운데 유독 잎사귀만 먹고 사는 곤충이지요.

잎사귀를 먹는 곤충은 거의 씹어 먹는 주둥이를 가졌습니다. 혹시라도 숲길을 걷다가 잎사귀를 먹는 잎벌레류나 메뚜기를 보거든 잠시 멈춰서 먹는 모습을 들여다보세요. 녀석의 주둥이는 베어 씹어 먹는 형(씹는형, chewing type)이라서 큰턱을 양옆으로 오므렸다 폈다 하며 잎을 한 입씩 싹둑싹둑 베어 씹어 먹습니다. 주둥이에 달린 큰턱은 매우 발달해서 잎사귀를 잘 자르고, 찢고, 끊어 냅니다. 심지어 나무속에서 날개돋이를 끝낸 비단벌레류가 딱딱한 나무 조직을 뚫고 나오는 데도, 흰점박이꽃무지가 번데기를 감싸는 고치를 뚫고 나올 때도, 도토리거위벌레가 알을 낳은 도토리가 달린 나뭇가지를 잘라낼 때도 큰턱은 매우 중요하게 쓰입니다. 씹어 먹는 주둥이를 가진 곤충은 튼튼한 큰턱 하나만 있어도 웬만한 일을 끄떡없이 해낼 수 있으니 세상 부러울 게 없습니다.

엽식성 곤충은 잎사귀를 어떻게 먹을까요? 씹어 먹는 주둥이도 종류마다 먹는 부위가 다릅니다. 어떤 녀석은 잎사귀를 통째로 싹둑싹둑 베어 씹어 먹고, 어떤 녀석은 잎 속에 굴을 파고 들어가 잎의 윗면과 아랫면 표피층 사이에 있는 잎살만 골라 씹어 먹고, 어떤 녀석은 잎맥만 남기고 잎살만 골라 씹어 먹고, 어떤 녀석은 겉껍질(표피층)만 남긴 채 잎살만 씹어 먹습니다.

또한 초식곤충은 저마다 식성에 맞는 식물을 골라 먹습니다. 아무 식물이나 먹지 않고, 자기가 좋아하는 식물만 먹는 편식주의자입니다. 오랜 시간에 걸쳐 식물과 초식곤충의 공진화가 일어나 특정한 식물만을 먹게 되었는데, 대부분 먹이식물이 정해져서 곤충 사이에 먹이경쟁이 어느 정도 해결되었다고 봅니다.

이렇게 잘 발달한 큰턱으로 잎사귀를 먹고 사는 대표적인 곤충은 잎벌레과(딱정벌레목), 거위벌레과(딱정벌레목), 바구미과(딱정벌레목) 일부, 비단벌레과(딱정벌레목) 일부, 잎벌류(벌목, 잎벌아목) 애벌레, 나비목 애벌레, 메뚜기목 식구입니다.

이제부터 잎사귀를 즐겨 먹는 곤충이 어떤 방식으로, 어떤 먹이식물을 먹고 사는지 차근차근 짚어 볼까요?

식물은 원래 잎벌레의 밥

딱정벌레목에 속하는 잎벌레과는 굉장히 많은 식구를 거느립니다. 지구에 3만 7천 종이 산다 하니 어마어마한 가족이네요. 그래서 잎벌레과는 하늘소과, 바구미과, 풍뎅이과, 거저리과와 더불어 '5대 딱정벌레목'에 들어갑니다. 종수가 많으니 생긴 것도 다양하고, 생태 특징도 다양합니다. 초기 잎벌레류는 하늘소 또는 그와 비슷한 조상에서 진화했을 것으로 생각하고 있는데, 그것을 증명이라도 하듯 몇몇 아과(Sagrinae아과, Megalopodinae아과 등) 식구는 혹벌레집(충영)을 만들기도 하고, 줄기를 파고 들어가(천공성) 살기도 합니다. 하지만 대부분 애벌레 시절에 어떤 무리는 잎사귀를 먹고, 어떤 무리는 잎사귀에 굴을 파서 잎살을 먹고, 어떤 무리는 땅속에서 뿌리를 먹고 살고, 어떤 무리는 지갑처럼 생긴 집을 만들어 그 속에서 살고, 어떤 무리는 물속 물풀을 먹고, 어떤 무리는 개미와 공생하기도 합니다.

잎벌레는 사람이 세상에 나타나기 전에 이미 지구에서 살았습니다. 녀석들도 먹어야 사는데, 다른 곤충과 먹이 경쟁을 피하려고 오로지 잎사귀를 먹는 쪽으로 진화해 왔습니다. 또한 오랜 진화 과정에서 같은 종의 식물 잎사귀만 먹으면 초식곤충끼리 또 먹이경쟁이 일어나니 각각 좋아하는 먹이식물을 선택합니다. 주홍배큰벼잎벌레는 참마(마속) 잎사귀만 먹고, 열점박이잎벌레는 구기자나무 잎사귀를 먹고, 좀남색잎벌레는 소리쟁이류 잎사귀만 먹고……. 이렇게 곤충이 제각각 알아서 먹이식물을 정해서 나눠 먹으니 먹이경쟁도 덜 일어나고 제각각 대를 잇는 데도 유리합니다.

그런데 언제부터인지 잎벌레과 집안 식구는 사람들에게 천덕꾸러기 취급

1 2
3 4

소리쟁이가 삶터인 좀남색잎벌레 **1** 짝짓기 **2** 알 밴 암컷을 차지하기 위한 수컷들의 다툼 **3** 배가 홀쭉한 수컷 **4** 배 속이 알로 가득찬 임산부 암컷

을 받습니다. 이름 그대로 녀석들은 식물의 잎사귀만 먹고 사는 '잎벌레'라 야생에 널린 식물만이 아니라 사람들이 재배하는 농작물까지 먹기 때문입니다. 사람들은 농작물을 먹고 사는 잎벌레를 해충이라 하며 살충제를 뿌리고, 곤충은 살충제에 맞아 죽거나 다른 곳으로 도망을 갑니다. 어찌 보면 사람과 잎벌레는 밀고 당기는 전쟁을 벌이는 중입니다. '식물은 원래 잎벌레의 밥이었는데……' 하고 잎벌레가 억울해할지도 모릅니다.

잎사귀만 골라 먹고 사는 잎벌레는 종류마다 식사하는 방식도 다르고, 먹이식물도 다릅니다.

겉껍질(표피층)은 남기고 잎살만 먹는 잎벌레

잎벌레류 가운데는 잎사귀의 부드러운 잎살만 씹어 먹고 사는 녀석들이 있습니다. 큰턱이 단단하지 못해 질기고 억센 겉껍질을 먹지 못하는 탓입니다. 녀석들이 잎살만 골라 먹다 보니, 잎살을 먹은 부분은 허연 겉껍질만 남아 마치 얇은 비닐이 덮인 것 같습니다. 마치 상처가 나서 딱지가 생긴 것 같습니다. 잎살만 먹는 잎벌레류는 꽤 많습니다. 닭의장풀 잎사귀를 먹는 배노랑긴가슴잎벌레와 적갈색긴가슴잎벌레, 명아주속 식물 잎을 먹는 남생이잎벌레 등입니다.

예를 들어 볼까요? 적갈색긴가슴잎벌레는 '달개비'풀로 더 잘 알려진 닭의장풀 잎사귀를 즐겨 먹는데, 꼭 잎 뒷면의 잎살만 먹고 삽니다. 봄이 되면 닭의장풀이 땅을 뚫고 뾰족뾰족 올라옵니다. 닭의장풀은 도시 한복판, 공원, 개천가, 시골길, 산길 등 어디든지 빈 땅만 있으면 자리 잡고 삽니다. 닭의장풀만 있다 하면 적갈색긴가슴잎벌레도 어김없이 날아옵니다. 특히 봄이 되면 땅속이나 돌 틈에서 겨울잠을 잔 적갈색긴가슴잎벌레는 겨우내 굶주린 배를 채우느라 닭의장풀 잎사귀를 열심히 먹습니다. 적갈색긴가슴잎벌레는 몸은 작지만(몸길이 5밀리미터 정도) 생긴 건 길쭉해서 훤칠합니다. 몸빛은 이름처럼 붉은 갈색인 데다 니스 칠을 한 것처럼 반짝입니다. 자그마한 머리에는 큰 겹눈과 채찍 모양의 튼튼한 더듬이까지 달려 있습니다.

닭의장풀 잎사귀에 앉은 채, 녀석은 큰턱을 오므렸다 벌렸다 하면서 잎사귀를 조금씩 베어 씹어 먹습니다. 한참을 먹는가 싶더니 지름 5밀리미터 정도 되는 동그란 구멍이 생깁니다. 그러더니 바로 옆으로 옮겨 가 또다시 멀쩡한 잎사귀에 구멍을 새로 뚫으면서 씹어 먹습니다. 한곳에서 진득하게 안

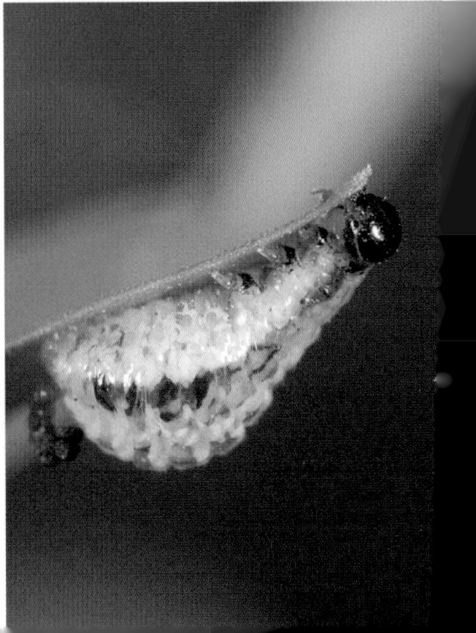

적갈색긴가슴잎벌레의 상태

1 어른벌레 2 닭의장풀 잎을 먹는 어른벌레 3 짝짓기 4 잎을 먹는 애벌레 5 애벌레가 먹은 닭의장풀 잎사귀 흔적 6 자신의 똥으로 덮어서 위장하는 애벌레 7 똥을 등 쪽으로 싸고 있는 애벌레

먹고 이리저리 옮겨 다니며 잎살만 먹습니다. 배부르게 식사를 하는 동안 적갈색긴가슴잎벌레는 맘에 드는 짝을 만나 짝짓기를 하고 알을 낳습니다. 알도 역시 닭의장풀 잎사귀 뒷면에 몇십 개를 붙여 낳습니다. 엄마 배 속에서 갓 나온 알은 물기가 남아 있어 반질반질 빛이 납니다. 적갈색긴가슴잎벌레 애벌레도 입맛이 까다로워 다른 풀은 안 먹고 닭의장풀 잎사귀를 먹습니다.

닭의장풀 입장에서는 어른 적갈색긴가슴벌레와 애벌레 모두 자기 잎사귀를 먹어대니 여간 귀찮은 게 아닙니다. 그것도 새로 난 잎만 골라 먹습니다. 식물이라 움직일 수 없으니 자기를 먹는 녀석을 쫓아낼 수도 없고, 더욱이 도망칠 수도 없고, 난감하기 짝이 없습니다. 잎사귀가 나오는 족족 다 뜯어 먹히면 광합성을 잘 못해 꽃도 못 피고 씨앗도 못 맺는데, 애가 탑니다. 그래서 닭의장풀은 자기를 지키려고 안간힘을 씁니다. 초식곤충을 물리치는 데는 뭐니 뭐니 해도 화학무기가 최고!

적갈색긴가슴잎벌레의 밥인 닭의장풀 꽃과 열매

닭의장풀은 플라보노이드flavonoid나 사포닌 같은 독성물질을 만들어 잎과 줄기에 저장합니다. 그렇다고 물러설 적갈색긴가슴잎벌레가 아니지요. 괜히 잎벌레인가요? 닭의장풀 잎사귀에 독이 있다고 안 먹었다간 굶어 죽을 수도 있습니다. 오랜 세월 동안 녀석은 닭의장풀 잎을 먹으면서 독성물질에 내성도 생기고, 소화도 잘하게 되었습니다. 닭의장풀 독성에만 적응하다 보니 다른 풀을 먹을 여력이 없었는지 다른 풀은 거들떠보지도 않고 오로지 닭의장풀 잎사귀만 먹습니다.

어미가 알을 낳은 지 일주일 뒤, 드디어 알에서 애벌레들이 하나둘 나옵니다. 얼마 안 걸려 한 어미의 알에서 깨어난 형제자매 애벌레들이 닭의장풀 잎사귀 한 귀퉁이에 모였습니다. 녀석들은 종령 애벌레가 되기 전까지 거의 뭉쳐서 같이 식사하고 같이 생활합니다. 천적한테 안 잡아먹히려면 뭉쳐 사는 게 최고입니다. 애벌레들이 할 일이라곤 오로지 먹는 일입니다. 쉴 때나 잠잘 때만 빼고 먹어대면서 어른이 되려는 준비를 합니다. 애벌레들은 나란히 줄 서서 머리를 잎 뒷면에 대고서는 큰턱을 오몰오물거리며 잎을 씹어 먹습니다. 특이하게도 어른벌레는 겉껍질까지 다 씹어 먹어 잎사귀에 뽕뽕 구멍을 내는데, 애벌레들은 잎사귀 윗면의 겉껍질은 먹지 않고 뒷면의 잎살만 씹어 먹습니다. 그 이유는 애벌레의 큰턱이 질긴 겉껍질을 씹을 만큼 튼튼하지 못해 부드러운 잎살만 한 입씩 베어 씹어 먹기 때문입니다. 겉껍질의 성분은 단단한 각피(큐티클)에다 왁스까지 덮여 있어 질기기 때문에 어쩔 수 없습니다. 잎살만 골라 먹으니 애벌레들이 먹고 간 닭의장풀 잎은 겉껍질만 남은 채 힘없이 바람에 흔들립니다. 마치 뱀이 벗어 놓은 허물 같습니다. 혹시라도 잎살은 다 먹히고 허연 겉껍질만 남은 닭의장풀 잎사귀를 보거든 잎을 뒤집어 보세요. 아기 적갈색긴가슴잎벌레를 만날지도 모릅니다. 운 좋으면 녀석뿐만 아니라 사촌 격인 아기 배노랑긴가슴잎벌레를 만날 수도 있습니다. 배노랑긴가슴잎벌레는 적갈색긴가슴잎벌레와 가까운 친척이라서 알과 애벌레의 생김새, 먹이식물, 생활사, 나오는 때 등 대부분 비슷해서 닭의장풀 잎만 잘 살펴보면 두 종을 모두 만날 수 있습니다.

아기 적갈색긴가슴잎벌레는 오뚝이처럼 생겼습니다. 배 부분이 아주 뚱뚱

닭의장풀 잎을 이용하는 또 다른 잎벌레, 배노랑긴가슴잎벌레

해서 어찌 보면 만삭 임산부 같기도 합니다. 뚱뚱한 몸을 끌고 다니며 녀석들은 열심히 잎살을 먹고 똥을 싸며 몸을 키웁니다. 놀랍게도 녀석들은 똥을 재활용합니다. 애벌레는 평생 볼록한 배의 위쪽에다 똥을 지고 다니며 천적을 피합니다. 똥에는 닭의장풀이 품고 있는 독물질이 들어 있어 개미 같은 천적들이 피하고, 멀리서 보면 새똥처럼 보여 천적의 공격을 피할 수도 있습니다.

일주일에서 열흘쯤 애벌레 시절을 보내고 나면, 드디어 종령 애벌레(3령 애벌레)는 번데기 만들 준비를 합니다. 번데기는 땅속에다 만들기 때문에 종령 애벌레는 서둘러 흙 속으로 엉금엉금 기어갑니다. 흙 속에 자리를 잡은 뒤 입에서 실을 토해내 번데기 방(고치)을 만들면 애벌레 때 옷을 벗고선 번데기가 됩니다. 열흘쯤 지나면 번데기에서 붉은빛이 도는 어른 적갈색긴가슴잎벌레가 태어나 땅으로 올라와 다시 한살이를 시작합니다. 어미가 그랬던 것처럼 말이지요.

잎맥만 남기고 잎살만 먹는 잎벌레

잎벌레 중에는 잎맥만 남기고 잎살만 먹는 녀석들도 있습니다. 잎사귀에는 잎 중심부를 가르는 주맥이 있고, 주맥을 중심으로 수많은 가느다란 잎맥들이 있습니다. 잎맥 사이 잎살만 먹다 보니 녀석들이 먹고 난 잎은 마치 망사 같습니다. 오리나무류를 즐겨 먹는 오리나무잎벌레와 참금록색잎벌레, 깨풀을 즐겨 먹는 발리잎벌레, 메꽃류 잎을 즐겨 먹는 모시금자라남생이잎

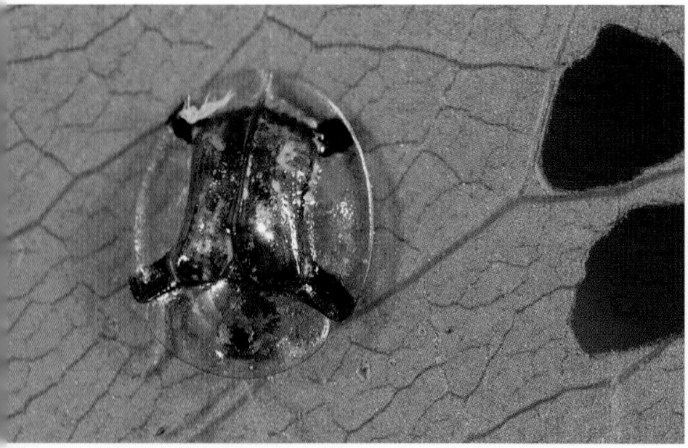

메꽃 잎사귀에서 잎살만 베어 먹는 모시금자라남생이잎벌레

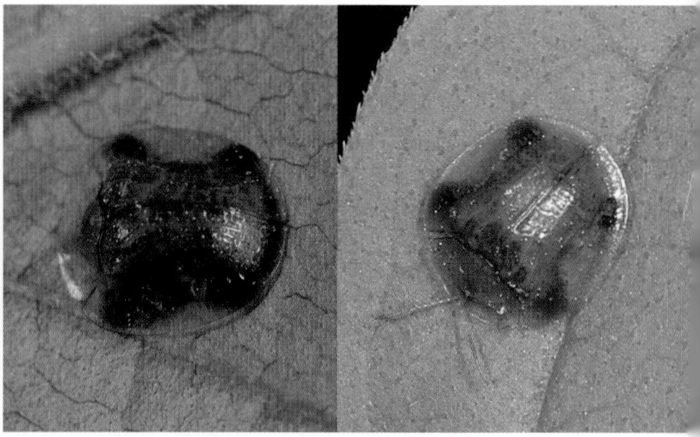

물푸레나무 잎을 먹는 루이스남생이잎벌레

다래 잎을 즐겨 먹는 노랑가슴녹색잎벌레

노랑가슴녹색잎벌레가 개다래 잎을 먹고 난 흔적

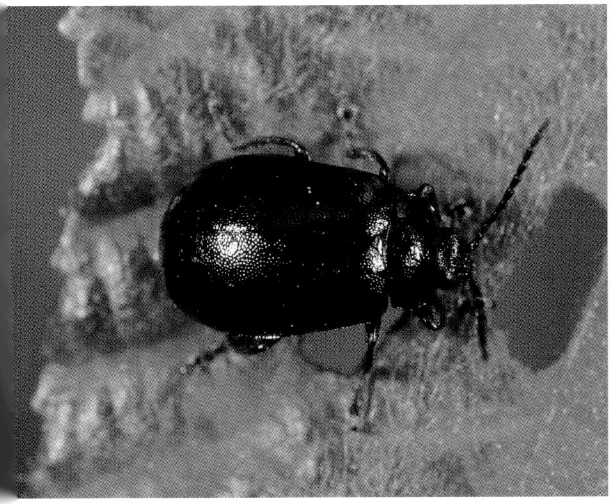

사파이어 보석 같은 어른 오리나무잎벌레(왼쪽)와 물오리나무 잎에서 잎살만 베어 먹은 흔적(오른쪽)

벌레, 사위질빵 잎을 즐겨 먹는 곱추남생이잎벌레, 작살나무류 잎을 즐겨 먹는 큰남생이잎벌레, 물푸레나무 잎을 즐겨 먹는 루이스남생이잎벌레, 두릅나무 잎을 즐겨 먹는 두릅나무잎벌레, 백합과 잎을 즐겨 먹는 곰보가슴벼룩잎벌레(백합잎벌레), 다래 잎 등 여러 식물의 잎을 즐겨 먹는 노랑가슴녹색잎벌레, 머루류 잎을 즐겨 먹는 열점박이별잎벌레 등이 있습니다.

잎살만 먹는 잎벌레 하면 단연 오리나무잎벌레가 손에 꼽힙니다. 이른 봄, 오리나무에 새싹이 돋아나면 겨울잠 자던 어른 오리나무잎벌레가 세상 밖으로 나옵니다. 그러고는 부지런히 오리나무를 찾아갑니다. 옛날에는 이정표가 없어 5리마다 한 그루씩 심었다 해서 이름 붙은 오리나무. 그 오리나무 잎사귀를 먹고 사는 오리나무잎벌레. 나무와 곤충 모두 기억하기 쉬운 이름입니다. 오리나무잎벌레는 꽤 큰 편이라(몸길이 약 8밀리미터) 금방 눈에 띕니다. 몸매는 타원이고, 색깔은 짙은 군청색인 데다 번쩍번쩍 빛까지 납니다. 녀석이 드디어 오리나무 새싹에 도착했습니다. 겨우내 굶주린 배를 채우느라 오

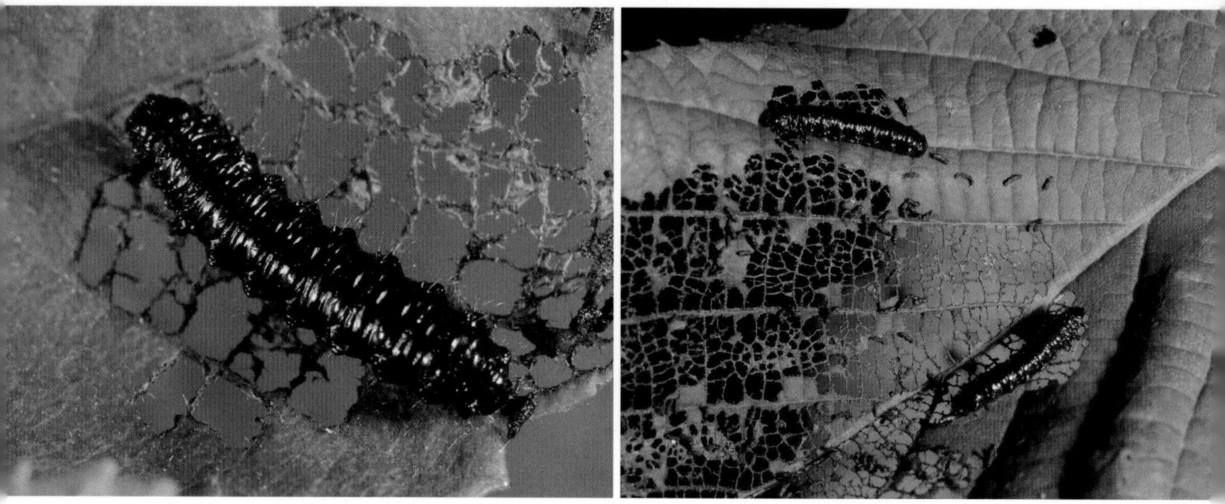

오리나무잎벌레 애벌레의 물오리나무 잎살 먹기(왼쪽)와 그 흔적(오른쪽). 어른벌레보다 더 조금씩 베어 먹어 그물망처럼 만든다.

리나무 밑동에 난 잎사귀부터 먹기 시작해 위로 올라가면서 먹습니다.

그런데 먹는 방법이 특이합니다. 잎살만 먹고 잎맥만 앙상히 남겨 놓아 녀석이 먹고 난 잎사귀가 마치 구멍이 숭숭 난 망사 스타킹 같습니다. 시간이 가면서 앙상한 잎맥도 다 말라 버려 잎은 죽어갑니다. 이렇게 잎사귀를 먹으며 어른벌레는 5월 초까지 활동합니다. 오리나무 잎에 모여 식사를 하면서 녀석들은 맘에 드는 짝을 만나 짝짓기도 합니다. 짝짓기를 마친 암컷은 잎사귀 뒷면에 노란 알을 무더기로 낳는데 60~70개나 됩니다. 알 낳는 일은 종족보존을 위해 아주 중요한 프로젝트입니다. 적당한 시기에 맞춰 알을 낳지 않으면 알에서 제대로 애벌레가 깨어나지 못할 수도 있습니다. 더욱이 무사히 알에서 깨어난다 해도 애벌레는 잘 움직이지 못하기 때문에 애벌레의 밥인 오리나무 잎에 낳지 않으면 굶어 죽을 수도 있습니다.

알에서 깨어난 애벌레는 어미처럼 오리나무 잎을 먹으며 무럭무럭 자랍니다. 두 번 허물을 벗고 종령(3령)이 되기까지 약 20일이 걸립니다. 애벌레 몸빛은 검고, 몸에는 털과 크고 작은 돌기가 박혀 있습니다. 애벌레 또한 질긴 잎맥은 먹지 못하고 부드러운 잎살만 큰턱을 양옆으로 오므렸다 펼쳤다 하면서 씹어 먹습니다. 잎사귀 하나를 다 먹으면 바로 옆의 잎사귀로 이사 가서 잎살만 열심히 골라 먹습니다. 그래서 녀석들이 먹고 지나간 잎사귀들은 앙상한 잎맥만 남은 채 빨갛게 말라 죽기 일쑤입니다.

종령 애벌레들은 번데기로 변신하기 위해 땅속으로 들어갑니다. 적당히 축축한 흙을 골라 자리 잡은 뒤에 녀석은 땅속에서 번데기를 만드는데, 번데기 시절은 보름쯤 됩니다. 이 시기를 지나 어른벌레로 날개돋이한 오리나무잎벌레는 또 오리나무 잎을 찾아와 만찬을 즐기니 오리나무는 편할 날이 없습니다. 우리가 여름에 보는 오리나무잎벌레는 봄에 낳은 알에서 한살이를 마친 녀석들입니다. 놀랍게도 여름에 오리나무잎벌레는 절대 짝짓기를 하지 않습니다. 수컷이 짝짓기를 하려고 해도 암컷은 딱지날개와 뒷날개를 펼치며 세차게 물리칩니다. 다 자란 어른벌레이지만, 성적으로 아직 성숙되지 않아 짝짓기를 할 수 없기 때문입니다.

짝짓기를 거부한 채 보름쯤 잎사귀를 먹고 나서 녀석들은 여름잠을 자러 땅속으로 들어갑니다. 이런 경우를 휴면이라고 하는데, 어른 오리나무잎벌레의 휴면 기간은 긴 편입니다. 이 기간에는 난소에서 알이 전혀 발육하지 않아 생식휴면이라고도 합니다. 여러 광주기와 온도 조건이 오리나무잎벌레의 휴면에 전혀 영향을 주지 않는다는 연구 결과가 있습니다. 말하자면 외부 환경과는 아무 상관없이 오리나무잎벌레는 반드시 휴면을 거쳐야 생식기능이 성숙하게 되는 것이지요. 오리나무잎벌레는 여름에 자기 시작해서 이듬해 봄까지 내리 잡니다. 아홉 달 동안 깊은 잠에 빠지는 셈인데, 봄에 겨울잠

오리나무잎벌레와 함께 오리나무류 잎을 먹고 사는 참금록색잎벌레

에서 깨어나 오리나무 잎을 먹어야만 비로소 생식기능이 생깁니다.

오리나무잎벌레 말고도 참금록색잎벌레도 오리나무 잎을 먹고 삽니다. 녀석도 오리나무잎벌레와 비슷한 시기에 나와 활동하고, 애벌레도 오리나무잎벌레와 비슷한 시기에 비슷한 습성으로 생활합니다.

잎을 통째로 먹는 잎벌레

잎벌레 중에는 큰턱이 잘 발달해 잎맥, 잎살을 가리지 않고 먹어치우는 녀석들이 있습니다. 녀석들은 잎을 가장자리나 어느 한 지점부터 베어 먹기 시작하는데, 나중에 잎 하나를 다 먹었을 때는 잎자루나 주맥 정도만 남아 있습니다. 버드나무 잎사귀를 즐겨 먹는 버드나무잎벌레, 버들꼬마잎벌레와 사시나무잎벌레, 원추리 잎을 즐겨 먹는 파잎벌레, 마류 잎을 즐겨 먹는 고려긴가슴잎벌레와 마잎벌레와 주홍배큰벼잎벌레, 돼지풀 잎을 즐겨 먹는 돼지풀잎벌레, 자운영 같은 콩과식물 잎을 즐겨 먹는 알팔파바구미(바구미과), 소리쟁이류 잎을 먹는 좀남색잎벌레, 마디풀과 잎을 먹는 딸기잎벌레, 쑥 잎을 즐겨 먹는 쑥잎벌레, 박하 잎을 즐겨 먹는 박하잎벌레, 가래나무와 호두나무 잎을 먹는 호두나무잎벌레가 대표적인 예입니다.

잎맥과 잎살을 다 먹는 잎벌레 하면 뭐니 뭐니 해도 버드나무 잎을 먹는 녀석들입니다. 진통제 원료인 아세틸살리실산Acetylsalicylic Acid을 품고 있는

1 2 3
4 5

버드나무 잎을 무대로 살아가는 잎벌레들 1 잎에 매달려 짝짓기를 한다. 2 어른벌레로 변신한 지 얼마 안 된 버들잎벌레 3 버드나무 잎을 좋아하는 사시나무잎벌레 4, 5 작지만 버드나무에서 항상 볼 수 있는 버들꼬마잎벌레

버드나무에 잎벌레가 많이 몰립니다. 버드나무 꽃이 지고 잎이 돋아나면 잎벌레들이 줄줄이 날아옵니다. 바로 유리꼬마벼룩잎벌레, 반금색잎벌레, 버들잎벌레, 버들꼬마잎벌레와 사시나무잎벌레입니다. 그중에서 버들잎벌레, 버들꼬마잎벌레와 사시나무잎벌레는 주변에서 가장 흔히 볼 수 있고, 생활 습성도 굉장히 비슷합니다. 다만 사시나무잎벌레와 버들잎벌레는 일 년에 한 번만 나타나고, 버들꼬마잎벌레는 일 년에 한살이가 여러 번 돌아갑니다. 또한 사시나무잎벌레는 버드나무뿐만 아니라 포플러나무류도 먹는 게 특징

버들꼬마잎벌레가 버드나무 잎
뒷면에 알을 낳고 있다.

입니다.

녀석들은 어른벌레와 애벌레 시절 모두 버드나무 잎사귀를 씹어 먹습니다. 큰턱이 잘 발달하여 잎을 한 입씩 베어 아삭아삭 씹어 먹습니다. 다만 알에서 갓 깨어난 1령 애벌레는 큰턱이 아직 단단하게 발달하지 않은 상태라 잎살만 살살 베어 씹어 먹습니다. 그것도 잠시, 허물을 벗고 2령 애벌레가 되면 튼튼해진 큰턱으로 잎을 맘껏 씹어 먹습니다. 애벌레는 버들잎을 먹고 허물을 벗으면서 무럭무럭 자랍니다. 종령 애벌레가 번데기가 될 즈음이면 녀석들은 먹지도 않고 거의 움직이지도 않습니다. 잎에서 분비 물질을 토해 자기 배 꽁무니를 나무줄기나 잎사귀 뒷면에 매답니다. 그러고는 애벌레 허물을 벗어버리고 번데기로 변신합니다. 나무줄기에 매달린 번데기 모습이 마치 물구나무서기를 하는 것 같습니다. 녀석들처럼 거꾸로 매달려 번데기를 만드는 걸 수용이라고 하지요. 아무래도 번데기가 거꾸로 공중에 매달려 있으면, 날개돋이를 할 때 아래로 끌어당기는 중력이 작용해서 몸을 번데기 집에서 빼내기가 훨씬 쉽습니다.

번데기로 변신을 준비하는 버들잎벌레의 다 자란 애벌레(한 마리는 이미 번데기가 되어 나오는 중: 흰색)

버드나무에 깃들인 잎벌레들이 마냥 안전한 것만은 아닙니다. 천적인 남생이무당벌레가 녀석들을 호시탐탐 노리고 있기 때문입니다. 무당벌레 중에서 몸집이 가장 큰 남생이무당벌레는 버드나무에 진을 치고 잎벌레를 잡아먹습니다. 남생이무당벌레가 좋아하는 음식은 어른벌레보다는 애벌레와 말랑말랑한 알입니다. 특히 알은 무더기로 있기 때문에 알 무더기 하나만 발견하면 그날은 포식하는 날입니다. 남생이무당벌레 애벌레 또한 버드나무 잎을 먹는 잎벌레를 잡아먹고 사니 그야말로 잎벌레에겐 남생이무당벌레 가족이 두렵고 무서운 천적입니다.

버드나무에서 잎벌레 애벌레를 잡아먹으려는 남생이무당벌레

파잎벌레도 잎사귀를 통째로 먹습니다. 우울증에 효험이 있다고 해서 망우초忘憂草라고도 하는 원추리가 봄이면 파릇파릇하게 새싹을 틔웁니다. 갈라진 땅 틈바구니에서 푸슬푸슬한 흙을 머리에 이고서 연둣빛 원추리 싹이 올라옵니다. 원추리는 초식동물이 자기를 뜯어 먹지 못하게 독물질을 만들어 품습니다. 그 독성분은 대부분 콜히친Colchicine인데, 파잎벌레는 그 독물질 냄새에 이끌려 옵니다. 말하자면 독물질이 식욕 촉진제가 된 셈이지요. 원추리가

원추리가 만들어내는 독물질 냄새에 이끌리는 파잎벌레의 애벌레

쑥쑥 자라 세어지면 잎에는 독성물질을 더 많이 농축합니다. 그래서 파잎벌레는 센 잎을 안 먹고 여린 잎을 주로 먹습니다.

따스한 봄 햇살이 내리쬐는 한낮, 원추리 잎에 새까만 애벌레가 달라붙어 식사를 합니다. 털이 북슬북슬 난 애벌레가 언뜻 보아도 몇십 마리는 넘습니다. 모두 파잎벌레 애벌레입니다. 녀석들은 원추리 잎을 가슴다리 여섯 개로 꼭 잡고서 잎 가장자리부터 안쪽으로 사각사각 베어 씹어 먹습니다. 머리만 올라갔다 내려왔다 하면서요. 튼튼한 큰턱을 양옆으로 벌렸다 오므렸다 하면서 잎을 베어내니 잎 가장자리는 마치 이가 빠진 것처럼 들쑥날쑥합니다. 그렇게 실컷 식사를 하다가 쌀쌀한 오후가 되면 잽싸게 원추리 잎을 타고 땅속으로 내려갑니다. 아직은 봄이라 아침저녁은 추워서 녀석들은 따뜻한 땅속에서 밤을 지내는 것이지요.

그렇게 원추리 잎을 먹으면서 허물을 두 번 벗고 나면 녀석들은 종령(3령) 애벌레가 됩니다. 종령 애벌레는 엄청난 대식가라서 애벌레 시절 먹는 양의 약 70퍼센트를 먹어치웁니다. 그래서 녀석들이 한번 먹고 지나간 원추리 잎은 볼품없이 앙상합니다. 잎사귀 하나를 다 먹으면 바로 옆 잎사귀로 이사를 가고, 그것도 먹어치우면 바로 옆 잎사귀로 이사하면서 잎사귀 밥을 아주 많이 먹습니다. 애벌레 시절 내내 잠자는 시간만 빼고 원추리 잎을 먹던 녀석들은 어느 순간 보이지 않습니다. 죄다 번데기를 만들러 땅속으로 들어갔기 때문입니다. 녀석은 입에서 분비물을 토해 자기 몸이 들어갈 번데기 방을 만들고는 그 안에서 애벌레 허물을 벗고서 노란 번데기로 변신합니다.

번데기로 일주일을 보내면, 드디어 번데기에서 어른 파잎벌레가 나옵니다. 파잎벌레는 몸빛이 갈색이고 우글쭈글합니다. 파잎벌레는 애벌레처럼 또다시 원추리 잎을 먹습니다. 튼튼한 알을 낳으려면 잘 먹어야 하니까요. 녀석들은 곧바로 알을 낳지 않습니다. 어른이 되고서도 두 달 동안 원추리 잎을 먹으며 여름을 나고서는 가을에야 알을 낳습니다. 가을이 되면 암컷 배가 풍선만큼 부풀어 금방이라도 터질 듯합니다. 배 속에 난황이 가득 차 있기 때문입니다. 짝짓기를 마친 어미는 땅속으로 들어가 원추리 뿌리 주변에 알을 낳고 서서히 죽어 갑니다.

잎맥을 끊어 독물질을 차단하는 잎벌레

중국청람색잎벌레와 황갈색잎벌레는 비상한 방법으로 독성이 많은 박주가리 잎사귀를 먹습니다. 박주가리는 유별나게 초식곤충을 방어합니다. 박주가리 잎사귀에는 즙을 분비하는 유관조직이 있는데, 조금만 상처가 나도 우유 같은 흰 즙이 방울방울 떨어집니다. 그래서 서양에서는 밀크위드milkweed, 즉 젖이 흐르는 풀이라고 부릅니다. 이 즙의 성분은 카디액 글리코사이드Cardiac glycoside로 독성이 매우 강해 웬만한 곤충은 입에도 못 댑니다. 박주가리 잎사귀를 반으로 자르면 흰 즙이 방울방울 떨어지는데, 특히 주맥에는 양이 매우 많습니다. 즙은 끈적이고 풀처럼 달라붙어 잘못 먹었다가는 입이 즙에 눌어붙을 수 있습니다.

이런 최악의 조건을 어떻게 이겨내고 중국청람색잎벌레와 황갈색잎벌레는 박주가리 잎을 먹을까요? 똑똑하게도 녀석들은 박주가리 잎사귀 주맥을 큰턱으로 여러 번 씹어 흠집을 냅니다. 독성물질이 흐르는 유관조직을 중간에서 끊어 독물질이 흐르는 걸 막으려는 겁니다. 잘린 잎맥에서는 흰 독물질이 방울방울 나옵니다. 이어서 주맥 주변의 가느다란 잎맥까지 흠집을 내어

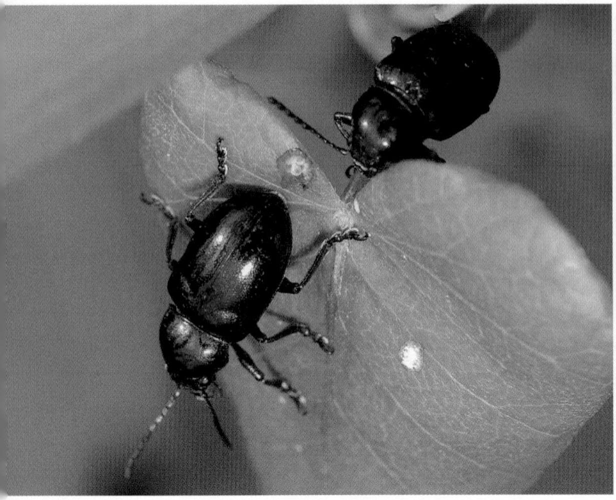

중국청람색잎벌레는 독성 많은 박주가리 잎을 먹는다.

잎맥을 끊어 독물질을 차단한 뒤에 박주가리 잎을 먹는 황갈색잎벌레

흰 즙이 잎 가장자리로 흐르는 걸 막습니다.

유관조직을 막는 작업을 마친 뒤 중국청람색잎벌레와 황갈색잎벌레는 박주가리 잎 가장자리를 먹기 시작합니다. 유관조직을 끊었어도 씹어 먹는 잎 가장자리에서 흰 즙이 조금씩 나옵니다. 그러니 녀석들은 한곳에서 오래 먹지 못하고 옆자리로 옮겨 가 식사를 해서 잎사귀에 구멍이 불규칙하게 납니다.

물푸레나무 잎을 먹는 곱추무당벌레

잎벌레류는 아니지만 잎살만 먹는 무당벌레류(딱정벌레목 무당벌레과)도 있습니다. 무당벌레 세계에도 꼭 튀는 녀석이 있습니다. 무당벌레나 칠성무당벌레처럼 대부분 진딧물이나 약한 곤충을 잡아먹고 살지만, 식물 잎을 평생 먹고 사는 녀석이 있으니 말입니다. 까마중, 토마토, 가지, 감자 같은 가짓과 잎

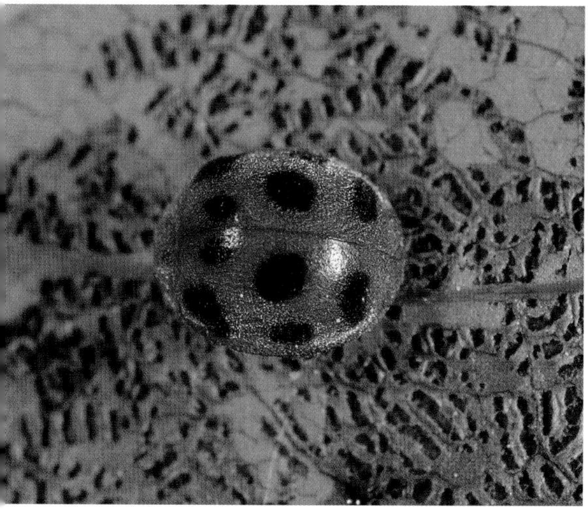

곱추무당벌레는 물푸레나무 잎을 먹고 산다.

곱추무당벌레가 이팝나무 잎을 먹고 난 흔적이 조각품 같다.

사귀만 골라 먹는 큰이십점박이무당벌레, 물푸레과 잎사귀를 먹는 곱추무당벌레, 계요동 같은 꼭두서니과 잎사귀를 먹는 중국무당벌레입니다. 잎사귀를 먹는 무당벌레는 대부분 몸에 털이 빼곡히 덮여 있습니다.

곱추무당벌레는 열매가 쥐똥 닮은 쥐똥나무 잎이나 나뭇가지를 꺾어 물에 담가 놓으면 물이 푸르러진다는 물푸레나무 잎사귀 따위를 먹고 삽니다. 어른과 애벌레 모두 잎사귀 표면의 질긴 겉껍질과 잎맥은 안 먹고, 오로지 부드러운 잎살만 먹습니다. 그래서 녀석들이 먹고 난 잎사귀를 보면 얇은 겉껍질과 잎맥만 앙상하게 남아 마치 예술작품 같습니다.

마침 물푸레나무 잎사귀에 흠집이 나 있어 잎을 이리저리 뒤적여 봅니다. 역시 잎 뒷면에 곱추무당벌레 여러 마리가 딱 붙어 물푸레나무 잎을 먹고 있습니다. 몸빛은 전체적으로 노란색인데, 가슴 등판에는 까만 점이 2~3개, 딱지날개에도 까만 점이 열 개가 찍혀 있습니다. 게다가 등에는 짧은 털이 빽빽하게 덮여 있는데, 빗자루로 쓸어내린 듯이 죄다 누워 있습니다.

녀석의 털을 만져 보려는 순간, 녀석이 벌써 눈치를 채고 아래로 뚝 떨어집니다. 다리 여섯 개와 더듬이를 배 쪽으로 오그려 붙이고 뒤집혀 죽은 듯 꼼작도 안 합니다. 실은 죽은 척하는 게 아니고 일시적으로 혼수상태에 빠진 겁니다. 제정신이 돌아오려면 몇 분이 지나야 하는데, 자세히 보니 입에서 노란 액즙을 토해내 녀석의 머리 부분이 이미 흥건히 젖었습니다. 게다가 다리마디에서도 노란 액즙이 이슬처럼 방울방울 맺힙니다. 냄새를 맡아 보니 시큼한 냄새도 아니고 쓴 냄새도 아닙니다. 노란 액즙은 사람으로 치면 '피'인데, 그 속에는 독이 들어 있습니다. 위험해지면 눈 깜짝할 사이에 피를 흘리기 때문에 이런 걸 '반사출혈'이라고 하지요. 적한테 잡아먹히는 찰나인데 머뭇거릴 시간이 없습니다. 그래서 뇌의 명령을 받지 않고 반사적으로 피를 흘립니다. 독성분은 코치넬린coccinellin입니다. 이 독을 삼키면 구역질이 나고 토할 수도 있습니다.

물푸레나무 잎사귀를 먹으면서 짝짓기를 한 엄마 곱추무당벌레는 알을 낳습니다. 물론 알도 애벌레가 태어나서 바로 먹을 수 있게 물푸레나무 잎에 낳습니다. 알은 포탄같이 생겼는데, 모두 세워서 잎에 붙입니다. 일주일 뒤, 알에서 애벌레가 태어나자마자(1령 애벌레) 물푸레나무 잎을 먹기 시작합니다. 큰턱이 약해 잎살만 살살 갉아 먹습니다. 녀석은 애벌레 시절 내내 물푸레나무 잎에서 떠나지 않고 배불리 식사를 하며 삽니다. 몸이 커지면 입고 있는 딱딱한 허물을 벗으며 무럭무럭 자랍니다.

애벌레 생김새는 달걀 모양이고, 몸빛은 노랗습니다. 등에는 나뭇가지같이 생긴 까만 털돌기가 박혀 있습니다. 두툼한 돌기에서는 작은 가시털이 여러 갈래 나와 찔리면 피가 날 것 같습니다. 특히 종령 애벌레는 대식가라 물푸레나무 잎을 많이 먹습니다. 녀석들은 질긴 잎맥은 다 골라냅니다. 물푸레 잎사귀에는 아주 많은 잎맥이 얽혀 있는데, 그 잎맥은 입에도 안 대고 잎맥 사이의 부드러운 잎살만 먹습니다. 그래서 녀석이 먹고 남은 물푸레나무 잎은 겉껍질이 허옇게 남고, 질긴 잎맥만 앙상하게 남습니다.

가을로 향하는 계절이 되면 다 자란 애벌레는 물푸레나무에서 내려와 땅속으로 들어가 겨울을 납니다. 그리고 새봄 번데기로 되었다가 드디어 어른 곱추무당벌레가 태어납니다. 어른이 된 곱추무당벌레는 어미가 했던 것처럼 물푸레나무에 날아와 한살이를 시작합니다.

잎사귀로 집을 만드는 거위벌레

거위벌레류는 잎사귀만 먹는 게 아니라 잎사귀로 집을 만듭니다. 어미 거위벌레류는 늘 천적에게 드러나 있어서 애벌레들이 먹고 자라는 먹이식물의 잎사귀를 돌돌 말아 요람을 만든 다음 그 안에 알을 낳습니다. 알에서 깨어난 애벌레는 이불처럼 겹겹이 말아 놓은 요람을 먹고 자랍니다. 애벌레가 다 자란 뒤에는 먹다 남은 잎사귀 요람에서 번데기로 변신합니다. 어떤 종은 요람에서 탈출한 뒤 땅속으로 들어가 땅속에서 번데기로 변신하기도 합니다.

거위벌레류가 요람을 만드는 모양과 습성은 종마다 다릅니다. 요람을 만들 때는 먹이식물 잎의 크기나 모양에 맞게 일정한 방식으로 잎을 자릅니다. 재단선 위치, 길이, 모양은 종마다 달라서 종을 이해하는 데 매우 중요합니다. 대부분 거위벌레들은 일정한 순서에 맞게 요람을 짓는데, 다음과 같습니

거위벌레 암컷. 수컷에 비해 목이 짧다.

느릅나무 잎으로 만든 거위벌레 요람

다. 맨 처음 암컷은 애벌레 먹이가 되는 먹이식물 잎으로 날아든 다음, 상하 좌우로 왔다 갔다 걸어 다닙니다. 잎이 벌레 먹힌 데 없이 신선한지, 집을 짓기에 잎사귀 크기가 적당한지 등을 살펴보기 위해서입니다. 먼저 잎사귀가 맘에 들면 주맥을 따라 잎자루 쪽으로 걸어 올라와 잎 옆으로 갑니다. 그러곤 바로 잎 옆에 머리를 묻고서 큰턱으로 잎사귀를 자릅니다. 이어서 잎 뒷면으로 가서 주맥을 따라 걸어 다니며 큰턱으로 주맥의 부분 부분을 씹어 상처를 냅니다. 이렇게 마름질을 하면 주맥에 흐르는 수분을 막아 잎이 빨리 시듭니다. 잎의 숨이 죽으면 마름질한 잎사귀를 멍석처럼 돌돌 말아 요람을 만듭니다. 완성한 요람은 원기둥 모양인데, 잎 뒷면만 보입니다. 이렇게 요람 하나를 만드는 데 걸린 시간은 두 시간쯤이니 보통 노력 봉사가 아닙니다. 알은 요람 하나에 한 개 또는 두세 개쯤 낳습니다.

거위벌레류는 먹이식물을 택할 때 잎사귀가 가진 화학성분보다는 잎의 생김새, 두께와 크기 등 물리적인 조건을 따집니다. 종마다 제각각 먹이식물이

팽나무 잎으로 만든 알락거위벌레의 요람

산딸기 잎으로 만든 북방거위벌레의 요람

정해져 있는데 대표적인 예는 다음과 같습니다. 오리나무속이나 참나무속 잎을 찾는 왕거위벌레, 싸리나무류 잎을 좋아하는 노랑배거위벌레, 좀깨잎나무나 거북꼬리 같은 쐐기풀과 잎을 좋아하는 느릅나무혹거위벌레, 포도과 잎을 좋아하는 포도거위벌레, 느릅나무나 느티나무 같은 느릅나무과 잎을 좋아하는 등빨간거위벌레, 오리나무나 박달나무 같은 자작나무과 잎을 좋아하는 거위벌레, 팽나무류 잎을 좋아하는 알락거위벌레 등이 있습니다. 이들은 잎 하나로 요람을 만들지만, 단풍뿔거위벌레와 뿔거위벌레는 단풍잎류의 어린잎을 여러 장 겹쳐서 요람을 만듭니다.

밤나무 잎을 뻥뻥 뚫어가며 먹는
왕거위벌레 수컷

• 잎사귀에 굴을 파는 광부, 굴벌레 •

잎사귀의 가장 바깥쪽인 겉껍질 사이에는 잎살이 있습니다. 곤충 중에는 겉껍질 사이에 굴을 파면서 잎살을 먹고 사는 종류가 있는데, 이들을 잠엽성 곤충이라고 합니다. 주로 굴나방류, 잎벌류, 굴파리류, 일부의 잎벌레와 혹벌 등이 이같은 행동을 합니다. 이들 애벌레는 잎사귀 앞면과 뒷면 사이를 뚫고 다니며 잎살을 먹고 삽니다. 어떤 종은 아예 잎살 속에서 번데기로 변신하고, 어떤 종은 종령 애벌레일 때 잎살 밖으로 빠져나와 땅속으로 들어가서 번데기로 변신합니다.

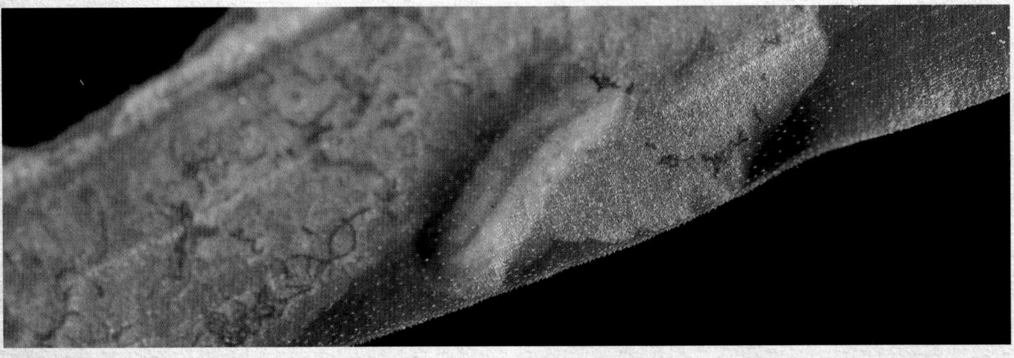

닭의장풀 잎사귀를 파고 들어가며 먹는 굴벌레

잎사귀 전체에 굴을 타고 다니며 잎살을 먹는 굴벌레류

잎사귀 가장자리를 파고 들어가며 먹는 굴벌레류

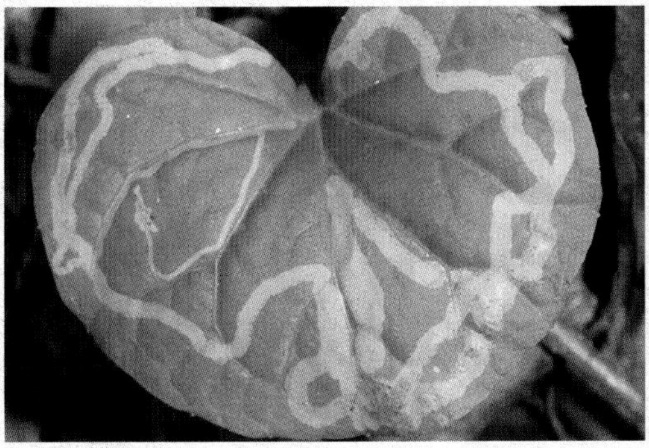

멸가치를 파고 들어가며 먹는 굴벌레류

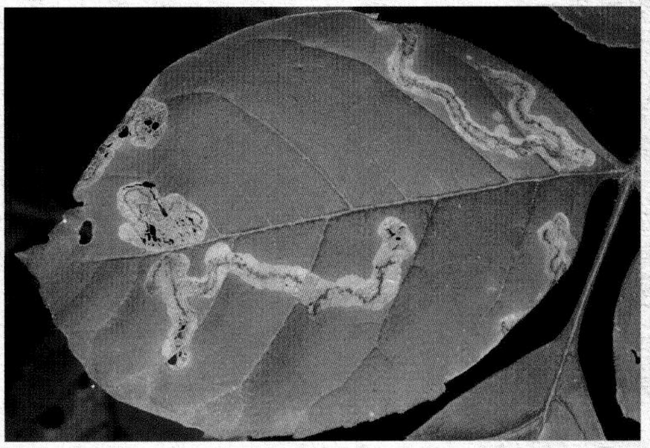

물푸레나무 잎사귀를 파고 들어가며 먹는 굴벌레류

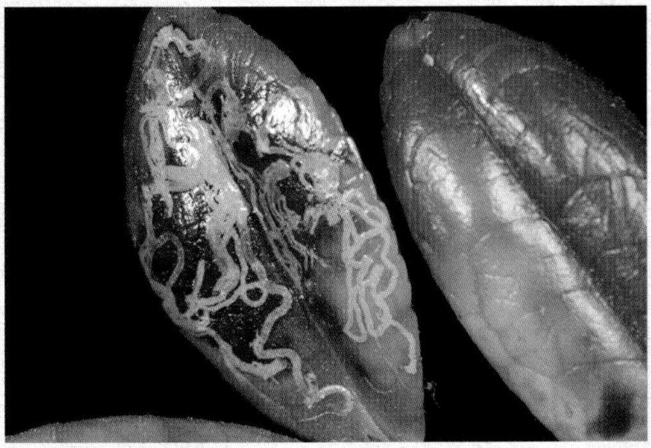

사스레나무 잎 속에 사는 굴벌레류

유채꽃 잎을 파고 들어가며 먹는 굴벌레류

참싸리 잎을 파고 들어가 먹고 사는 굴벌레류

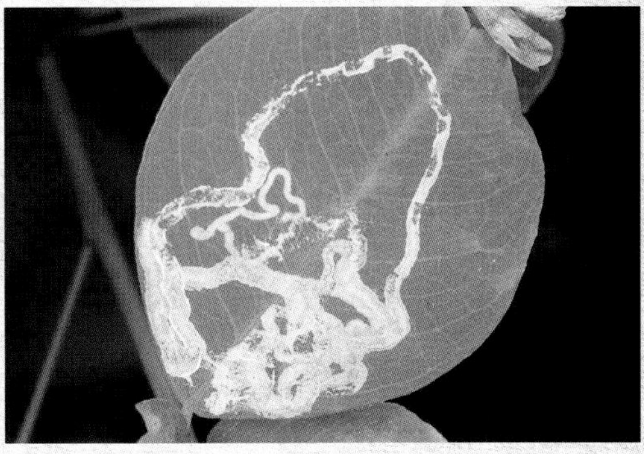

참싸리 잎을 파고 들어가 먹고 사는 굴벌레류

잎을 먹고 산다고 잎벌

'벌' 하면 제일 먼저 떠오르는 건 아프게 쏘는 침입니다. 따지고 보면 침은 암컷 산란관이 변한 것이기 때문에 수컷에겐 침이 없습니다. 그리고 모든 벌이 침을 가지고 있는 것은 아닙니다. 나나니벌이나 대모벌 같은 사냥벌류, 꽃가루를 모으는 꿀벌과 식구, 다른 곤충의 몸에서 기생하는 기생벌류에겐 침이 있지만, 잎벌류나 나무벌류 같은 원시적인 벌들에겐 없습니다.

벌목은 크게 두 부류로 나뉩니다. '허리가 굵은' 잎벌류(잎벌아목, 또는 넓적허리벌아목)와 '허리가 잘록한' 벌아목(또는 호리허리벌아목)이 그들입니다. 잎벌 식구는 벌 가운데서 제일 원시적입니다. 잎벌류 허리는 절구통 같은데, 가슴과 첫째 배마디 폭이 같기 때문입니다. 꿀벌같이 흔한 벌의 허리는 철사처럼 잘록합니다. 첫째 배마디와 가슴 끝이 달라붙다 보니 둘째 배마디가 철사처럼 가늘게 변했기 때문이지요.

육식성 어른 잎벌류로 다른 곤충을 사냥 중

잎벌아목에는 잎벌과, 등에잎벌과, 송곳벌과, 나무벌과 식구가 포함됩니다. 잎벌아목 애벌레는 식물 잎사귀, 열매, 나무속 따위를 씹어 먹고 삽니다. 항상 예외는 있는 법, 식식성인 잎벌아목 식구 중에서 벌레살이송곳벌은 기생성이라서 비단벌레(딱정벌레목) 애벌레를 먹고 자랍니다. 특히 잎벌과와 등에잎벌과 애벌레는 잎사귀 전문가입니다.

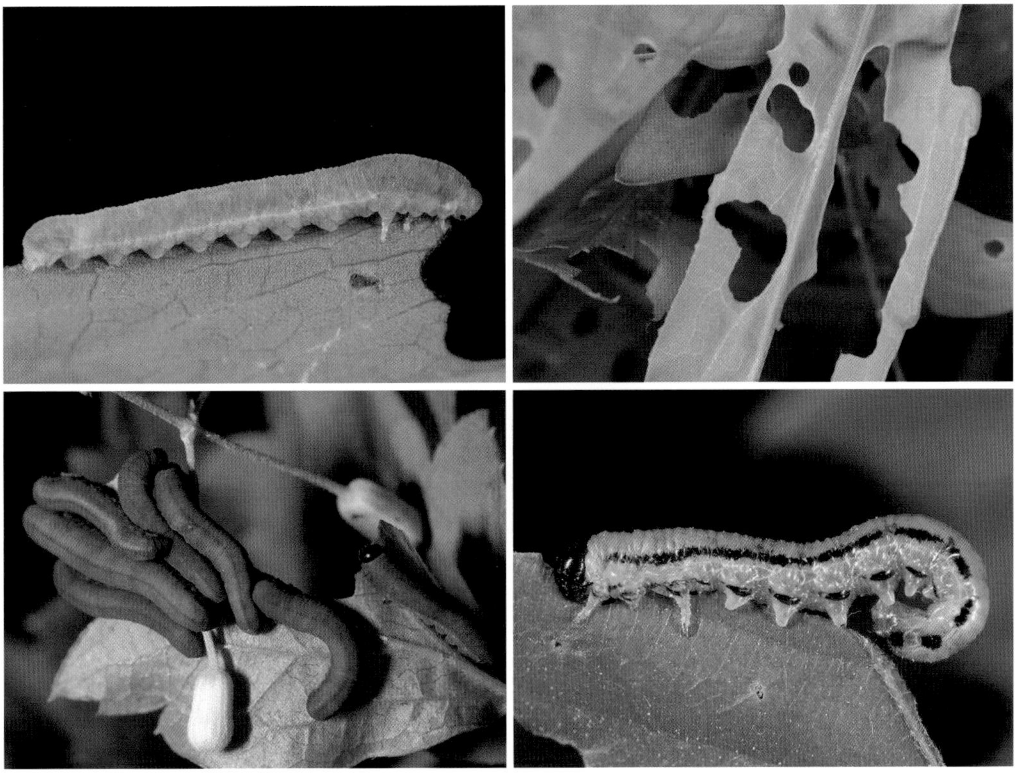

1 2
3 4

1 벌개미취 잎을 먹는 잎벌류 애벌레 2 잎벌류 애벌레가 먹고 난 벌개미취 잎의 흔적
3 사위질빵 잎을 먹는 잎벌류 애벌레 4 갈참나무 잎을 먹는 잎벌류 애벌레

잎벌의 영어 이름은 소플라이sawfly, 톱 달린 파리란 뜻입니다. 암컷 산란관이 식물을 잘게 썰 수 있게 톱처럼 생겨서 붙은 이름입니다. 우리나라에서는 말 그대로 잎을 먹고 산다고 '잎벌'이라 부릅니다. 그런데 잎벌이라고 해서 다 식물 잎을 먹지는 않습니다. 잎벌 애벌레는 잎사귀를 먹고 살지만, 육식을 하는 어른벌레는 힘없는 곤충을 사냥해서 먹고 삽니다. 반면에 대담하게도 잎벌류 애벌레는 잎사귀 위에서 몸을 드러내놓고 잎사귀를 먹습니다.

실제로 야외에 나가면 잎을 먹는 놈들을 셀 수 없이 많이 만나게 됩니다.

등에잎벌류

등에잎벌류 애벌레가 버드나무 잎을 먹다가 경계 표시로 배를 치켜올리고 있다.

나방 애벌레, 나비 애벌레, 잎벌 애벌레, 등에잎벌류 애벌레 등 멀미가 날 정도로 많습니다. 특히 초식곤충 하면 나비·나방 애벌레가 떠오를 만큼 그 수가 아주 많아 그 틈에 사는 잎벌 애벌레를 구분하는 것은 만만치 않습니다.

언뜻 보면 잎벌류 애벌레와 나비류 애벌레 생김새가 거의 비슷해서 곤충 관찰 초보자는 헷갈립니다. 하지만 자세히 들여다보면 좀 다릅니다. 잎벌류 애벌레 눈은 여덟 개인데, 한 개는 굉장히 커서 맨눈으로도 잘 보입니다. 하지만 나비류 애벌레 눈은 한쪽에 여섯 개가 있는데 아주 작아서 맨눈으론 안 보입니다. 또 다른 힌트는 다리 수입니다. 둘 다 가슴에 가슴다리가 세 쌍이 있는데, 배다리 수는 다릅니다. 잎벌류 애벌레는 적게는 여섯 쌍을 가지고 있지만 나비·나방 애벌레는 많게는 다섯 쌍 이하로만 가집니다. 벌개미취를 먹는 잎벌류 애벌레 다리를 세어 보니 모두 열 쌍(가슴다리 세 쌍, 배다리 여섯 쌍, 꼬리다리 한 쌍)입니다.

등에잎벌 애벌레가 물오리나무 잎을 먹고 있다.

어른 잎벌은 맘껏 날아다니며 사냥하지만 잎벌 애벌레는 어떻게 잎사귀를 찾아 먹을까요? 여느 곤충처럼 어른 잎벌은 새끼를 키우지도, 돌보지도 않습니다. 그저 알을 낳기만 할 뿐이지요. 대신 어미 잎벌은 애벌레가 태어나서 바로 잎사귀를 먹을 수 있게 먹이식물에다 알을 낳습니다. 먹이식물 냄새를 맡고 날아온 어미 잎벌은 잎이나 줄기에 알을 낳습니다. 톱처럼 생긴 산란관을 먹이식물 줄기나 잎사귀에 꽂은 다음 식물조직을 잘게 썰어서 그 속에 알을 낳습니다. 그러면 그 식물조직은 점점 부풀어 오르고, 색깔이 칙칙하게 바뀝니다. 마침 물오리나무 잎사귀 뒷면에 잎벌류 애벌레들이 모여 있군요. 수십 마리가 넓은 잎사귀 가장자리에 옹기종기 매달려 있습니다. 녀석들은 모여서 밥도 먹고, 똥도 싸고, 공격하는 적을 위협하기도 합니다. 녀석들은 스무 개도 넘는 다리로 잎 가장자리를 꽉 잡고서 머리를 위 아래로 움직이면서 가장자리부터 안쪽으로 먹어 들어갑니다.

찔레나무 줄기에 산란하는
장미등에잎벌

장미등에잎벌 애벌레가 찔레나무 잎을 먹고 있다.

철쭉 잎을 갉아 먹는 극동등에잎벌 애벌레

극동등에잎벌

개나리 잎사귀를 먹고 있는 개나리잎벌 애벌레

홍허리잎벌 애벌레가 위험을 느껴 몸을 비틀고(왼쪽) 결국 공처럼 몸을 말아버렸다.(오른쪽)

별꽃 잎 위에서 황호리병잎벌 애벌레가 몸을 말고 있다.

집단으로 모여 개나리 잎을 씹어 먹는 개나리잎벌 애벌레

큰턱을 옆으로 벌렸다 오므렸다 하면서 잎을 한 입씩 베어 씹어 먹습니다. 녀석의 큰턱은 굉장히 튼튼해 잎맥과 잎살을 모두 씹을 수 있습니다. 잎사귀 한 개를 다 먹으면, 떼를 지어 옆에 있는 잎사귀로 이사를 갑니다. 이사를 하면서 집합 페로몬을 풍기기 때문에 중간에 흩어지지 않고 옆 잎사귀에 무사히 도착할 수 있습니다. 이렇게 옮겨 다니면서 끊임없이 먹어대니, 녀석들이 지나간 물오리나무 잎사귀는 남아나질 않습니다.

잎 가장자리에 곡예사처럼 매달려 식사하는 녀석을 슬그머니 건드려 봅니다. 놀란 녀석이 먹던 걸 멈추고 배 끝을 하늘로 치켜듭니다. 이어 옆에 있던 다른 녀석들도 집단 물구나무를 서듯이 죄다 배 끝을 치켜듭니다. 왜 이런 행동을 할까요? 방어를 뜻하는 '보디랭귀지Body language'입니다. 포식자가 잡아먹으려고 달려들 때, 얌전하던 녀석들이 갑자기 배 끝을 한꺼번에 치켜들면 포식자가 몹시 당황하겠지요? 이렇게 애벌레들은 한솥밥을 먹으며 온갖 어려움을 꿋꿋이 견디며 무럭무럭 자랍니다. 다 자라 종령 애벌레가 되면 녀석들은 뿔뿔이 흩어집니다. 다들 번데기를 만들려고 땅속으로 내려갑니다. 흙 속에서 종령 애벌레로 얼마 동안 살다가 날개돋이할 무렵에 침샘에서 실을 내뿜어 흙과 섞어 고치를 짓습니다. 그리고 고치 속에서 애벌레 허물을 벗고 번데기로 변신합니다.

안타깝게도 잎벌류가 어떻게 생활하는지 알려진 게 거의 없습니다. 애벌레와 어른벌레의 '짝 맞추기'도 잘 되지 않을 뿐만 아니라, 애벌레가 얼마나 땅속에서 살아야 번데기가 되는지, 일 년에 한살이가 몇 번 돌아가는지, 어떤 식물을 좋아하는지, 애벌레 시기는 얼마나 되는지 모르는 게 너무 많습니다.

잎벌류 애벌레도 나비류 애벌레나 딱정벌레목 잎벌레과 식구처럼 좋아하는 식물 잎사귀만 골라 먹습니다. 예를 들면, 장미등에잎벌 애벌레는 장미과 잎사귀를 즐겨 먹고, 극동등에잎벌 애벌레는 철쭉류 잎사귀를 즐겨 먹고, 개나리잎벌 애벌레는 개나리속 잎사귀를 즐겨 먹고, 린네잎벌 애벌레는 버드

잎사귀 위에서
쉬고 있는 린네잎벌

나무류와 오리나무류와 별꽃 잎사귀를 즐겨 먹고, 호리병벌잎벌 애벌레는 별꽃 꽃봉오리와 잎사귀를 즐겨 먹고, 홍허리잎벌 애벌레는 물봉선류와 마디풀류 잎사귀를 즐겨 먹고, 끝검정잎벌 애벌레는 고사리류 잎사귀를 즐겨 먹고, 왜무잎벌 애벌레는 십자화과 잎사귀를 즐겨 먹고, 검정날개잎벌 애벌레는 소리쟁이 같은 마디풀류 잎사귀를 즐겨 먹습니다.

홍수처럼 쏟아져 나오는 나비목 애벌레

5월 숲 속은 생명으로 가득 찹니다. 특히 나비목 애벌레들이 모두 나와 여기저기서 잎을 뜯어 먹습니다. 몸길이가 5밀리미터인 녀석부터 5센티미터가 넘는 녀석까지 잎사귀에 진을 치고 있습니다. 이름을 부를 수 있는 녀석이 얼마 안 되니 정말이지 속이 터집니다. 어쩌다 아는 녀석을 만나기라도 하면 진짜 반갑답니다. 햇볕 좋은 봄날 가까운 산언저리에 나가 보세요. 거짓말 조금 보태면, 한낮에만 풀숲을 어슬렁거려도 잎을 먹고 있는 애벌레를 50종은 넘게 볼 수 있을 거예요.

용감하게 몸을 다 드러내고 먹는 녀석, 잎사귀를 멍석처럼 돌돌 말아 그 안에 숨어 사는 녀석, 잎을 송편처럼 반으로 접고서 그 안에 사는 녀석, 도롱이를 뒤집어쓰고 다니는 녀석, 명주실로 고운 텐트를 치고 그 안에 사는 녀석……. 정말이지 참 다양합니다. 몸빛과 무늬 또한 가지각색입니다. 눈이 번쩍 띄게 알록달록한 녀석, 나무껍질처럼 거무칙칙한 녀석, 풋풋한 나뭇잎 같은 초록빛을 띤 녀석……. 몸을 덮고 있는 털 또한 다양합니다. 부드러운

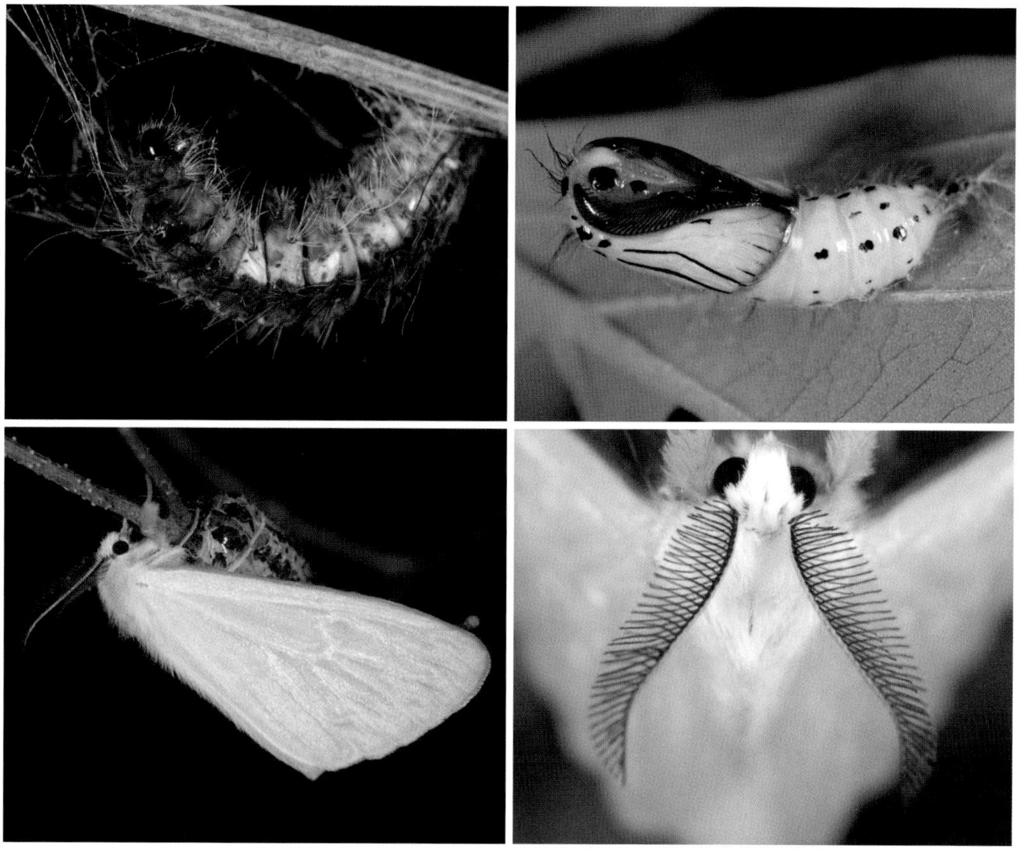

1 2
3 4

황다리독나방의 번데기 형성과 어른벌레 1 애벌레에서 번데기로 변신하는 과정 2 번데기 3 번데기에서 날개돋이한 어른 나방 4 수컷의 더듬이

털이 빼곡하게 난 녀석, 긴 털이 북실북실 난 녀석, 쐐기 같은 돌기로 무장한 녀석, 솜털만 있어서 맨들맨들해 보이는 녀석……. 이렇게 생김새도 몸빛도 털도 제각각인 나비목 애벌레가 죄다 나와 잎사귀를 먹습니다.

그런데 말입니다. 이렇게 홍수처럼 쏟아져 나오는 애벌레의 어른이 누군지를 알려면 한참 고생해야 합니다. 그건 나비목 식구의 독특한 생존전략 때문입니다. 나비목 곤충은 알 → 애벌레 → 번데기 → 어른벌레로 이어지는

갖춘탈바꿈(완전변태)을 하기 때문이지요. 특히 애벌레 시절은 오로지 잎사귀 먹는 일에만 신경을 쓰기 때문에 이삼 주쯤 잠시 세상에 나옵니다. 그러니 애벌레가 자라 어떤 어른벌레로 변신하는지 키워 보지 않으면 알 수가 없습니다.

그나마 다행히도 아마추어 연구자들이 혼신을 다해 나비목 애벌레를 키우고 관찰하며 어른벌레와 애벌레의 선 긋기 작업을 하고 있습니다. 하지만 한 해에 키울 수 있는 종수가 얼마 되지 않습니다. 몇몇 사람이 그 많은 나비목의 정체를 찾는다는 건 끝없는 길입니다. 이웃인 일본에는 아마추어 연구자가 많아 나비목 연구가 많이 되어 있어 부러울 뿐입니다. 오늘도 혹시나 '나비목 정체 찾기'에 힘을 보탤까 싶어 숲 언저리를 어슬렁거립니다. 여러분도 나비목 애벌레와 한번 놀아 보지 않으실래요? 우리도 산과 들에서 끊임없이 그들을 관찰하며 공들이다 보면 나비목 애벌레에게 이름을 붙여 줄 날이 곧 오겠지요? 그런 날이 오길 정말 바랄 뿐입니다.

나비나 나방의 애벌레는 아무 잎이나 안 먹습니다. 대부분 좋아하는 먹이식물이 따로 있지요. 노린재나무 잎은 뒤흰띠알락나방 애벌레가, 층층나무 잎은 황다리독나방 애벌레가, 뽕나무 잎은 멧누에나방 애벌레가, 조팝나무 잎은 별박이세줄나비와 굵은줄나비 애벌레가, 산초나무 잎은 호랑나비와 긴꼬리제비나비 애벌레가, 미나리냉이 같은 십자화과 잎은 큰줄흰나비가 먹습니다. 이렇게 수많은 나비목 애벌레는 대부분 자기가 좋아하는 먹이식물을 정해 놓고 번데기가 될 때까지 잎사귀를 먹고 삽니다.

그런데 가만히 보니 애벌레들 대부분이 억센 잎보다는 여리디여린 새순을 먹고 있군요. 왜일까요? 어린잎은 독성물질이 적게 들어 있고, 영양분도 많고, 먹기에 부드럽기 때문입니다.

보통 식물은 광합성을 해서 얻은 영양물질을 초록색 잎, 뿌리, 덩이줄기나 씨앗에 저장합니다. 갓 돋아나는 순이나 어린잎에는 영양분을 많이 공급해 쑥쑥 자라게 하지만, 이미 다 자란 잎이나 줄기에는 생존에 꼭 필요한 영양분만 공급합니다. 그러니 다 자란 잎사귀에는 섬유질이 많아 어린 새잎이나 새순보다는 영양분이 적습니다. 곤충은 먹기 부드럽고 영양가가 많은 여린 새잎을 일 년 내내 먹고 싶겠지만 그건 희망사항일 뿐입니다. 식물에게 어린 잎과 새순이 있는 시기는 봄과 여름뿐. 그러니 초식곤충은 식물의 성장 전략에 맞게 먹이 전략을 세워야 합니다. 운 좋은 곤충은 새싹이 돋아나는 이른 봄에 나와 영양가가 높은 식물을 먹고 살지만, 새싹이 다 자란 시기에 나오는 곤충은 영양가 적고 질기고 억센 식물을 먹고 살아야 합니다. 물론 이른 봄에 나온 곤충은 아침저녁으로 낮은 기온에 적응해야 하지만 말입니다.

하지만 여건이 안 되면 초식곤충은 영양가가 적긴 해도 억센 잎이나 질긴 식물조직을 먹는데, 이때는 대체로 많이 먹습니다. 질보다는 먹는 양으로 승부하려는 것이지요. 녀석들은 모자란 영양분을 보충하려고 잠자고 쉬는 시간만 빼고는 오로지 먹기만 합니다. 짝짓기를 하고 알을 낳아 자손을 잇기 위해서는 어쩔 수 없는 일입니다. 그런데 식물 잎사귀나 식물조직을 먹는 녀석들에게 문제가 생겼습니다. 바로 소화 문제. 먹은 잎사귀는 소화기관에서 잘 소화해야 분해한 영양분을 몸 곳곳에 공급하는데 말입니다.

식물에는 셀룰로오스처럼 소화가 잘 안 되는 섬유소가 많습니다. 식물은 자기 몸을 지탱하기 위해 세포벽을 셀룰로오스처럼 잘 찢어지지 않는 물질로 만들었습니다. 초식곤충이 섬유소같이 질긴 물질을 먹기도 힘들지만, 이미 먹었어도 질긴 섬유소를 소화하기는 더더욱 힘듭니다. 녀석들이 질긴 섬유소를 소화하기 위해서는 특수하고 복잡한 소화장치가 필요합니다. 그렇다고 모든 곤충이 특수한 소화장치를 지닌 것은 아닙니다. 섬유소를 분해할 소화장치를 가진 일부 곤충을 빼고, 대부분의 곤충은 그런 특수한 소화장치가 없으니 될 수 있으면 많이 먹어 필요한 영양물질을 얻어야 합니다. 섬유질이 많은 거친 잎이나 줄기만 먹다가는 영양실조에 걸리기 쉬우니, 많이 먹기라도 해서 질소처럼 몸에 꼭 필요한 영양을 보충해야 합니다.

이렇게 다양한 전략을 가지고 잎사귀를 먹고 사는 나비목 애벌레들. 이제부터 나비목을 크게 나비류와 나방류로 나누어 애벌레가 어떤 방법으로 잎사귀를 먹는지, 어떤 식물의 잎을 먹고 사는지, 생활 습성은 어떤지에 대해 얘기해 보겠습니다.

나비류 애벌레

어른 나비류는 그들만의 고유한 특징이 있어서 얼른 봐도 표가 딱 납니다. 주로 낮에 활동하고, 더듬이는 끝부분이 부푼 곤봉 모양이고, 가늘고 날씬한 몸통에 커다란 날개 네 개가 붙어 있는데 몸의 균형이 잘 잡혀 있어서 잘 납니다. 날개 겉면에는 비늘가루가 기왓장 쌓아 놓듯이 빼곡히 포개져 있어 아름다운 색깔도 나고 물에 잘 젖지도 않습니다. 더구나 몸통에 붙어 있는 넓은 뒷날개 부분과 앞날개가 겹쳐져서, 날 때 마치 날개 한 장이 나풀거리는 것 같아 무척이나 우아합니다. 더듬이 끝은 암컷과 수컷 모두 곤봉처럼 항상 부풀어 있습니다. 어른 나비들은 대부분 다리가 여섯 개지만 네발나비과에서는 앞다리가 퇴화하여 마치 네 개만 있는 것처럼 보입니다.

1 2
3 4
5 6

사향제비나비의 먹이식물과 일생 1 산초나무 꽃꿀을 빠는 어른 나비 2 사향제비나비 애벌레가 제일 좋아하는 먹이식물인 등칡 3 등칡 잎에 낳은 알(맨 오른쪽 2개)과 1령 애벌레(구멍 2개 뚫린 곳) 4 사향제비나비의 알. 곧 부화될 예정 5 다 자란 애벌레. 몸에 긴 돌기가 많다. 6 주둥이에서 토한 명주실로 몸과 잎을 묶은 뒤 번데기로 변신나비 무리는 크게 호랑나비상과(Papilionoidea)와 팔랑나비상과(Hesperoidea)로 나누는데, 우리나라에 사는 나비는 대부분 호랑나비상과 식구로 호랑나비과(Papilionidae), 흰나비과(Pieridae), 부전나비과와 네발나비과(Nympalidae)가 있고, 팔랑나비상과 식구에는 팔랑나비과(Hesperiidae)가 있습니다.

우리나라에는 265종이 넘는 나비가 사는데, 그 가운데 남한 땅에만 212종이 넘게 삽니다. 이 녀석들은 대부분 우리 땅에서 나고 자라는 토종나비입니다. 간혹 여름철에만 중국의 남부지방과 타이완 등 동남아시아 지역에서 우연히 우리 땅에 날아 들어오는 종(10여 종)이 있긴 하지만, 아직 우리나라에서 번식하지 못하는 것으로 보입니다. 이런 나비를 길 잃은 나비, 즉 미접迷蝶이라고 합니다.

토종나비라고 해서 우리 땅 어디에서나 볼 수 있는 건 아닙니다. 호랑나비나 배추흰나비는 주로 마을 주변에 많고, 풀흰나비는 강가 풀밭에 많고, 대왕나비는 숲 속 계곡 주변에 많고, 모시나비는 햇볕이 잘 드는 산언저리에 많습니다. 애호랑나비는 진달래꽃이 피는 이른 봄에 딱 한 번 만날 수 있고, 사향 냄새를 풍기는 사향제비나비는 등칡 잎이 돋아나는 봄 중반에 만날 수 있고, 선녀처럼 하늘하늘 춤추며 나는 꼬리명주나비는 초여름이 되어서야 만날 수 있고, 벼과 식물을 즐겨 먹는 줄점팔랑나비는 초가을이 다가와야 만날 수 있습니다.

나비는 왜 이리 나오는 시기가 조금씩 다르고, 사는 곳도 약간씩 다를까요? 오랜 시절 진화 과정에서 제각각 독특한 한살이 패턴을 가지게 되었기 때문인데, 특히 사는 곳이 다른 것은 애벌레가 먹는 먹이식물이 각각 다르기 때문입니다. 예를 들어 작은홍띠점박이푸른부전나비 애벌레는 기린초나 돌나물같이 땡볕에서만 자라는 양지식물을 먹고 사니 양지바른 곳에서 자주 만나고, 멧팔랑나비 애벌레는 갈참나무처럼 숲 속에서만 자라는 참나무류만 먹고 자라니 숲 속에서 자주 만나는 것입니다. 어른 나비는 꽃꿀만 있으면 어느 꽃이든 마다하지 않고 먹지만, 애벌레는 식성이 매우 까다로워 아무 식물이나 먹지 않고 정해진 식물의 잎사귀만 먹기 때문입니다. 그러니 나비류 애벌레의 먹이식물만 알아도 녀석들의 습성이나 한살이를 조금이나마 엿볼 수 있습니다. 우리 주변에서 자주 만나는 나비류는 어떤 식물을 먹는지 한번 알아 볼까요?

호랑나비과

몸집이 큰 편으로 세계에서 550종쯤 삽니다. 어른벌레는 암컷과 수컷 모두 앞다리가 잘 발달해 앉거나 걸어 다닐 수 있습니다. 애벌레 몸에는 아주 짧은 털이 나 있고 피부는 매끈합니다. 건드리기라도 하면 머리와 앞가슴 사이에 숨어 있는 냄새뿔(취각)이 불쑥 튀어나와 천적을 놀라게 합니다. 냄새뿔을 만져 보면 물기가 많고 끈적이는데, 자기를 지키려고 화학물질을 분비하기 때문입니다.

독물질의 원료는 먹이식물에서 얻기 때문에, 호랑나비 애벌레의 냄새뿔에서는 운향과 식물 특유의 냄새가 납니다. 애벌레 시절은 5령까지이며 날짜로 따져 보면 보름 정도입니다. 번데기는 명주실로 가슴 부분을 나무줄기에 꽁꽁 동여매 비바람이 불어도 끄떡없습니다. 대부분 번데기 모습으로 겨울잠을 자지만, 붉은점모시나비처럼 알로 겨울을 버티는 종이 간혹 있습니다.

호랑나비과 나비 가운데 산호랑나비 얘기를 해 볼까요?

1	
2	3
4	5

호랑나비 1 산초나무 잎에 낳은 알 2 다 자란 애벌레 3 번데기 4 날개돋이한 호랑나비 여름형 5 갓 우화한 나비의 얼굴

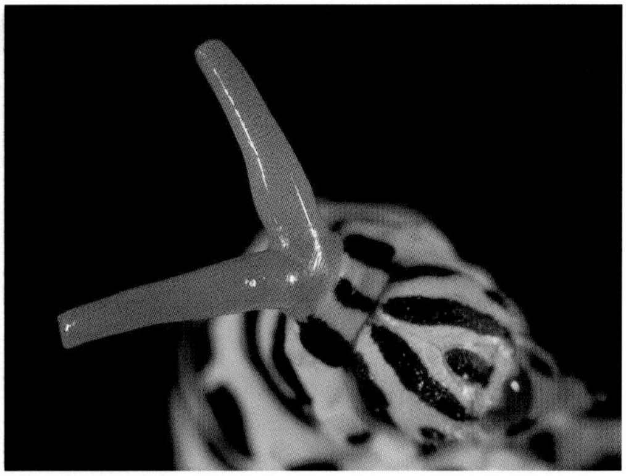

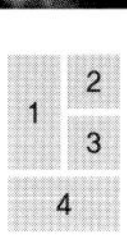

산호랑나비 1 먹이식물인 산형화과 식물 2 애벌레 3 사슴뿔처럼 순간적으로 튀어나온 냄새뿔 4 뚝깔의 꽃꿀을 빨아 마시는 산호랑나비

산호랑나비는 우리나라 어디든지 꽃과 무성한 풀밭만 있으면 잘 살아갑니다. 어른 산호랑나비와 애벌레는 주둥이 모양이 다릅니다. 그러다 보니 먹이가 다릅니다. 어른 산호랑나비 주둥이는 빨대 모양이라서 꽃꿀을 빨아 먹고, 아기 산호랑나비는 씹어 먹는 주둥이라서 잎을 쑥덕쑥덕 베어 씹어 먹습니다.

어미 산호랑나비는 이 꽃 저 꽃 찾아다니며 꽃꿀을 먹으며 영양분을 보충하고 나서 알을 낳기 위해 애벌레의 먹이식물을 찾아다닙니다. 애벌레 밥은 미나리나 당귀 같은 산형화과 식물입니다. 어미는 애벌레의 먹이식물을 어떻게 찾을까요? 산형화과 식물이 풍기는 냄새로 찾습니다. 앞서 말했듯이 식물은 초식곤충에게 뜯어 먹히지 않으려고 값비싼 에너지를 들여 방어물질을 만드는데 산형화과 식물도 쿠마린cumarin류의 독성물질을 만들어 몸에 저장합니다. 쿠마린류는 냄새를 풍기는데, 쿠마린에서는 '미나리무침'을 먹을 때 나는 미나리 특유의 향긋한 냄새가 납니다. 어미 산호랑나비는 쿠마린류 향기를 맡고 찾아옵니다. 산호랑나비 애벌레는 드물게 귤나무나 산초나무 등 운향과 식물의 잎을 먹을 때도 있는데, 운향과 식물에도 쿠마린류 물질이 들어 있기 때문이지요.

어미 산호랑나비는 산형화과 식물이 맞는 걸 확인하면 배 끝을 잎사귀 뒷면이나 잎줄기에 대고 알을 하나씩 낳습니다. 알은 옅은 노란빛으로 동그랗고 반짝반짝 윤이 납니다. 알은 시간이 지나면서 점점 거무튀튀한 색으로 변하는데, 약 10일쯤 지나면 애벌레가 알에서 깨어납니다. 갓 깨어난 애벌레는 산형화과 잎을 가장자리부터 큰턱으로 한 입씩 베어 씹어 먹기 시작합니다. 곤충 세계에서 애벌레의 임무는 오로지 먹는 일. 양껏 먹어야 몸이 무럭무럭 자라나 어른벌레가 될 수 있기 때문이지요. 알에서 갓 깨어났을 때 커

놀란 호랑나비 애벌레가 냄새뿔(취각)을 불쑥 내밀고 있다.

봤자 3밀리미터인 1령 애벌레가 5센티미터도 넘는 5령 애벌레가 되기 위해선 몸에 덮인 질긴 허물을 벗어야 합니다. 다 클 때까지 허물을 모두 네 번 벗습니다. 재밌게도 녀석들은 허물을 벗을 때마다 벗은 허물을 먹어치웁니다. 영양분을 보충하는 것뿐만 아니라, 천적에게 흔적을 남기지 않으려는 것이지요.

산호랑나비 애벌레는 대범합니다. 어릴 때부터 새똥으로 변장하지 않고 당당하게 자기 몸을 드러냅니다. 애벌레 몸에는 초록색 바탕에 수십 개의 크고 작은 검은 색 점과 노란 점이 선명하게 박혀 있어서 매우 화려합니다. 또한 천적이 가까이 다가오면 머리에 있는 냄새뿔을 불쑥 내밉니다. 긴 고무풍선에 바람을 넣으면 확 커지는 것처럼 'ㅅ' 모양의 냄새뿔이 튀어나오니 천적이 깜짝 놀라겠지요? 게다가 냄새뿔은 주황빛에다 냄새까지 고약해 천적인 새들을 놀라게 합니다. 물론 냄새뿔에서 뿜은 물질의 원료는 애벌레가 먹는 산형화과 식물입니다.

산호랑나비 애벌레는 산형화과 식물을 닥치는 대로 먹으면서 몸을 키웁니다. 주변의 풀이나 나무줄기에 번데기를 만들고 열흘쯤 지나 어른벌레로 변신합니다.

호랑나비류 애벌레는 어떤 식물을 먹을까요? 우리 주변에 흔한 호랑나비류 애벌레가 즐겨 먹는 먹이식물을 하나하나 꼽아 보면 다음과 같습니다.

나비 이름 (또는 종명)	먹이식물	겨우살이 형태	한살이 주기(년)
애호랑나비	쥐방울덩굴과(족도리풀, 개족도리풀)	번데기	1회
모시나비	왜현호색, 산괴불주머니, 자주괴불조머니, 현호색, 들현호색 등 현호색류	알(알 속 1령 애벌레)	1회
붉은점모시나비 (멸종위기종)	돌나물과(기린초)	알(알 속 1령 애벌레)	1회
꼬리명주나비	쥐방울덩굴과(쥐방울덩굴, 등칡)	번데기	2~3회
호랑나비	운향과(산초나무, 초피나무, 탱자나무, 머귀나무, 황벽나무 등)	번데기	2~4회
긴꼬리제비나비	운향과(산초나무, 초피나무, 탱자나무, 머귀나무, 황벽나무 등)	번데기	2~3회
제비나비	운향과(산초나무, 초피나무, 머귀나무, 황벽나무 등)	번데기	2~3회
산호랑나비	산형화과(당귀, 개당귀, 사상자, 당근, 미나리 등), 가끔 운향과	번데기	2회
청띠제비나비	녹나무과 (녹나무, 후박나무)	번데기	2~3회

흰나비과

유명한 배추흰나비가 속한 흰나비과 식구는 날개 색깔이 노랗거나 하얗습니다. 세계적으로 1천 종쯤 살고 있는데, 주로 풀밭이나 들판에서 삽니다. 천천히 날아다니며 바람이 세게 불 때는 바람을 타고 멀리 날아가기도 합니다. 알 모양은 길쭉하고, 알 표면에는 대부분 가로줄과 세로줄이 얽힌 그물 무늬가 새겨 있지만, 가끔 매끈할 때도 있습니다. 알에서 깨어난 애벌레의 몸매는 가늘고 늘씬한 원통 모양이고 색깔은 대부분 초록색을 띱니다. 흰나비과

흰나비류의 애벌레와 어른벌레. 십자화과 식물을 먹는 배추흰나비 애벌레(왼쪽), 배추흰나비 어른벌레(가운데), 큰줄흰나비 어른벌레(오른쪽)

애벌레는 대부분 5령까지 살면서 십자화과와 콩과식물을 즐겨 먹습니다. 특히 배추흰나비는 사람들이 가꾸는 채소를 먹어치워 사람들과 먹이전쟁을 치르는 중입니다. 배추흰나비와는 다르게 대만흰나비, 줄흰나비, 큰줄흰나비는 야생에서 자라는 십자화과 식물을 먹습니다. 특히 생김새가 매우 닮은 줄흰나비와 큰줄흰나비는 서로 다른 곳에 살아 먹이경쟁을 피합니다. 줄흰나비는 높은 산쪽에서 주로 살고, 큰흰줄나비는 낮은 산 가장자리 쪽에서 주로 삽니다.

대부분 번데기 모습으로 겨울잠을 자지만 멧노랑나비와 각시멧노랑나비는 어른벌레로 겨울잠을 자고, 추운 북쪽지방에 사는 상제나비는 애벌레로 겨울을 납니다.

흰나비과 식구 가운데 노랑나비는 색깔이 고와 마치 선녀 같습니다. 풀밭을 나풀나풀 날아다니다가 붉은토끼풀 꽃에 사뿐히 앉습니다. 혹시 천적이 다가올까 봐 잠시 두리번거리더니 이내 머리 아래에서 용수철처럼 돌돌 말

콩과식물을 좋아하는 노랑나비. 붉은토끼풀(왼쪽)과 토끼풀(오른쪽)

린 주둥이를 꺼내 꽃 속에 쏘옥 집어넣고 꽃꿀을 마십니다. 꽃꿀 맛에 푹 빠진 노랑나비에게 살그머니 다가가니, 놀라서 펄쩍 날아 풀밭 저 쪽으로 날아갑니다. 얼마 안 있어 풀밭 꽃에는 노랑나비가 하나 둘 셋……, 여러 마리가 날아들어 꽃꿀을 마시면서 맘에 드는 짝도 만납니다.

짝짓기를 마친 노랑나비 암컷은 알 낳을 곳을 찾아 이리저리 풀밭을 날아다닙니다. 아기 노랑나비는 입맛이 까다로워 아무 풀이나 먹지 않고 토끼풀이나 돌콩 같은 콩과식물의 잎사귀만 먹습니다. 다행히 토끼풀은 어디를 가나 발에 밟힐 정도로 많고, 돌콩도 칭칭 감고 올라갈 풀과 나무만 있으면 잘 자라니 엄마 노랑나비가 콩과식물에 알 낳는 데엔 아무 장애가 없습니다. 엄마 노랑나비가 돌콩 잎사귀에 살짝 앉더니 배 꽁무니를 길게 늘여 잎사귀 뒷면에 대고 알을 낳고 날아오릅니다. 그러다 얼마 안 있어 다시 돌콩 잎사귀에 날아와 알 하나를 낳고……. 그렇게 알을 다 낳을 때까지 반복합니다.

알은 꼭 쌀알처럼 생겼는데, 표면에 세로줄 무늬가 파여 있습니다. 엄마

※ 흔히 보는 흰나비과 애벌레의 먹이식물

나비 이름 (또는 종명)	먹이식물	겨울나기 형태	한살이 주기(년)
기생나비	콩과(갈퀴나물, 등갈퀴나물)	번데기	3회
멧노랑나비	갈매나무과(갈매나무)	어른벌레	1회
각시멧노랑나비	갈매나무과(갈매나무)	어른벌레	1회
남방노랑나비	콩과(비수리, 자귀나무, 차풀, 괭이싸리 등)	어른벌레	3~4회
노랑나비	콩과(벌노랑이, 자운영, 고삼, 아까시나무, 비수리, 토끼풀, 결명자, 붉은토끼풀 등)	어른벌레	3~5회
흰줄나비	십자화과(바위장대, 섬바위장대, 나도냉이, 꽃황새냉이)	번데기	2~3회
큰줄흰나비	십자화과(배추, 무, 냉이, 황새냉이, 양배추, 갓, 속속이풀, 큰산장대)	번데기	3~4회
대만흰나비	십자화과(나도냉이, 속속이풀, 배추, 무, 냉이, 황새냉이, 양배추, 갓, 큰산장대)	번데기	3~4회
배추흰나비	십자화과(나도냉이, 속속이풀, 배추, 무, 냉이, 황새냉이, 양배추, 갓, 큰산장대)	번데기	3~4회
풀흰나비	십자화과(꽃장대, 다닥냉이, 개갓냉이, 갓)	번데기	3~4회
갈구리나비	십자화과(나도냉이, 냉이, 장대나물, 는쟁이냉이, 꽃다지)	번데기	1회

노랑나비가 알을 낳은 지 열흘째, 약간 거무칙칙해진 알에서 애벌레가 껍데기를 깨고 꼬물꼬물 알 밖으로 기어 나옵니다. 갓 태어난 1령 애벌레는 2밀리미터 정도로 아주 작은 데다 손끝만 닿아도 몸에 상처가 날 것처럼 말랑말랑하고 연약합니다. 애벌레는 잠시 머뭇거리더니 자기가 태어난 알껍데기를 야금야금 씹어 먹습니다. 껍데기를 먹어서 자기를 노리는 천적을 따돌릴 수 있고, 영양밥으로 보신을 할 수 있어 좋으니 두 마리 토끼를 한번에 잡은 격

입니다.

애벌레는 허물을 네 번 벗고 오로지 콩과식물 잎만 먹으며 무럭무럭 자랍니다. 다 자란 애벌레는 번데기 될 때가 다가오면 식음을 전폐하고 잘 움직이지도 않습니다. 번데기를 만들 명당을 찾으면 주둥이에서 명주실을 토해내 자기 몸을 풀줄기나 나뭇가지에 단단히 묶어 비가 오고 바람이 몰아쳐도 떨어지지 않게 합니다. 그런 뒤에야 애벌레 허물을 벗고 번데기가 됩니다. 번데기로 열흘쯤 살면 어여쁜 어른 노랑나비가 태어납니다.

부전나비과

부전나비과 식구는 몸집이 나비류 가운데 가장 작습니다. 온 세계에 6천 종쯤 살지만 우리나라에는 56종가량 삽니다. 어른벌레의 경우, 날개 윗면 색깔이 금속성이 섞인 푸른색, 초록색, 주홍색을 띠어 매우 신비롭습니다. 더구나 뒷날개 끝 부분에 꼬리돌기가 튀어나와 천적 눈에는 머리가 꼬리 뒤쪽에 있는 것처럼 보일 수 있습니다.

부전나비과 알은 동그랗고 납작한 편인데 크기가 작아 찾기가 쉽지 않습니다. 애벌레 몸 역시 작은 편이고 납작한 타원형이라 마치 옛 어른이 신던 짚신 같습니다. 애벌레 대부분은 자기가 좋아하는 식물을 정해 놓고 먹지만 어떤 애벌레는 다른 곤충을 잡아먹고 살기도 합니다. 예를 들면 바둑돌부전나비는 대나무 잎사귀에 사는 일본납작진딧물을 잡아먹고 살고, 쌍꼬리부전나비 같은 일부 종은 개미와 공생하기도 합니다. 번데기는 오뚝이 모양이고, 대부분 알로 겨울잠을 자지만, 간혹 애벌레나 번데기 모습으로 겨울을 나는 종도 있습니다.

드물게 만나는 쌍꼬리부전나비. 애벌레는 개미와 공생한다.

우리나라에 사는 나비 가운데 가장 이름이 긴 녀석이 누굴까요? '작은홍띠점박이푸른부전나비'로 무려 열세 자나 되니 이름이 길어도 엄청 깁니다. 주로 봄에 만나는 작은홍띠점박이푸른부전나비를 찾아가 볼까요?

햇빛 찬란한 5월, 강원도 계방산 숲길을 걷습니다. 길 옆 기린초들이 그새 노란 꽃을 피워 햇빛을 안고 있으니 온 세상이 빛이 납니다. 아니나 다를까! 기린초 군락 위를 나비들이 오르락내리락하며 날고 있군요. 살금살금 다가가니 어여쁜 부전나비가 도톰한 기린초 꽃에 앉아 있습니다. 이따금씩 날개를 폈다 접었다 하는데 색깔이 매우 아름답습니다. 그런데 날개 윗면과 아랫면의 색깔이 다르네요. 날개 윗면은 갈색도 나고, 파란빛도 나고…… 햇빛이 반사되는 각도에 따라 요술을 부리는데 형광빛까지 나 참 아름답습니다. 날개 아랫면은 하얀색 바탕에 까만 점이 무수히 찍혀 있고, 뒷날개 가장자리에는 주황색 띠가 그려져 있습니다. 몸 색깔과 날개에 찍힌 점을 보니 과연 '작은홍띠점박이푸른부전나비'란 이름값을 제대로 하는군요.

1	2
3	4
5	6
7	8

부전나비의 애벌레, 번데기, 성충 1 범부전나비 번데기 2 루드베키아에 앉아 있는 범부전나비 3 선녀부전나비 애벌레, 개미를 끌어들여 자신을 보호한다. 4 소리쟁이 잎을 먹는 큰주홍부전나비 애벌레 5 개망초 꽃에 앉아 있는 부전나비 수컷 ©박해철 6 큰주홍부전나비 암컷 7 엉겅퀴 꽃꿀을 마시는 작은주홍부전나비 8 시가도귤빛부전나비

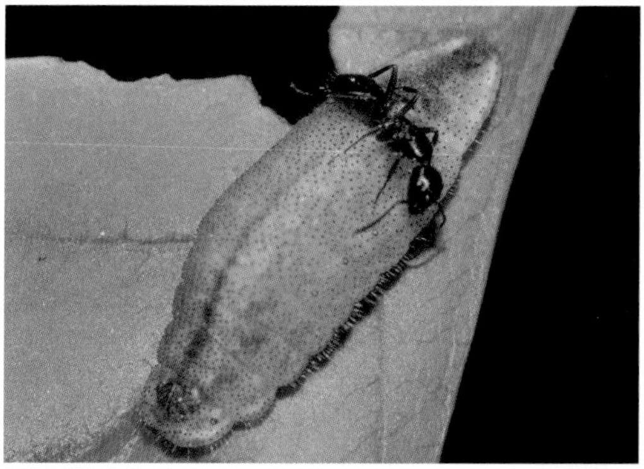
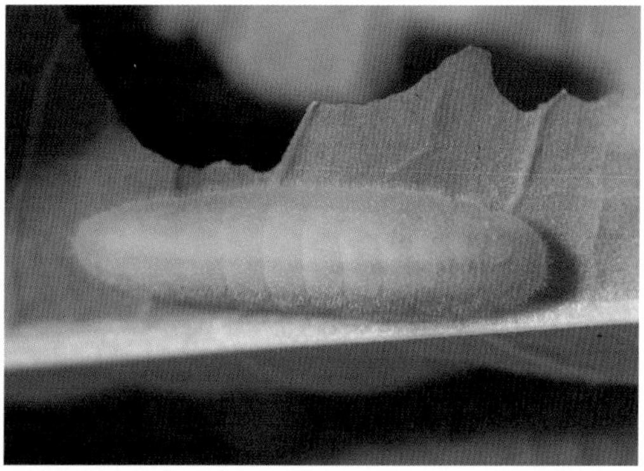

큰주홍부전나비

산녹색부전나비

작은홍띠점박이푸른부전나비(왼쪽)와 그 애벌레의 먹이식물인 기린초(오른쪽)

마침 또 다른 작은홍띠점박이푸른부전나비가 기린초 위를 부산하게 날아다니더니 얼른 잎사귀에 앉아 배를 동그랗게 말아 잎 뒷면에 알을 낳습니다. 작은홍띠점박이푸른부전나비 애벌레는 돌나물이나 기린초의 잎사귀만 먹고 자라기 때문에 어미가 기린초 잎에 알을 낳는 것입니다.

어미가 알을 낳은 지 보름쯤 지나면 알에서 애벌레가 깨어납니다. 애벌레의 색깔은 기린초 잎사귀처럼 초록색이라서 눈에 잘 띄지 않습니다. 그래서 녀석이 먹고 난 똥을 찾는 게 훨씬 더 효과적입니다. 녀석은 애벌레 시절 내내 온몸을 다 드러내놓고 기린초 잎사귀를 먹고 살기 때문에 천적의 눈에 띄지 않으려고 보호색을 띠고 삽니다. 더구나 녀석의 생김새는 납작해서 마치 짚신 같습니다. 도대체 머리, 다리, 배 끝이 어디에 붙었는지 보이지도 않습니다. 위에서 보니 마치 고깔모자를 접어 차곡차곡 쌓아 겹쳐 놓은 것 같습니다. 놀랍게도 그런 모습이 기린초의 잎사귀하고 아주 비슷합니다. 내친김에 살짝 녀석의 몸을 건드립니다. 생각보다 행동이 굉장히 굼떠 재빨리 도망치거나 거칠게 반항하지는 않습니다.

여느 나비류 애벌레처럼 녀석도 모두 네 번 허물을 벗어야 종령(5령) 애벌레가 되는데, 애벌레 기간이 긴 편입니다. 최소한 한 달 넘게 기린초 잎을 먹으며 애벌레 시절을 보내니 말입니다. 초여름, 번데기가 될 무렵이면 다 자란 애벌레는 기린초 잎을 떠나 땅으로 내려옵니다. 땅에 있는 낙엽이나 돌멩이 아래에 자리를 잡고 머리를 양옆으로 움직이며 앉아 있는 낙엽이나 돌멩이에 자기 몸을 묶습니다. 자꾸 주둥이(아랫입술샘)에서 명주실을 뽑아 낙엽에서 몸이 떨어지지 않게 동여맵니다. 안전하게 몸을 고정한 뒤 녀석은 꼼짝 않고 앞번데기(전용) 상태로 이틀 정도를 버티고 나서 애벌레 허물을 벗습니다. 번데기는 오뚝이 모양인데 참 앙증맞습니다. 몸에 그 흔한 돌기 장식 하나 없고, 색깔도 그저 땅바닥과 비슷한 불그스름한 갈색입니다.

번데기는 여름, 가을, 겨울 동안 내내 잠만 잡니다. 이듬해 기린초가 싹을 틔우고 무성하게 자라면 비로소 어른벌레로 변신해 날아다닙니다.

※ 흔히 만나는 부전나비과 나비들이 즐겨 먹는 먹이식물

나비 이름(또는 종명)	먹이식물	겨울나기 형태	한살이 주기(년)
바둑돌부전나비(육식성)	대나무, 이대 등에 사는 일본납작진딧물	애벌레	3~4회
쌍꼬리부전나비	마쓰무라꼬리치레개미와 공생	애벌레	1회
선녀부전나비	물푸레나무과(쥐똥나무, 개회나무)	알	1회
암고운부전나비	장미과(옥매, 복사나무, 자두나무, 앵두나무, 벚나무, 살구나무, 매실나무 등)	알	1회
깊은산부전나비	버드나무과(사시나무)	알	1회
긴꼬리부전나비	가래나무과(가래나무)	알	1회
시가도귤빛부전나비	참나무과(갈참나무, 떡갈나무)	알	1회
귤빛부전나비	참나무과(상수리나무, 갈참나무, 떡갈나무)	알	1회
물빛부전나비	참나무과(상수리나무, 졸참나무, 굴참나무)	알	1회
참나무부전나비	참나무과(신갈나무, 갈참나무)	알	1회
작은녹색부전나비	자작나무과(오리나무, 물오리나무)	알	1회
큰녹색부전나비	참나무과(신갈나무, 갈참나무)	알	1회
암붉은점녹색부전나비	장미과(산벚나무, 귀룽나무)	알	1회
넓은띠녹색부전나비	참나무과(신갈나무, 갈참나무)	알	1회
산녹색부전나비	참나무과(신갈나무, 졸참나무)	알	1회

나비 이름(또는 종명)	먹이식물	겨울나기 형태	한살이 주기(년)
꼬마까마귀부전나비	장미과(조팝나무)	알	1회
참까마귀부전나비	갈매나무과(갈매나무)	알	1회
쇳빛부전나비	장미과(조팝나무, 꼬리조팝나무), 진달래과(진달래, 철쭉)	번데기	1회
북방쇳빛부전나비	장미과(조팝나무, 꼬리조팝나무)	번데기	1회
범부전나비	콩과(고삼, 조록싸리, 아까시나무, 족제비싸리), 갈매나무과(갈매나무)	알	2회
큰주홍부전나비	마디풀과(소리쟁이, 참소리쟁이)	애벌레	3~4회
작은주홍부전나비	마디풀과(애기수영, 수영, 소리쟁이)	애벌레	5회
물결부전나비	콩과(편두)	모름	여러 번 추정
암먹부전나비	콩과(매듭풀, 갈퀴나물, 등갈퀴나물 등)	애벌레	2~3회
부전나비	콩과(낭아땅비싸리, 갈퀴나물)	알로 추정	2~3회
먹부전나비	꿩의비름과(땅채송화, 바위솔, 꿩의비름, 돌나물 등)	애벌레	2~3회
남방부전나비	괭이밥과(괭이밥)	애벌레	4~5회
푸른부전나비	콩과(고삼, 싸리, 칡, 땅비싸리, 아까시나무, 족제비싸리)	번데기	3~5회
작은홍띠점박이푸른부전나비	꿩의비름과(기린초, 돌나물 등)	번데기	2~3회
큰홍띠점박이푸른부전나비	콩과(고삼)	번데기	1회

네발나비과

네발나비과 식구는 우리 주변에 흔하게 볼 수 있는데, 온 세계에 6천 종쯤 삽니다. 이름에서 알 수 있듯이 어른벌레의 다리 여섯 개 중 앞다리 두 개가 퇴화되어 아주 짧거나 흔적만 남아 있습니다. 어른벌레의 경우, 날개 윗면은 알록달록 화려하지만, 아랫면은 대부분 칙칙한 색이라 날개를 접고 있으면 나뭇잎으로 착각합니다. 네발나비과 집안에는 여러 가족이 모여 있습니다. 표범나비류는 윗날개의 무늬가 표범 무늬를 닮았고, 줄나비류의 날개 윗면은 검은 바탕에 흰점이 쭉쭉 그어져 있고, 뱀눈나비류는 날개 아랫면에 눈알 모양의 동그란 무늬가 그려져 있고, 오색나비류의 날개 윗면은 금속성이 강한 여러 색깔을 띠고, 신선나비류는 날개 가장자리 선이 신선이 입는 도포자락을 닮았습니다. 어른벌레는 대부분 꽃꿀을 먹지만 때로는 동물의 배설물, 진흙물, 시체 즙 따위를 먹을 때도 있습니다.

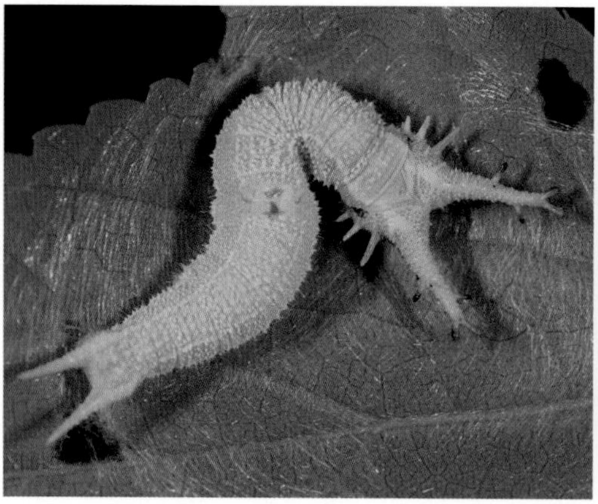

수노랑나비 애벌레(왼쪽)와 그 먹이식물인 팽나무 잎(오른쪽)

1 2
3

1, 2 네발나비 애벌레는 환삼덩굴 잎을 명주실로 엮어 집을 만들고 그 속에서 산다. 3 날개를 활짝 펼치고 앉은 네발나비

네발나비과의 애벌레들은 대체로 길쭉한 편인데, 종마다 생김새나 습성이 조금씩 다릅니다. 왕오색나비나 수노랑나비같이 팽나무 잎을 먹는 애벌레의 머리에는 뿔 같은 돌기가 붙어 있습니다. 표범나비류와 줄나비류의 애벌레는 몸에 털돌기가 줄지어 나 있습니다. 작은멋쟁이나비나 큰멋쟁이나비는 잎을 접어 그 안에서 살기도 합니다. 애벌레 기간은 대부분 5령까지이지만 어떤 종은 6령, 7령까지 자랄 때도 있습니다. 번데기는 배 끝을 나무줄기나 바위 따위에 고정한 뒤 거꾸로 매달려 만듭니다.

네발나비과 가운데 봄부터 가을까지 흔하게 만날 수 있는 나비를 꼽으라 하면 작은멋쟁이나비도 빠지지 않습니다. 꽃샘바람 부는 이른 봄에도, 초록빛 바람 부는 초여름에도, 더운 바람 부는 여름에도, 서늘한 바람 부는 가을에도 꽃밭에 어김없이 출근하니 말입니다. 녀석은 어느 꽃이든 꽃만 있으면 꽃에 앉아 머리 아래쪽에 돌돌 말아 둔 주둥이를 쭉 펴고선 꽃꿀을 신나게 빨아 마십니다. 작은멋쟁이나비는 생명력이 매우 질깁니다. 추운 남극지역만 빼고 온 세계 어디에나 산다니 말 다했지요. 게다가 유럽에 사는 작은멋쟁이나비는 장거리 여행도 마다하지 않습니다. 특히 지중해 지역에 사는 작은멋쟁이나비는 무리를 지어 지중해를 건너 스칸디나비아 북쪽까지 날아 이동한다니 그저 입만 벌어집니다. 곤충계의 철새인 셈입니다.

네발나비과 가족답게 다리가 네 개인 어른 작은멋쟁이나비. 얼마나 멋을 부렸으면 작은멋쟁이나비라 할까요? 과연 날개에 온갖 멋을 다 부렸군요. 오렌지색 바탕에 검은 무늬가 여기저기 콕콕 박혀 있는데, 모양이 한두 가지가 아닙니다. 동그라미 모양, 마름모 모양, 눈썹 모양, 붓 가는 대로 그린 추상화 모양 등 정신을 못 차리겠네요. 날개 아랫면에도 회색과 갈색과 까만색으로 얼룩얼룩 추상화를 그려 놓았고, 뱀 눈 같은 동그란 무늬를 다섯 개나 그려 놓았습니다.

마침 마타리 꽃에서 암컷과 수컷이 짝짓기를 합니다. 암컷이 풍긴 성페로몬에 이끌려 날아온 수컷이 부지런히 암컷을 쫓아다니더니 드디어 짝짓기에 성공! 짝짓기를 마친 어미 작은멋쟁이나비는 알 낳을 곳을 찾습니다. 알은 아무 곳에나 낳으면 안 됩니다. 작은멋쟁이나비 애벌레는 먹성이 까다로워 아무 풀이나 먹지 않고 오로지 쑥만 먹으니 쑥밭을 찾아다닙니다. 어미 작은멋쟁이나비는 쑥에 들어 있는 치네올cineal, 투존thujone, 펜콘fenchon 같은 독물질 냄새에 이끌려 쑥밭으로 날아들어 쑥 잎에 알을 낳습니다. 다행히도 쑥

애기세줄나비가 짝짓기를 하고 있다.

세 개의 흰 줄무늬가 있는 별박이세줄나비

큰까치수영 꽃꿀을 먹는
큰흰줄표범나비

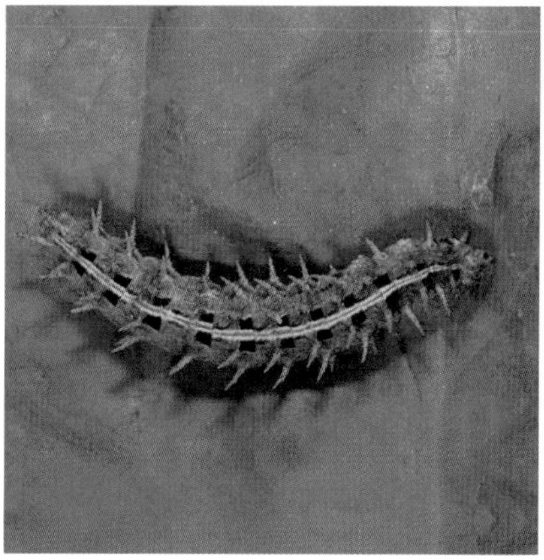

큰흰줄표범나비 애벌레의 먹이식물은
제비꽃 잎사귀이다.

엉겅퀴 꽃꿀을 빨아 마시는 흰뱀눈나비

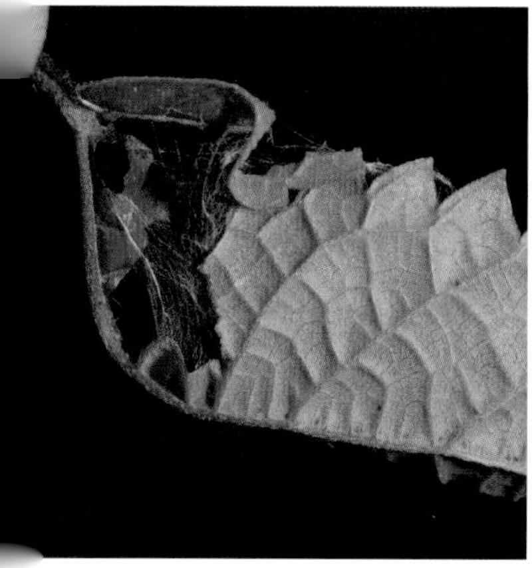

좀깨잎나무 잎을 말고 그 안에서
먹고 사는 큰멋쟁이나비 애벌레

큰멋쟁이나비의 다 자란 애벌레

큰멋쟁이나비 애벌레

은 햇빛 드는 곳이면 어디든 널렸으니 날개 품을 그리 안 팔아도 됩니다.

알에서 깨어난 애벌레는 온몸을 드러내지 않습니다. 쑥 잎을 몇 잎 끌어다 잎끼리 얼기설기 명주실로 붙인 뒤 그 안에서 삽니다. 녀석도 네발나비과 애벌레의 단골 옷인 털돌기 옷을 입었습니다. 한번 닿기만 해도 찔릴 것같이 억세 보이는 털이 온몸을 덮었군요. 털돌기는 무시무시해 보이지만 독은 없습니다. 녀석은 애벌레 평생 쑥 잎사귀에 세 들어 삽니다. 직접 쑥 잎으로 집을 짓고, 그 안에서 몸을 감쪽같이 숨기고서 식사를 합니다. 머리와 가슴을 집 밖으로 슬그머니 꺼내고 바로 옆의 잎사귀를 먹기도 하고, 자신의 집 지붕을 먹기도 합니다. 혹시라도 천적을 만나면 얼른 집 안으로 쏙 들어옵니다. 잎사귀 집을 다 먹으면 다시 옆 잎사귀로 이사를 가 다시 집을 짓고 식사를 합니다.

다 자란 애벌레는 번데기를 만듭니다. 녀석이 번데기가 되면 풀줄기나 풀잎 같은 곳에 매달립니다. 그것도 거꾸로 물구나무서듯이 대롱대롱 매달립니다. 바람이 불면 번데기도 흔들흔들…… 그래도 배 끝 부분을 명주실로 풀줄기에 단단히 붙여 놓아서 끄떡없습니다. 그렇게 열흘이 지나면 드디어 번데기에서 어른 작은멋쟁이나비가 나옵니다. 하지만 가을에 태어난 어른 작은멋쟁이나비의 앞날은 순탄치 않습니다. 얼마 안 있어 추운 겨울이 다가오니까요. 그래서 나비치고는 드물게 어른으로 겨울을 납니다. 낙엽 더미 속이나 덤불 속, 굴속같이 아늑한 곳에서 겨우내 잠을 자고 이듬해 봄에 다시 풀밭을 누빕니다.

※ 흔히 만나는 네발나비과 나비들이 즐겨 먹는 먹이식물

나비 이름 (또는 종명)	먹이식물	겨울나기 형태	한살이 주기(년)
뿔나비	느릅나무과(풍게나무, 팽나무 등)	어른벌레	1회
왕오색나비	느릅나무과(풍게나무, 팽나무 등)	애벌레	1회
수노랑나비	느릅나무과(풍게나무, 팽나무 등	애벌레	1회
홍점알락나비	느릅나무과(풍게나무, 팽나무 등)	애벌레	1회
흑백알락나비	느릅나무과(풍게나무, 팽나무 등)	애벌레	1회
유리창나비	느릅나무과(풍게나무, 팽나무 등)	번데기	1회
은판나비	느릅나무과(느릅나무, 느티나무 등)	애벌레	1회
대왕나비	참나무과(신갈나무, 졸참나무, 상수리나무 등)	애벌레	1회
어리세줄나비	느릅나무과(느릅나무 등)	애벌레	1회
먹그림나비	나도밤나무과(나도밤나무, 합다리나무 등)	애벌레	1회
오색나비	버드나무과(황철나무, 호랑버들 등)	애벌레	1회
황오색나비	버드나무과(호랑바들, 키버들, 버드나무 등)	애벌레	1~3회
봄처녀나비	벼과(억새, 보리), 사초과(괭이사초)	애벌레	1회
시골처녀나비	벼과(강아지풀), 사초과(방동사니)	애벌레	1회
도시처녀나비	벼과(김의털)	애벌레	1회
부처사촌나비	벼과(실새풀, 주름조개풀, 참억새, 바랭이)	애벌레	2회
부처나비	벼과(억새, 벼, 바랭이, 주름조개풀)	애벌레	2~3회
먹그늘나비	벼과(조릿대, 제주조릿대, 이대, 참억새, 달뿌리풀)	애벌레	1회
흰뱀눈나비	벼과(참억새)	애벌레	1회
조흰뱀눈나비	벼과(참억새)	애벌레	1회
굴뚝나비	벼과(참억새), 사초과	애벌레	1회
애물결나비	벼과(강아지풀, 주름조개풀, 잔디, 바랭이)	애벌레	2~3회

나비 이름 (또는 종명)	먹이식물	겨울나기 형태	한살이 주기(년)
은줄표범나비	제비꽃과	애벌레	1회
산은줄표범나비	제비꽃과	애벌레	1회
암끝검은표범나비	제비꽃과	애벌레	1회
흰줄표범나비	제비꽃과	애벌레	1회
큰흰줄표범나비	제비꽃과	알 또는 애벌레	1회
은점표범나비	제비꽃과	애벌레	1회
왕은점표범나비	제비꽃과	애벌레	1회
봄어리표범나비	쥐오줌풀	애벌레 추정	1회 추정
줄나비	인동과(올괴불나무, 각시괴불나무 등)	애벌레	2~3회
제이줄나비	인동과(올괴불나무, 각시괴불나무, 병꽃나무 등)	애벌레	1~3회
제일줄나비	인동과(올괴불나무, 각시괴불나무, 병꽃나무 등)	애벌레	2회
굵은줄나비	장미과(조팝나무, 꼬리조팝나무 등)	애벌레	1~2회
두줄나비	장미과(조팝나무, 둥근잎조팝나무 등)	애벌레	1~2회
왕줄나비	버드나무과(황철나무)	애벌레	1회
홍줄나비	소나무과(잣나무)	애벌레	1회
애기세줄나비	콩과(싸리, 넓은잎갈퀴, 아까시나무, 칡, 비수리 등), 벽오동과	애벌레	3회
세줄나비	단풍나무과(고로쇠, 단풍나무 등), 벽오동과	애벌레	1회
별박이세줄나비	장미과(조팝나무, 꼬리조팝나무 등)	애벌레	2~3회
황세줄나비	참나무과(신갈나무, 졸참나무 등)	애벌레	1회
거꾸로여덟팔나비	쐐기풀과(거북꼬리 등)	번데기	2회
작은멋쟁이나비	국화과(참쑥, 쑥 등)	어른벌레	여러 번
큰멋쟁이나비	느릅나무과, 쐐기풀과(거북꼬리, 개모시풀 등)	번데기	2~4회
네발나비	환삼덩굴	어른벌레	2~4회
청띠신선나비	백합과(청미래덩굴, 청가시덩굴 등)	어른벌레	1~3회

팔랑나비과

어른벌레가 팔랑팔랑거리며 난다 해서 이름 붙은 팔랑나비. 팔랑나비과 식구는 세계적으로 3천5백 종이 살고, 우리나라에는 28종 정도가 살고 있어 네발나비과나 부전나비과에 비해 식구 수가 약간 적습니다. 어른 팔랑나비의 가장 큰 특징은 더듬이입니다. 더듬이 끝이 뾰족한 갈고리 모양을 하고 있어 다른 과의 나비와 구분이 쉽습니다. 대체로 몸통은 굵고, 날개는 몸통

1 왕자팔랑나비 2 멧팔랑나비 3 참마 잎을 오려서 집을 만드는 왕자팔랑나비 애벌레 4 덮은 잎 조각을 들추고 본 왕자팔랑나비 애벌레 5 참마 잎 한 조각이 덮여 있는 왕자팔랑나비 애벌레의 집

에 비해 작은 편이라서 균형 잡으며 날려면 날갯짓을 빨리해야 합니다. 그러다 보니 나는 모습이 무척 소란스럽습니다. 북한에서는 그렇게 나는 모습이 희롱하는 것 같다고 해서 희롱나비라고도 부릅니다.

애벌레가 즐겨 먹는 식물은 대부분 벼과 식물이지만 완전히 다 밝혀지지는 않았습니다. 애벌레 생김새는 긴 원통형인 데다 머리는 동그란 게 마치 검은 콩이 붙어 있는 것 같습니다. 대부분 잎사귀를 접어 집을 만들고 그 안에 들어가 삽니다.

※ 흔히 보는 팔랑나비과 애벌레의 먹이식물

나비 이름 (또는 종명)	먹이식물	겨울나기 형태	한살이 주기(년)
푸른큰수리팔랑나비	나도밤나무과(나도밤나무, 합다리나무 등)	번데기	1~2회
독수리팔랑나비	두릅나무과(음나무, 땃두릅나무)	애벌레	1회
대왕팔랑나비	운향과(황벽나무)	애벌레	1회
왕팔랑나비	콩과(싸리, 칡, 아까시나무 등)	애벌레	1회
왕자팔랑나비	마과(마, 단풍마, 참마 등)	애벌레	2~3회
멧팔랑나비	참나무과(떡갈나무, 졸참나무, 신갈나무 등)	애벌레	1회
흰점팔랑나비	장미과(양지꽃, 세잎양지꽃, 딱지꽃 등)	번데기	1~2회
수풀알락팔랑나비	벼과(기름새)	애벌레	1회
돈무늬팔랑나비	벼과(기름새)	애벌레	1~2회
줄꼬마팔랑나비	벼과(강아지풀, 큰조아재비)	애벌레	1회
수풀꼬마팔랑나비	벼과(기름새)	애벌레	1회
유리창떠들썩팔랑나비	벼과(기름새)	애벌레	1회
줄점팔랑나비	벼과(참억새, 큰기름새, 강아지풀)	애벌레	1회

• 나비와 나방의 차이 •

뭐니 뭐니 해도 '나비' 하면 비늘 날개이지요. 그래서 나비목 식구를 다른 말로 인시목鱗翅目이라고도 합니다. 날개에 온통 비늘가루가 덮인 곤충이라는 말이지요. 날개에는 비늘이 기왓장 포개듯 차곡차곡 쌓여 있는데, 종마다 색깔과 구조가 다른 비늘이 쌓여서 무늬를 만들기도 합니다. 세파에 시달려 비늘이 떨어지기라도 하면 무늬가 거의 지워져 날개 색깔이 희미해집니다.

나비목 식구는 크게 원시나방아목, 선조나방아목, 단문아목, 박쥐나방아목과 이문아목 등으로 나눕니다. 이 가운데 이문아목에는 나비목 식구 대부분(98퍼센트)이 포함되는데, 우리가 보통 말하는 나비류나 나방류도 다 여기에 들어갑니다. 강의를 하다 보면 '나비와 나방은 어떻게 다르냐'란 질문을 참 많이 받습니다. 따지고 보면 나비와 나방은 같은 나비목 집안 식구로 곤충분류학에서도 나방과 나비를 나누는 게 별 의미가 없습니다.

하지만 관습적으로 사람들은 나방과 나비는 다르다고 생각해 왔습니다. 사람들은 비록 과학적이지 않다 해도 일상생활에 스며든 문화를 바탕으로 여전히 나방과 나비를 나눕니다. 나방이란 말은 남한에서만 쓰고 있고, 북한에서는 나방을 밤나비, 나비를 낮나비로 부르는 것만 봐도 알 수 있지요. 하지만 나비와 나방을 구분하는 것이 과학적으로 의미 없다는 게 계통 연구를 통해 잘 나타납니다. 다만 나비류는 호랑나비상과와 팔랑나비상과 일부에 속해 있어 족보가 공통 조상에서 진화했고, 나방류는 박쥐나방상과, 굴나방상과, 밤나방상과 등 여러 조상에서 여러 갈래로 진화했을 뿐입니다. 그러다 보니 어떤 나방류는 나비류와 생김새나 습성이 비슷합니다. 예를 들면 명나방과와 알락나방과 일부는 나방류이지만 낮에 날아다니고, 뿔나방은 날개를 접고 앉기도 합니다. 실제로 우리가 잘 알고 있는 나비류는 숫자로 따지면 나방류의 10분의 1 정도밖에 안 됩니다.

재밌게도 나비목의 어른벌레와 애벌레는 먹는 밥이 다릅니다. 주둥이 모양이 다르기 때문이지요. 앞서 말했듯이 나비목의 어른벌레는 대부분 빨대 모양 주둥이를 가지고 있어 꽃꿀을 빨아 먹고 삽니다. 예외는 항상 있어, 어른벌레 중 어떤 녀석은 주둥이가 퇴화해서 아예 꽃꿀을 먹지 않습니다. 반면에 나비목 식구 애벌레는 대부분 식물 잎사귀를 먹고 사니 숲 속 나무나 풀들은 죄다 녀석들의 밥인 셈입니다. 하지만 좀나방류나 곡나방류 애벌레는 낙엽, 옷, 저장 곡물, 곤충표본을 씹어 먹기도 하고, 매미기생나방 애벌레는 매미류나 매미충류의 살을 파먹고 살고, 바둑돌부전나비 애벌레는 진딧물류를 잡아먹기도 합니다.

나비와 나방의 차이

형태	나비	나방
더듬이 끝	끝이 곤봉 모양 또는 갈고리 모양이다.	끝이 곤봉 모양이 아니고 빗살 모양 등 다양하다.
(날개에 비한) 몸통	가늘고 날씬하다.	대체로 크고 뚱뚱하다.
앉는 모습	대체로 날개를 세워서 앉는다.	대체로 날개를 쫙 펼치고 앉는다.
나는 시기	낮에 날아다닌다.	대체로 밤에 날아다닌다.

나방류 애벌레

나방은 나비목 식구의 90퍼센트나 차지합니다. 낮에 활동하는 나비류와는 달리 나방류는 대부분 밤에 활동합니다. 하지만 명나방류나 알락나방류처럼 낮에도 활동하는 나방류가 간혹 있습니다. 지금까지 우리나라에 사는 나방류는 3천 종쯤인데, 활발한 연구 덕분에 해마다 새로운 종이 발견되고 있습니다. 나방류는 몸매가 뚱뚱한 편입니다. 게다가 날개까지 작아 날 때는 둔하고 푸드덕거립니다. 특히 몸통과 이어지는 날개 부분에는 앞날개와 뒷날개를 연결하는 날개걸이가 있습니다. 대부분 밤에 활동하므로 보호색을 띠느라 몸빛은 칙칙하고 거무스름합니다. 더듬이는 나비류와 달라서 암컷은 단순한 실 모양인데, 수컷은 잘 발달된 빗살 모양입니다.

나방류 애벌레는 생긴 게 대부분 길쭉한 원통 모양입니다. 종마다 부드러운 털을 가진 녀석부터 돌기를 가진 녀석까지 다양합니다. 특히나 애벌레는 그 유명한 명주실을 뽑아내는 실샘을 가지고 있습니다. 명주실을 뽑아 자기 몸을 잎이나 줄기에서 떨어지지 않게 동여매기도 하고, 잎사귀를 명주실로 엮어 집을 만들기도 하고, 위험할 때 실에 매달린 채 아래로 뚝 떨어지기도 하고, 번데기 방을 만들기도 합니다. 녀석들 역시 자기가 좋아하는 식물을 정해 놓고 먹고 삽니다. 아쉽게도 많은 애벌레의 먹이식물, 한살이 정보, 애벌레와 어른벌레의 선 긋기 등이 연구되지 않아 많은 나방류 애벌레들이 비밀에 싸여 있습니다. 앞으로 더 많은 관찰과 연구가 이뤄지면 많은 녀석들의 사생활이 밝혀질 것입니다.

대담한 애벌레들은 은신처를 만들지 않고 잎사귀 위에서 버젓이 앉아 식사를 합니다. 물론 명주실을 주둥이(아랫입술샘)에서 토해내 잎사귀에 떨어지

재주나방류 애벌레

지 않게 몸을 잎에 살짝 고정합니다. 집을 짓지 않고 사는 나방류 애벌레는 꽤 많습니다. 자나방과, 밤나방과 일부(꽃꼬마밤나방아과, 뒷날개밤나방아과, 수염나방아과, 은무늬밤나방아과, 짤름나방아과), 알락나방과 일부, 뾰족날개나방과 일부, 왕물결나방과, 산누에나방과 일부, 재주나방과 일부, 갈고리나방과, 누에나방과, 박각시과 식구가 그들입니다.

멧누에나방

사람들에게 멋진 실크를 선물하는 누에나방을 모르는 사람은 없겠지요? 그 누에나방의 원조는 멧누에나방입니다. 말 그대로 산에서 산다 해서 멧누에나방이라 부릅니다. 멧누에나방 애벌레는 꼭 뽕나무 잎사귀만 먹고 삽니다. 사람들은 질 좋은 명주실을 얻기 위해 야생에 사는 멧누에나방을 여러 번 품종개량해서 누에나방을 만들었지요. 뽕나무 잎사귀가 무성해질 무렵, 멧누에나방 애벌레가 뽕잎에 세 들어 평생을 삽니다. 멧누에나방 애벌레의 주식은 뽕잎이니 번데기가 될 때까지 뽕나무에 눌러앉아 오로지 잎만 먹습니다. 애벌레 입틀은 씹어 먹는 모양이라 큰턱이 굉장히 튼튼합니다. 큰턱을 양옆으로 펼쳤다 오므렸다 하면서 잎사귀를 아삭아삭 잘도 씹어 먹습니다. 먹성이 좋아 아기 손바닥만 한 잎사귀 한 개를 먹어치우는 데는 30분도 안 걸립니다.

그런데 아기 멧누에나방 생김새가 마치 새똥같이 생겼습니다. 그도 그럴

멧누에나방 애벌레와 고치. 다 자란 애벌레(왼쪽), 주머니 모양의 고치를 튼 번데기(오른쪽)

것이 녀석은 몸을 드러낸 채 뽕잎에서 사니 새 같은 천적의 공격을 받기 쉽습니다. 그래서 자기 몸을 새똥으로 변장해서 '나 새똥이야, 맛없으니 먹지 마' 하고 광고하며 천적을 피합니다. 녀석들에겐 무기도 없고, 그렇다고 독물질을 품은 화학 방어물질도 없고, 그렇다고 잎을 접어 은신처를 만들지도 않습니다. 힘 약한 녀석들이 할 수 있는 거라곤 새똥처럼 보여서 천적을 따돌리는 것입니다. 녀석을 살짝 건드려 볼까요? 놀란 애벌레는 상체(머리와 가슴부분)를 부풀리며 위쪽으로 치켜들고, 가슴 속에 움츠린 머리를 쭉 빼내 '나 무섭지?' 하며 위협합니다. 피부엔 뱀눈같이 생긴 부리부리하게 큰 눈 무늬까지 찍혀 있어 공격하려는 천적을 움찔하게 만듭니다. 이렇게 자기를 지키려고 여러 전략을 쓰면 아무래도 천적에게 잡아먹힐 확률이 줄어듭니다.

아기 멧누에나방은 뽕잎을 부지런히 먹어 몸이 자라면 허물을 벗고, 또 먹고 몸이 자라면 또 허물을 벗고…… 그렇게 네 번 허물을 벗고 5령이 된 녀석은 번데기를 만듭니다. 번데기도 뽕나무 주변에다 만듭니다. 그런데 번데기 만드는 솜씨가 영 투박합니다. 우선 뽕잎을 다리와 큰턱으로 끌어 모아 주둥이(아랫입술샘)에서 뽑아낸 명주실을 얼기설기 만듭니다. 그렇게 기초 공사가 끝나면 본격적으로 뽕잎 안쪽에다 고치를 틀기 시작합니다. 명주실을 토해 정성껏 만든 고치는 마치 타원형의 알처럼 생겼습니다. 다 완성한 고치는 연노란 빛을 띠어 곱긴 하지만 누에나방 고치만큼 정교하진 않습니다. 녀석은 고치 속에서 번데기가 된 뒤 어른 멧누에나방으로 변신하기만 기다립니다. 찬바람이 솔솔 불고 찬 이슬이 내리는 가을날, 번데기는 어른벌레로 날개돋이를 하고 고치 밖으로 탈출합니다.

뒷노랑흰물결자나방

숲 속 오솔길에 봄 햇살이 화사하게 내려앉습니다. 혼자 설 수 없는 다래나무가 새 줄기를 내어 다른 나무를 칭칭 감고 올라가고 있습니다. 그새 다래나무 줄기엔 초록색 잎이 소담스럽게 돋아나 있습니다. 아기 손바닥만 한 다래 잎사귀를 살짝 들춰 보니 초록색 애벌레 한 마리가 가만히 앉아 있군요. 초록색 몸빛을 띠고서 초록색 잎 뒷면에 딱 달라붙어 있으니 눈을 씻고 봐야 제대로 보입니다. 녀석의 몸은 부드러운 털로 덮여 있지만 맨눈으로는 안 보여 매끈합니다. 몸매는 군살 하나 붙지 않고 쭉 뻗은 데다 키가 늘씬하니 어디 하나 흠잡을 데가 없습니다. 자세히 들여다보니 뒷노랑흰물결자나방 애벌레군요. 녀석은 해마다 5월쯤 다래 잎사귀에 눌러앉아 잎사귀를 먹고, 쉬기도 하고 잠을 자며 삽니다.

녀석은 큰턱으로 잎사귀 가장자리부터 한 입씩 한 입씩 베어 아삭아삭 씹

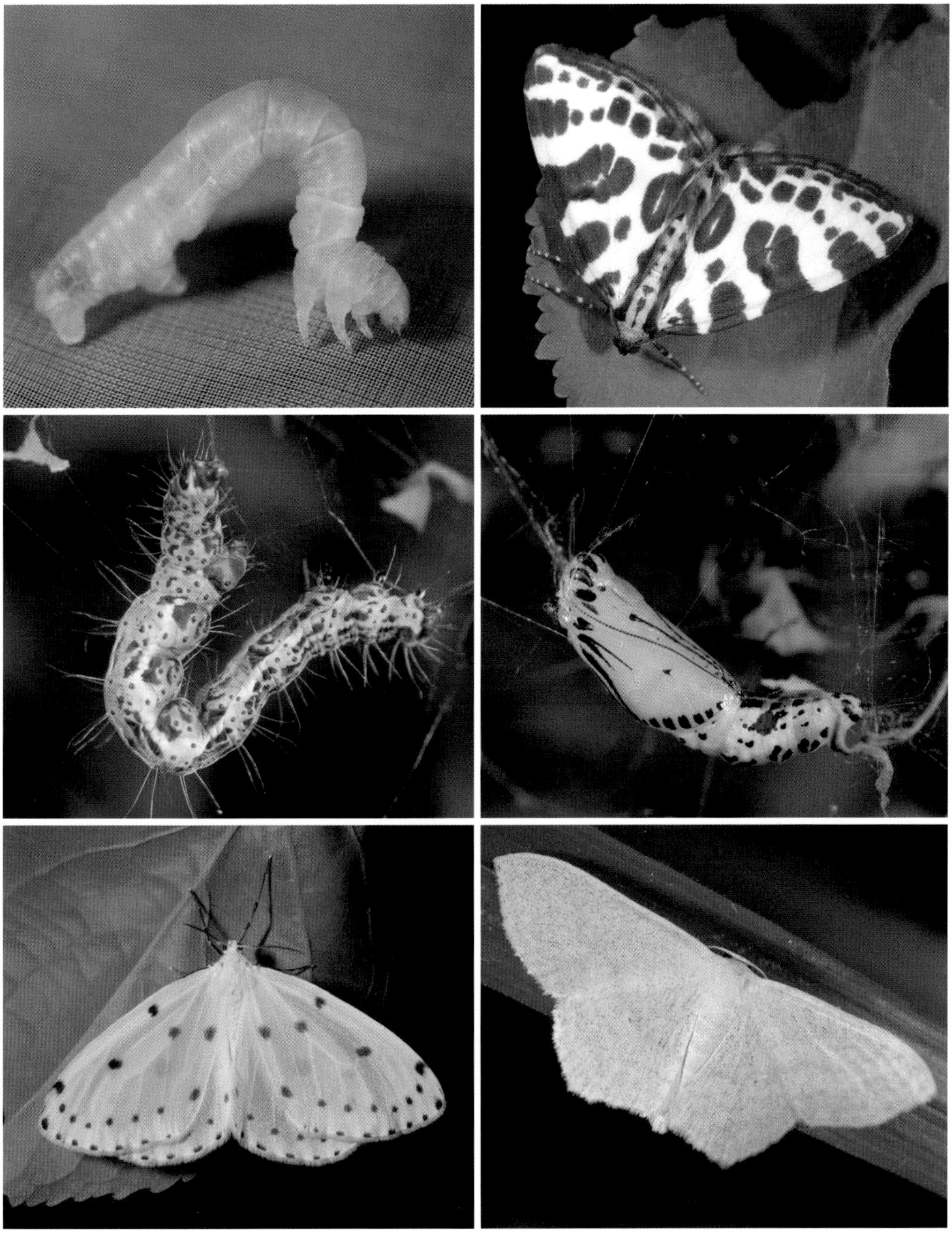

1	2
3	4
5	6

1 자로 잰 듯이 기어 다니는 뒷노랑흰물결자나방 애벌레 2 다래나무 잎을 먹고 있는 뒷노랑흰물결자나방 3 쥐똥나무 잎을 먹고 다 자란 별박이자나방 애벌레 4 별박이자나방 번데기 5 갓 날개돋이한 별박이자나방 6 날개를 활짝 펼치고 앉은 자나방류

어 먹습니다. 큰턱을 옆으로 펼쳤다 오므렸다 하면서 쉼 없이 먹고 또 먹습니다. 녀석은 잎에서 떨어지지 않으려 꼬리다리와 배다리로 잎사귀를 꼭 잡고서 머리와 가슴을 위아래로 움직이며 식사를 합니다. 녀석은 작정이라도 한 듯이 잎사귀 하나를 몽땅 먹어치웁니다. 큰턱이 얼마나 튼튼한지 잎살뿐만 아니라 질긴 잎맥까지도 쑥덕쑥덕 베어 먹습니다. 잎 하나를 다 먹었으니 옆 잎사귀로 옮겨 갑니다. 녀석이 성큼성큼 기어가는데 어째 기어가는 폼이 범상치 않습니다. 몸이 곧게 펴졌다 둥글게 구부러졌다를 반복하면서 기어가는데 어쩌면 기어가는 간격이 저리도 똑같을까요? 마치 자를 대고 잰 듯이 한뼘 한뼘 따박따박 기어갑니다. 그래서 뒷노랑흰물결자나방이 속한 자나방 집안(자나방과) 식구 애벌레를 '자벌레'라고 부릅니다. 가지나방류도 자나방과로서 애벌레도 생김새가 비슷해서 자벌레라고 부릅니다. 이들의 애벌레와 어른벌레 모두 보호색을 띠고 있는데, 특히 애벌레는 나뭇가지에 비스듬히 붙어 있으면 나뭇가지하고 똑같습니다. 겨울자나방 같은 종류는 초겨울이나 이른 봄처럼 추운 계절에 날개돋이를 하는데, 암컷은 대개 날개가 퇴화해서 없거나 아주 짧습니다. 종수가 매우 많아 나방 가운데 두 번째로 큰 과입니다.

왜 자벌레인 아기 뒷노랑흰물결자나방은 자로 잰 듯이 기어 다니는 걸까요? 그 비밀은 다리에 숨어 있습니다. 다리를 세어 보니 배 부분에 이가 빠진 것처럼 다리 몇 개가 없어졌군요. 보통 나비목 집안 식구 애벌레는 대부분 가슴에 진짜 다리 세 쌍, 배에 가짜 다리 네 쌍과 꼬리마디에 다리 한 쌍을 가집니다. 진짜 다리와 가짜 다리를 합하면 다리가 모두 여덟 쌍인 것이지요. 그런데 아기 뒷노랑흰물결자나방은 배에 가짜 다리를 한 쌍만 가지고 있습니다. 앞쪽에 있는 배다리 세 쌍이 사라진 것이지요. 다리 여덟 쌍으로 기어야 하는데, 몸 한가운데에 있는 세 쌍이 퇴화했으니 자로 재듯 둥글게 몸을 움츠렸다 폈다 하며 기어 다닐 수밖에 없습니다.

멀쩡한 배다리 세 쌍이 사라진 이유는 아마도 천적을 만나면 재빨리 도망치는데 훨씬 유리하기 때문인 것 같습니다. 실제로 배다리가 퇴화한 자벌레와 다리가 정상적으로 여덟 쌍인 밤나방류 애벌레가 기어 다니는 걸 보면 자벌레가 더 빠릅니다. 배다리가 퇴화했으니 배다리로 기어 다닐 거리를 한 번에 훌쩍 건너뛸 수 있으니까요.

기어가는 녀석을 살짝 건드려 보지요. 깜짝 놀라 몸을 일자로 쭉 뻗은 녀석이 배 꽁무니(꼬리다리와 배다리)만 줄기에 붙이고선 머리와 가슴을 번쩍 들어 올리고 죽은 듯 가만히 있습니다. 물론 이때 떨어지지 않으려고 입에서 명주실을 토해 머리와 줄기를 잇습니다. 한번 만져 볼까요? 몸이 굳은 것처럼 단단해졌어요. 내친김에 한 번 더 툭 쳐 볼게요. 녀석이 겁을 잔뜩 먹고 줄기 아래로 뚝 떨어집니다. 이때 입에서 순식간에 명주실을 토해 줄기에 붙입니다. 그 덕분에 녀석은 땅바닥에 떨어지지 않고 공중에 대롱대롱 매달립니다. 명주실에 매달린 녀석은 바람이 부는 대로 빙글빙글 돕니다. 녀석을 만져 보니 긴장을 했는지 힘이 잔뜩 들어가 몸이 단단합니다. 한참 지나고 나니 녀석이 안심이 되었는지 명주실을 타고 잎 위로 올라옵니다.

그렇게 뒷노랑흰물결자나방 애벌레는 다래 잎을 먹으며 쑥쑥 자라 번데기가 될 때쯤 식사를 딱 멈춥니다. 멀리 갈 것도 없이 먹고 살던 다래 잎 주변에 번데기를 만듭니다. 적당한 잎에 자리를 잡고 주둥이에서 명주실을 토해 번데기 방을 만듭니다. 양옆으로 머리를 수백 번도 넘게 왔다 갔다 하면서 엉성한 고치를 만듭니다. 고치는 정교하지 않고 마치 노란 그물망을 친 것처럼 구멍이 숭숭 뚫려 있습니다. 그물 고치를 다 만든 다음, 그 안에서 이틀쯤 꼼짝도 않고 쉬고 있다가 애벌레 허물을 벗고 옅은 초록빛의 번데기가 됩니다. 그러고서 열흘이 지나면 어른벌레로 변신해서 초여름 숲 주변을 날아다닙니다.

뒤흰띠알락나방

잎사귀 위에 몸을 드러내고 사는 나방류 애벌레 가운데 알락나방류를 빼놓을 수 없습니다. 노린재나무에 하얀 꽃들이 뭉게구름처럼 몽실몽실 피어날 때쯤이면 노린재나무에 알록달록 화려한 옷을 입은 애벌레가 많이 보입니다. 훤한 대낮에 잎사귀 위에서 온몸을 과감히 드러내놓고 잎을 먹는 녀석은 뒤흰띠알락나방 애벌레입니다. 몸 생김새는 긴 네모 막대기처럼 생겼고, 몸에는 부드럽고 짧은 솜털이 덮여 있습니다. 몸빛은 얼마나 화려한지 금방 눈을 사로잡습니다. 등에는 노란 바탕에 까만 줄무늬가 가로 세로로 그어져 있고, 옆구리 쪽에는 주황색과 까만색 무늬가 섞인 동그란 무늬가 콕콕 박혀 있습니다. 아무리 보아도 화려한 색깔은 다 모였습니다.

화려한 색깔을 입은 녀석에게는 독이 들어 있습니다. 잘 아시다시피 새 같은 천적은 몸빛이 화려한 곤충에게는 독이 있다는 것을 압니다. 바로 경고색이지요. 천적이 잡아먹으려고 달려들다가도 경고색을 보고 '먹으면 안 돼! 독이 들어 있어!' 하며 뒤로 물러섭니다.

아기 뒤흰띠알락나방을 살짝 건드려 보면 등 쪽에서 물방울이 쑤욱 올라옵니다. 투명한 게 점점 부풀어 오르다 찬란하게 맺히는데, 이상하게도 물방

1 2 1 노린재나무 잎을 먹는 뒤흰띠알락나방 애벌레 2 잎에서 쉬는 뒤흰띠알락나방

울은 흘러내리지 않네요? 실은 이것은 액체가 아니라 피부 속에 들어 있는 얇은 피부막입니다. 가슴에 두 쌍, 배마디에 일곱 쌍 모두 아홉 쌍이 있습니다. 보통 때는 등의 피부 속에 있다가 위험해지면 풍선 같은 주머니를 피부 밖으로 밀어냅니다. 물방울 모양의 주머니는 하도 빵빵해서 바늘로 찌르면 금방이라도 터질 것 같은데, 만지면 끈적거립니다. 끈적이는 물질은 알칼로이드 계열의 독물질인데, 천적에게 겁을 주는 데 중요하게 쓰입니다. 늘 몸을 드러내고 사니, 천적에게 잡아먹히지 않고 살아남기 위해서 오랜 진화 과정을 거치면서 몸속에 독물질을 품게 되었을 것입니다.

화사한 아기 뒤흰띠알락나방이 사는 목적은 오로지 먹는 일입니다. 틈만 나면 먹고, 또 먹고…… 가만 보니 식사 습관 하나는 깔끔해서 찔끔찔끔 먹지 않고 가위로 오린 듯이 먹는군요. 대부분 알락나방류 애벌레는 먹이식물의 잎사귀를 네모반듯하게 잘라 먹습니다. 먹성은 얼마나 좋은지 잎맥이고 잎살이고 할 것 없이 모두 아삭아삭 베어 씹어 먹습니다.

패랭이꽃의 꽃꿀을 빨아 마시고 있는 여덟무늬알락나방

뒷노랑흰물결자나방

그렇게 녀석은 애벌레 시절 동안 모두 네 번 허물을 벗습니다. 다 자란 애벌레는 잎을 겹쳐서 번데기 방을 만들고 그 안에서 번데기가 됩니다.

뒤흰띠알락나방이 속해 있는 알락나방과 집안 식구는 세계적으로 약 300종이 살고 있는데, 우리나라에도 20종 정도가 삽니다. 특히 열대지방에 사는 어른 알락나방류는 색깔이 참 곱고 화려합니다. 어른 알락나방류는 주로 낮에 잘 날아다니고, 빨대 주둥이가 있어 꽃꿀을 즐겨 마십니다.

우리나라에 사는 알락나방류 애벌레도 저마다 자기가 즐겨 먹는 식물의 잎사귀를 먹습니다. 담쟁이나 선밀나물 등 여러 식물의 잎을 먹는 검은선두리알락나방, 갈대나 억새 같은 벼과 식물 잎을 먹는 여덟무늬알락나방, 벚나무나 살구나무 잎을 먹는 벚나무모시나방, 포도유리날개알락나방, 사철나무 같은 노박덩굴과 식물 잎을 먹는 노랑털알락나방, 대나무 잎을 먹는 대나무쐐기알락나방, 사스레피나무 잎을 즐겨 먹는 흰띠알락나방 등이 있습니다.

쐐기나방과

쐐기나방류 애벌레도 집을 짓지 않고 버젓이 몸을 드러내고 삽니다. 그러다 보니 녀석들은 천적을 막을 비장의 무기를 몸에 달고 삽니다. 바로 털돌기입니다. 온몸에 털돌기가 군데군데 뭉쳐 나 있는데, 털돌기에는 독물질이 들어 있습니다. 그래서 애벌레가 피부에 살짝 스치기만 해도 굉장히 따갑고 아프고 가렵습니다. 쐐기나방과 식구는 주로 열대지방에 많이 사는데, 우리나라에도 19종 정도가 삽니다.

쐐기나방 가운데 가장 유명한 녀석은 노랑쐐기나방입니다. 어른벌레의 날개는 노란색과 갈색이 섞여 있습니다. 알은 약 1밀리미터로 타원형입니다.

알에서 깨어난 애벌레는 벚나무, 앵두나무, 버드나무 등 여러 식물을 먹고 삽니다. 다 자란 애벌레 몸길이는 25밀리미터쯤이며 통통합니다. 몸빛은 전체적으로 초록색인데 등에 커다란 갈색 무늬가 그려져 있습니다. 그리고 몸에는 털돌기들이 울타리처럼 빙 둘러 있습니다. 털돌기에는 독물질이 들어 있어 피부에 닿으면 아프고 따갑고 부어오릅니다. 그러니 쐐기나방류는 애벌레든 어른벌레든 가까이 가서 만지면 큰 코 다칩니다.

다 자란 애벌레는 나뭇가지에 번데기 방을 만듭니다. 번데기 방은 굉장히 단단합니다. 하얀 바탕에 거무스름한 줄무늬가 그려져 있어 마치 새가 낳은 알 같습니다. 애벌레는 번데기 방을 다 만들면 번데기 방 속에서 겨우내 겨울잠을 자다가 이듬해 5월이 되면 번데기로 변신합니다. 드디어 6월이나 되어야 번데기에서 어른벌레로 날개돋이하는데, 주로 어른벌레는 밤에만 활동합니다. 쐐기나방류 애벌레들은 잎이 넓은 활엽수를 먹는데, 특히 사람들이 재배하는 과일나무 잎을 즐겨 먹어 원성이 자자합니다.

특이하게 쐐기나방류 애벌레의 먹이식물은 딱 정해져 있지 않은 것 같습니다. 대부분 여러 식물을 즐겨 먹는 것을 보면 다양한 식물의 독성에 내성이 생긴 것으로 생각합니다.

버드나무나 참나무류 등 여러 식물의 잎을 먹는 검은푸른쐐기나방, 수양벚나무나 참나무류 등 여러 식물의 잎을 먹는 꼬마쐐기나방,

털에 독을 품고 있는 극동쐐기나방

1 2
3

1 노랑쐐기나방 고치 2 털에 독을 지닌 노랑쐐기나방 애벌레 3 털에 독이 있는 장수쐐기나방 애벌레

꽃창포 잎을 먹는 남방쐐기나방, 버드나무나 큰엉겅퀴 등 여러 식물의 잎을 먹는 뒷검은푸른쐐기나방, 산사나무나 고로쇠나무 잎을 먹는 배나무쐐기나방 등이 있습니다.

황다리독나방

나비목 식구(나방류 애벌레의) 재산 1호는 명주실입니다. 애벌레는 주둥이에서 만들어진 명주실을 뽑아서 자신을 보호할 '명주실 텐트'도 치고, 잎을 오린 뒤 명주실로 붙여 집을 만들어 그 안에 들어가 살고, 위험할 때 명주실을 나뭇가지에 걸어 놓은 채 공중으로 뚝 떨어져 천적을 피하고, 번데기 방을 만들기도 하니 말입니다. 은신처를 만드는 애벌레들은 잎말이나방과, 뭉뚝날개나방과, 원뿔나방과 일부, 뿔나방과, 포충나방과, 갈고리나방과 일부, 뾰족날개나방과 일부, 밤나방과 일부, 주머니나방과, 통나방과, 집나방과, 애기비단나방과, 명나방과(집명나방아과), 박쥐나방과, 유리나방과, 자나방과 일부, 창나방과 식구입니다.

은신처를 만드는 방법은 여러 가지입니다. 황다리독나방 애벌레는 잎을 접어 집을 만들고 그 안에 들어가 몸을 숨기고 삽니다. 황다리독나방은 층층나무 잎사귀만 먹고 사는데, 층층나무 새잎이 돋아날 무렵이면 알에서 애벌레가 깨어나 본격적으로 잎으로 집을 짓습니다. 잎을 얼마나 정교하게 접었는지 마치 반달 같습니다. 황다리독나방 애벌레 몸에는 노란 띠 무늬가 있고 털이 나 있습니다. 녀석은 주둥이에서 명주실을 토해 잎사귀 양옆 가장자리를 붙이는데, 잎을 반으로 접어 반달 모양을 만들려고 수백 번도 넘게 머리를 옆으로 왔다 갔다 합니다. 반달 모양 집이 완성되면 애벌레는 그 집 안에 들어가 귀퉁이에 있는 잎살을 베어 씹어 먹습니다. 이렇게 반달 집 안에 숨어서 살다가 5령이 되면 반달 집에서 빠져나와 용감하게 잎 위에서 식사를 합니다. 알에서 깨어난 애벌레가 5령까지 자라는 데 20일쯤 걸립니다. 다 자란 애벌레는 층층나무 잎이나 그 주변에 번데기를 만듭니다. 번데기가 되기

층층나무 잎을 좋아하는 황다리독나방. 애벌레(왼쪽), 실을 토해내어 잎을 반달처럼 접고 그 안에서 생활하는 애벌레(오른쪽)

전에, 주둥이에서 실을 토해 몸과 잎을 얼기설기 엮어 떨어지지 않도록 동여 맵니다. 그런 뒤 애벌레 옷을 벗고 번데기가 됩니다. 번데기에서 어른벌레가 탄생하기까지 열흘쯤 걸립니다. 날개돋이에 성공한 어른 황다리독나방은 짝짓기를 하고 층층나무 나뭇가지 사이나 나무껍질에 55개쯤 되는 알을 덩어리로 낳습니다. 알은 덩어리 속에서 추운 겨울을 나고, 이듬해 봄이 되어야 껍질을 깨고 애벌레로 태어납니다.

어떤 나방류 애벌레는 잎을 반으로 접는 게 아니라 잎을 김밥 말듯이 돌돌 말거나 잎사귀 여러 장을 겹쳐서 집을 만들고 그 안에서 삽니다. 잎을 만다고 해서 이름 붙은 잎말이나방류가 대표적인 예입니다. 참나무류나 개암나무 잎을 여러 장 붙인 뒤 그 안에서 숨어 사는 번개무늬잎말이나방이 봄에 자주 보이고, 개암나무나 벚나무 잎을 여러 장 붙여 집을 만드는 귀룽큰애기잎말이나방도 흔한 편입니다.

목화명나방

명나방 식구 가운데 목화명나방은 먹이식물인 목화 잎을 말아서 그 안에 들어가 애벌레로 평생을 삽니다. 집 안에서 밥도 먹고, 잠도 자고, 허물도 벗고…… 모든 일을 집에서 다 합니다. 좀처럼 집 밖으로 나오지 않아서 똥도 집 안에 쌉니다. 잎사귀 집을 다 먹고 나면 옆의 잎으로 옮겨 가서 다시 집을 만들고 그 안에서 삽니다. 재밌게도 목화명나방 애벌레는 잎을 반으로 접어

1 소담스러운 목화 꽃 2 목화명나방 애벌레 3 목화 잎을 둘둘 말아 집을 만든 뒤 그 속에서 식사하는 목화명나방 애벌레 4 목화명나방 애벌레가 목화 잎을 접어 지은 집

집을 만들 때도 있고, 멍석처럼 돌돌 말아 만들 때도 있습니다. 어릴 때는 잎을 반으로 접어 집을 만들어 그 안에서 살다가 어느 정도 자라 몸집이 커지면 잎을 말고 그 안에서 삽니다. 잎으로 만든 집에 살면 무엇보다도 천적을 따돌릴 수 있어 참 좋습니다. 대놓고 잎 위에서 살다간 천적한테 잡아먹히기 딱 좋은데 잎 안에 있으면 잘 들키지 않기 때문이지요. 목화밭 주변에는 거미, 침노린재, 쌍살벌, 새 등 녀석을 노리는 천적이 많습니다.

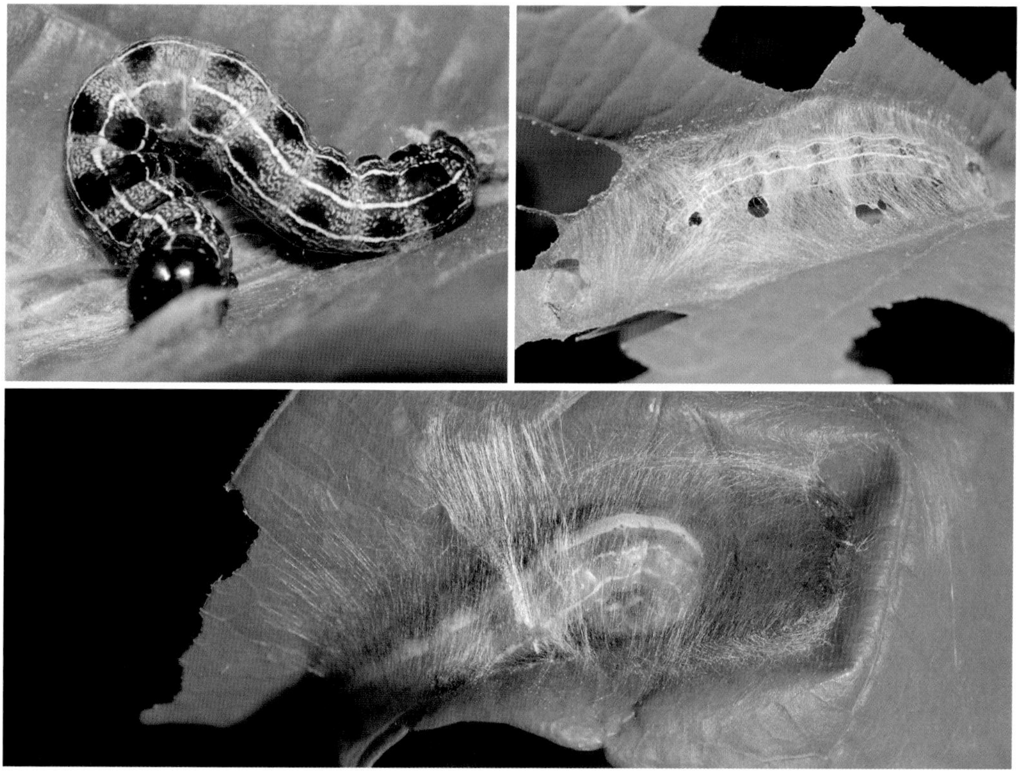

1 2
3

1 한일밤나방 애벌레의 모습 2 한일밤나방 애벌레가 만든 집 3 명주실로 정교하게 텐트를 치고 그 속에서 지내는 밤나방류 애벌레

뽕나무에 텐트를 치고 함께 모여 사는 미국흰불나방 애벌레

가끔 명주실이 나방류 애벌레의 안식처가 되기도 합니다. 천막벌레나방 애벌레, 별박이자나방 애벌레, 미국흰불나방 애벌레는 수십 마리가 모여서 함께 삽니다. 이들 애벌레는 먹이식물인 잎사귀에 모이면 각각 입에서 명주실을 술술 뽑아내 잎사귀와 잎사귀, 잎사귀와 줄기, 줄기와 줄기 사이를 엮습니다. 정신없이 불규칙하게 엮어 놓은 게 마치 '실크 텐트'를 쳐 놓은 것 같습니다. 그 텐트 안에서 녀석들은 마음 놓고 잎사귀를 실컷 뜯어 먹습니다. 똥도 텐트 안에서 싸대니 명주실 텐트에 달라 붙습니다. 수십 마리가 모여 사니 잎사귀도 금방 바닥이 납니다. 그러면 녀석들은 바로 옆에 있는 잎사귀로 이사를 가서 또 명주실로 텐트를 치고선 잎사귀 만찬을 즐깁니다. 이때 집단 페로몬을 내뿜어 동료들이 흩어지지 않고 뭉칩니다.

따지고 보면 실크 텐트는 녀석들의 목숨을 지켜주는 데 큰 몫을 합니다. 천적이 촘촘하게 쳐 놓은 텐트를 뚫고 녀석들을 잡아먹기는 그리 만만한 일이 아니기 때문입니다.

한일무늬밤나방 애벌레나 줄무늬불나방 애벌레는 잎사귀 한가운데에 자리 잡고 입에서 명주실을 토해내 머리를 옆으로 수백 번도 넘게 왔다 갔다 하면서 자기 몸에 명주실을 덮습니다. 마치 명주실로 만든 이불을 덮는 것 같습니다. 한일무늬밤나방 애벌레는 이불 속에서 'J' 모양으로 몸을 구부리고서 쉽니다. 종령이 되면 잎을 반으로 접거나 다른 잎을 덧대어 놓고 그 안에서 생활합니다. 위험해지면 가운데 가슴다리와 뒷다리로 잎을 긁어 소리를 냅니다.

주머니나방류 애벌레

집을 잘 짓는 뛰어난 나방 건축가는 뭐니 뭐니 해도 주머니나방류 애벌레입니다. 주머니나방류 애벌레가 지은 집은 옛사람들 비옷인 도롱이를 닮았다 해서 녀석들을 도롱이벌레라고도 합니다. 녀석은 풀, 나뭇잎, 나무껍질 같은 부스러기로 집을 만들고, 평생 그 주머니 집에서 삽니다. 녀석들은 알에서 깨어나자마자 자루 같은 집을 짓는데, 재료라곤 풀잎이나 나뭇잎 부스러기와 명주실뿐입니다.

우선 실샘에서 명주실을 뽑아내 몸 크기에 맞는 '실크 주머니'를 만듭니다. 그런 뒤 그 위에 주변에 있는 풀잎이나 나뭇잎을 큰턱으로 오려다 붙이면 주머니 집 완성! 재밌게도 애벌레는 허물을 벗을 때마다 몸집이 커지는데, 그에 맞게 집을 넓힙니다. 주머니 방 위쪽을 넓히고, 또 다시 그 위에 식물 부스러기를 끌어다 붙입니다. 나뭇가지나 잎에 대롱대롱 매달린 주머니나방 집은 마치 나뭇가지로 보여 천적 눈에 잘 띄지 않습니다. 더구나 집이 하도 정교해서 그 안에 있으면 비바람도 피할 수 있습니다.

도롱이라고 부르는 주머니나방류의 집

주머니 집에서 상체만 꺼내고 잎사귀를 한 입 한 입 베어 먹는 주머니나방류 애벌레

집 안에서 꼼짝 않고 있다가 배가 고프면 상반신만 집 입구로 쭉 빼내 식사를 하고 위험하다 싶으면 부리나케 집 안으로 쏙 들어갑니다. 식성은 까다롭지 않아 아무 나뭇잎이나 가리지 않고 먹습니다. 주변에 먹이가 부족하면 주머니 집을 가지고 이사를 하는데, 이때도 집 입구 밖으로 상반신만 내밀고 다리 여섯 개를 움직여서 옮겨 다닙니다. 주머니나방류는 곡식나방 가족으로 검정주머니나방, 유리주머니나방, 차주머니나방, 남방차주머니나방, 왕주머니나방이 대표적입니다.

박쥐나방류 애벌레와 말벌을 닮은 유리나방류 애벌레는 식물 줄기 속에서 나무속을 먹고 자랍니다. 또한 무늬박이푸른자나방이나 붉은무늬푸른자나방 같은 자나방류 애벌레는 산초나무나 싸리 같은 꽃봉오리를 뒤집어쓰고 천적 눈을 피해 잎이나 꽃봉오리나 열매를 먹고 삽니다.

참싸리 잎을 엮어 집을 짓고 사는 무늬박이푸른자나방 애벌레

2부

–

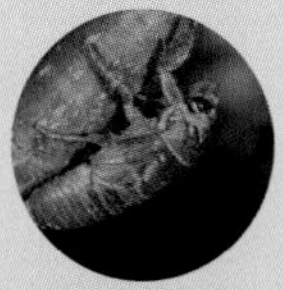

여름

초여름으로 가는 길목, 6월입니다. 봄 내내 나비목 애벌레, 잎벌 애벌레와 어른벌레, 꿀벌 가족, 딱정벌레목 애벌레와 어른벌레 등 수많은 곤충으로 북적이던 숲 속이 어느새 여름을 맞아 차분합니다. 그 많은 애벌레는 번데기를 만들러 땅속으로, 나뭇잎 사이나 줄기로 들어가고, 꽃하늘소류나 목대장 같은 꽃가루를 먹는 딱정벌레는 알을 낳고 하나둘 자취를 감춥니다. 봄 동안 부지런히 어미 새가 잡아다 준 곤충을 먹으며 자란 아기 새들도 하나둘 둥지를 떠나 혼자 힘으로 살아갈 준비를 합니다.

이렇게 봄 곤충이 들어가자 여름 곤충이 본격적으로 모습을 보이기 시작합니다. 봄 곤충, 여름 곤충을 명확하게 구분할 수는 없지만, 그래도 봄에 많이 보이는 곤충이 있고 여름에 많이 보이는 곤충이 있습니다. 초여름이 되면 봄 동안 열심히 잎사귀를 먹고 자란 나비목 애벌레가 다 자라 번데기를 거쳐 어른 나비로 변신해 날아다닙니다. 밑들이류, 쌍살벌류, 침노린재류, 파리매

꽃매미 어린벌레 집단

꽃매미 어른벌레

꽃매미 애벌레 집단

날개 빛이 선녀처럼 고와 선녀벌레

물푸레나무 잎의 즙을 먹는 나무이 종류

밀납을 쓴 어른 거북밑깍지벌레

흰 가루를 뒤집어 쓴 짚신깍지벌레

외뿔매미(위쪽), 말매미충류의 짝짓기하는 장면으로 날개 없이 연한 색이 암컷(아래쪽)

류 등 육식성 곤충이 활발하게 돌아다니고, 봄에 알에서 깨어난 노린재 애벌레와 메뚜기류 애벌레도 눈에 제법 띕니다.

뭐니 뭐니 해도 초여름에는 매미 가족을 많이 만날 수 있습니다. 소나무에서 가래침 같은 거품을 내는 솔거품벌레, 버드나무 가지나 여러 식물 줄기에서 뽀글뽀글 거품을 내는 거품벌레류, 잎사귀나 나무줄기에서 톡톡 튀어 다니는 멸구류와 매미충류, 중국에서 건너와 토종 식물을 해치우는 꽃매미, 뿔 달린 뿔매미류, 만지면 물컹거리는 진딧물류, 날개가 선녀 옷을 닮은 선녀벌레, 머리에 상투를 튼 것 같은 상투벌레류, 소리 높여 노래 부르는 매미류, 솜털 같은 분비물을 뒤집어쓴 나무이 종류, 끈적이는 밀납 물질을 뒤집어쓰고 식물에 딱 붙어사는 깍지벌레류, 식물이 혹을 만들게 자극하는 면충류가 모두 매미 집안의 식구입니다.

4. 식물 즙에 모이는 곤충

매미 집안 식구는 모두 식물 즙을 먹고 살아요. 그래서 매미아목 입틀은 '빨대'와 같은 원리로 바뀌었습니다. 빨아 먹는 주둥이는 종류마다 달라 매미류처럼 기다란 주둥이를 가진 녀석도 있지만 진딧물류처럼 짧은 주둥이를 가진 녀석도 있습니다. 기본적인 입틀(아랫입술, 윗입술, 큰턱, 작은턱, 인두)에서 큰턱(한 쌍)과 작은턱(한 쌍)이 식물 표면을 푹 찌를 수 있게 가느다랗고 뾰족하게 바뀌었습니다. 아랫입술은 뾰족하게 튀어 나오지 않은 부분을 감쌉니다. 길게 늘어난 한 쌍의 작은턱이 서로 맞물리면서 관이 두 개 만들어졌는데, 하나는 소화액인 침을 내보내는 데 쓰이고, 다른 하나는 식물 즙을 쭉쭉 들이마시는 데 쓰입니다. 싱싱한 식물 즙만 먹다 보니 매미 집안 식구는 물똥을 많이 싸는데, 물똥은 재활용합니다. 진딧물 물똥은 개미류의 밥이 되고, 거품벌레 물똥은 집을 짓는 데 사용되니 말입니다.

매미 가족은 아주 오래전에 지구에서 살았습니다. 고생대 석탄기 때에 처음 나타난 것으로 추정하는데, 공룡이 뛰놀던 중생대(쥐라기) 이후에 꽃 피는 식물과 함께 번성했습니다. 쥐라기 때 살던 꽃매미류, 매미충류, 나무이류 등은 지금도 잘 살고 있습니다. 아무래도 주식이 식물 즙이다 보니 매미 가문은 식물의 다양성과 맞물려 번성하는 것으로 생각합니다.

매미 집안 식구는 앉으면 앞날개가 지붕처럼 몸을 덮습니다. 재밌게도 앞날개가 가죽질이든 막질이든 반드시 한 종류의 날개만 달고 있습니다. 예를 들면 유지매미처럼 약간 두꺼운 가죽질의 날개를 가진 녀석도 있고, 날개 달

1 2 3
4 5

다채로운 매미아목의 집안 식구들 1 날개가 아름다운 일본날개매미충 2 어른벌레로 겨울을 나고 이른 봄부터 활동하는 끝검은말매미충(살아 있는 상태) 3 죽으면 색깔이 주황색으로 변하는 끝검은말매미충(죽은 상태) 4, 5 뽕나무에 달라붙어 즙을 빨아 먹고 있는 뽕나무이, 하얀 실처럼 생긴 밀납물질을 주렁주렁 매달고 있음

린 진딧물처럼 막질 날개를 가진 녀석도 있습니다. 하지만 매미 가족과 노린재 가족 모두는 빨아 먹는 주둥이를 함께 가졌기 때문에 모두 노린재목에 속합니다. 노린재 집안의 경우, 겉날개의 절반은 가죽질이고 절반은 얇은 막질입니다.

매미류, 뿔매미류, 거품벌레류, 멸구류, 매미충류 등은 장돌뱅이처럼 자유롭게 이리저리 옮겨 다니면서 살지만, 무시충인 진딧물류와 깍지벌레류는 대부분 날개가 없어 한곳에 붙박이처럼 붙어삽니다(정주성). 한곳에 머물며

멸구류와 긴날개 멸구류. 날개가 긴 주홍긴날개멸구(왼쪽), 무당벌레를 닮은 홍도알멸구(가운데), 화려한 날개의 남방점긴날개멸구(오른쪽) ©박해철

사는 녀석들은 대개 전 생애 중 일부 기간 동안 단위생식(처녀생식)을 하면서 가문을 이어 갑니다. 또한 매미 가문의 식구는 번데기 시절을 겪지 않고 애벌레에서 곧바로 어른벌레로 변신합니다. 즉 안갖춘탈바꿈(불완전변태)을 합니다.

이제부터 매미 집안 식구 가운데 숲에 가면 자주 마주치는 녀석들을 하나하나 만나 보겠습니다.

이마에 크고 힘센 펌프를 지닌 거품벌레

숲길을 걷다 보면 나무줄기나 풀줄기에 비누 거품처럼 뽀글거리는 거품덩어리를 심심찮게 만납니다. 놀랍게도 그 거품덩어리에는 매미아목 가족인 거품벌레가 살고 있습니다. 거품 속에서 산다 해서 거품벌레라고 하니 이름 한번 쉽습니다. 거품벌레도 각각 자기가 좋아하는 식물에 터를 잡고 삽니다. 버드나무에 사는 거품벌레, 쥐머리거품벌레와 갈잎거품벌레, 소나무에 사는 솔거품벌레, 버드나무나 쑥 따위에 사는 노랑무늬거품벌레, 쑥이나 수리취에 사는 광대거품벌레, 전나무나 가문비나무에 사는 설악거품벌레, 벼과 식물에 사는 만주거품벌레 등이 있습니다. 거품벌레류의 어른벌레와 애벌레는 살아가는 방식이 영 딴판입니다. 애벌레는 비눗방울 같은 거품 둥지 안에 숨어서 식물 즙을 빨아 먹고 살지만, 어른벌레는 둥지를 떠나 자유롭게 돌아다니며 식물 즙을 먹고 삽니다.

줄기를 타고 줄줄 흘러내리는 거품덩어리를 살살 걷어 보면 그 안에는 연약한 아기 거품벌레 여러 마리가 모여 있습니다. 녀석들은 뾰족한 주둥이를 나무줄기에 푹 꽂고 나무즙을 쭉쭉 빨아 먹습니다. 나무는 영양물질을 나르는 체관부와 물을 나르는 목관부가 있습니다. 거품벌레는 물이 많은 목관부의 즙을 빨아 먹고 삽니다. 목관부를 차지하는 즙은 99퍼센트가 물이고 1퍼센트는 영양물질입니다.

물리적으로 녀석들이 체관부의 즙보다 목관부의 즙을 빨아 먹는 게 더 힘이 듭니다. 목관부의 즙은 뿌리에서 잎 쪽으로, 중력의 반대 방향으로 흐르기 때문이지요. 그러니 이 즙을 먹는 거품벌레의 이마에는 크고 힘센 펌프가 있습니다. 목관부의 즙이 대부분 물이다 보니 거품벌레류는 필요한 양보다 훨씬 많은 양의 수분을 빨아들입니다. 남아도는 수분은 가운데창자에서 소화되지 않고, 가운데창자에 붙어 있는 여과기에서 빨아들여 바로 뒤창자로 보냅니다. 항문에서 나오는 액체성 물질과 배 끝마디에 있는 분비샘에서 나오는 끈적끈적한 분비물이 합쳐져 마지막에 거품 방울 물똥이 나옵니다. 거품 방울은 식물이 내는 게 아니라 거품벌레의 배 꽁무니에서 나옵니다.

따지고 보면 거품덩어리는 물똥이지만, 녀석들은 물똥을 재활용해서 집으

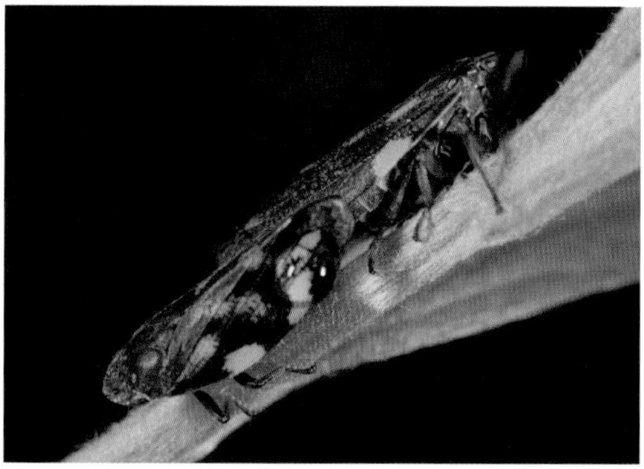

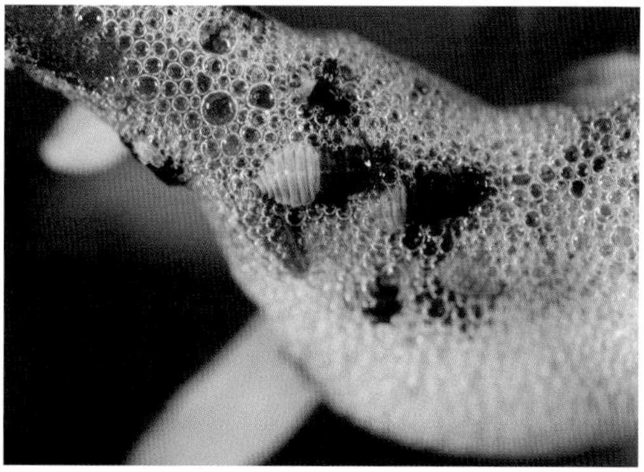

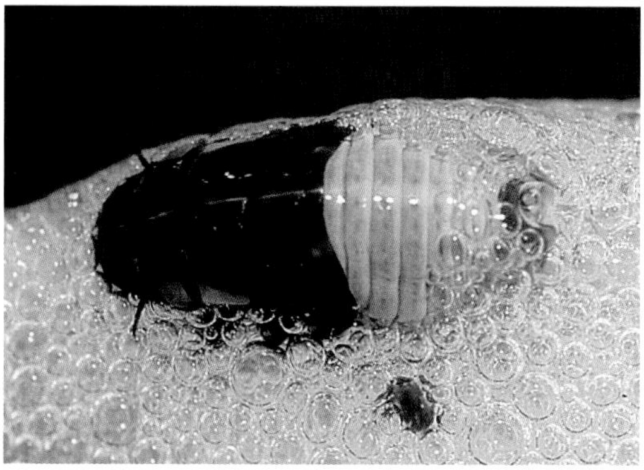

1	2
3	4
5	6
7	

거품벌레들의 향연

1 벚나무 잎에 만든 거품집
2 줄딸기 줄기에 만든 거품집
3 노랑얼룩거품벌레가 짝짓기를 하고 있다.
4 어른 노랑무늬거품벌레
5 거품벌레류 어른벌레의 얼굴
6 갈잎거품벌레가 만든 버드나무 줄기의 거품집
7 갈잎거품벌레 애벌레가 계속 거품 형태로 배설하는 모습

로 사용합니다. 애벌레는 거품을 모아 덩어리를 만들어 그 속에 숨습니다. 천적 눈에 안 띄려고요. 거품덩어리는 쨍쨍 내리쬐는 햇볕을 막아 녀석들의 연약한 피부를 보호합니다.

하지만 나무는 거품벌레가 연한 나무줄기에 빨대 주둥이를 박고 생즙을 빨아 대니 쇠약해질 수밖에요. 어떤 때는 이들이 낸 배설물을 영양분으로 기생하는 균류 때문에 그을음병에 걸리기도 합니다. 사람이 보면 거품벌레는 해충이지만 생태계에선 꼭 그렇지만은 않습니다. 수액을 먹고 사는 거품벌레는 거미, 침노린재, 특히 새 같은 포식자의 훌륭한 밥이 되기 때문입니다. 거품벌레가 많이 빨아 먹은 버드나무에는 잎이 더 많이 생겨 그 나무에 잎말이나방 같은 벌레가 보통 때보다 더 많이 몰려듭니다. 그러면 그 벌레들을 잡아먹으려 포식성 곤충과 새들도 모여들게 되지요. 에너지 생산 공장인 나무즙을 먹고 자라서 자기보다 서열이 위인 포식자의 먹잇감이 되니 생태계 순환에서는 결코 없어서는 안 될 소중한 존재입니다. 자연 세계는 힘없는 거품벌레를 중심으로 여러 생명체가 얽히고설켜서 살아가고 있습니다.

즙을 먹고 달달한 꿀똥을 싸는 진딧물

새로 난 줄기나 잎은 늘 진딧물 손님이 진을 치고 있습니다. 딱총나무수염진딧물이나 조팝나무진딧물 같은 많은 진딧물이 봄부터 나와 왕성하게 번식하다 보니 초여름쯤이면 벌써 2세대 이상 돌아가서 거대한 진딧물 왕국이 만들어집니다. 단풍나무 새 줄기에도, 두릅나무 새순에도, 조팝나무 새 줄기에도, 연한 찔레 순에도, 독 품은 박주가리 줄기에도, 고추나물 줄기나 열매에도, 우리 식탁에 오르는 채소에도 진딧물이 안 가는 곳은 없습니다. 피부가 부드러워서 만지면 물컹거리는 진딧물, 날개가 없는 시절이 더 많은 진딧물, 알 대신 새끼를 낳는 진딧물, 이들 모두는 뾰족한 주둥이로 식물 즙을 빨아 마시니 엄연한 매미 집안 식구입니다.

진딧물은 사람이 세상에 나오기 훨씬 전에 이미 지구 곳곳을 차지했습니다. 2억 8천 년 전 석탄기(고생대) 때 이미 지구에서 살았을 것으로 추측합니다. 지구에는 지금 진딧물류만 무려 4천 종이 산다고 하니 그 어마어마한 숫자에 놀랍니다. 그뿐이 아닙니다. 어떤 때는 어미 혼자 새끼를 낳고, 어떤 때는 수컷과 짝짓기를 하여 알을 낳고, 어떤 때는 날개가 달려 있고, 어떤 때는 날개가 없고, 같은 종이라 하더라도 세대에 따라 먹이식물이 달라지는 등 생활사가 복잡해서 또 한 번 놀랍니다.

초여름 문턱 6월, 여름을 알리는 원추리 꽃이 피기 시작합니다. 원추리가 꽃을 피우려고 봉오리를 만들 때면 원추리 밭에 손님이 찾아옵니다. 바로 인도볼록진딧물. 원추리 꽃만 피었다 하면 이사 와서 아예 눌러사는 인도볼록진딧물이 언뜻 세어 봐도 수십 마리가 꽃봉오리에 다닥다닥 붙어 있네요.

말랑말랑한 피부, 분가루를 바른 듯이 허연 몸뚱이, 제 몸길이만큼이나 긴 더듬이, 엉덩이에 붙은 침 같은 뿔관, 참 볼만합니다. 다들 꽃봉오리에다 머리를 박고 '엎드려뻗쳐' 자세로 식사를 합니다.

가만히 보니 배가 풍선처럼 빵빵한 암컷이 몇 마리 와 있고 둘레에는 몸집이 작은 새끼들이 모여 있습니다. 그런데 이게 웬일인가요? 암컷이 새끼를 낳고 있습니다.

1
2 3

이 식물 저 식물에서 늘어나는 진딧물 떼의 모습 1 딱총나무진딧물의 어미와 어린 새끼들 2 버드나무에 온 버들왕진딧물이 새끼를 낳고 있다. 3 원추리 꽃

4 원추리 꽃 즙을 먹는 인도볼록진딧물 5 소루쟁이진딧물 6 조팝나무의 즙을 빨아먹고 사는 조팝나무 진딧물 7 찔레수염진딧물

배 끝에서 투명한 실오라기 같은 것이 나오더니, 이내 새끼가 나옵니다. 놀랍게도 어미 진딧물은 여느 곤충처럼 알을 안 낳고 바로 새끼를 낳습니다. 물론 알이 산란관에서 깨어난 뒤 어미 몸 밖으로 나오는 거지요. 어미는 쉬지 않고 원추리 꽃봉오리에 새끼들이 가득 찰 때까지 새끼를 낳는데 줄곧 딸들만 낳습니다.

어미가 짝짓기를 하지도 않고 새끼를 낳는 걸 보니 인도볼록진딧물류의 사생활은 복잡한 편입니다. 처음 새순에 도착할 때는 짝짓기를 안 한 미혼모가 새끼를 낳는데, 이때 낳은 새끼들은 다 딸이고 날개가 거의 안 붙어 있습니다(무시충). 그러다 왕국이 커지면 먹이가 부족하니 날개 달린 딸들(유시충)을 낳습니다. 이런 걸 처녀가 새끼를 낳는다 해서 처녀생식 또는 단위생식이라고 합니다. 그러다 여름이 지나면 날개 달린 수컷을 낳습니다. 이제야 비로소 양성생식의 시대가 열려 날개 달린 수컷은 다른 집단의 암컷한테 날아가 짝짓기를 합니다. '유전자 다양성'을 위해서이지요. 이렇게 처녀생식과 양성생식을 번갈아 하는 걸 세대교번이라 합니다. 짝짓기를 마친 암컷은 알을 낳고 죽고, 이듬해에 알에서 진딧물이 태어나 다시 복잡한 한살이를 시작합니다.

녀석들은 매미아목 가족답게 즙을 빨아 마시는 뾰족한 주둥이를 가졌습니다. 달달한 원추리 즙을 빨아 먹으려면 머리를 줄기에 대야 하니 엎드려뻗쳐 자세를 취할 수밖에 없습니다. 아시다시피 식물의 조직에는 영양물질을 나르는 체관부와 물을 나르는 목관부가 있습니다. 매미아목 식구 가운데 진딧물류와 깍지벌레류는 체관부를 타고 흐르는 영양물질을 좋아합니다. 다행히도 광합성을 해서 만든 영양물질은 잎사귀에서 뿌리 쪽으로 흘러내립니다.

중력 방향으로 흘러내리니 진딧물이 주둥이만 꽂아도 저절로 입속으로 영양즙이 들어옵니다. 목관부를 흐르는 즙을 먹는 매미류나 거품벌레류와는 다르게 힘차게 빨아들이지 않고도 식물 즙을 쉽게 먹을 수 있습니다.

더구나 진딧물류가 먹는 즙에는 영양분이 30퍼센트, 수분이 70퍼센트라서 비교적 목관부의 즙보다는 영양가가 높은 편입니다. 그러니 진딧물류가 먹고 싼 똥에는 당분과 물이 들어 있고, 적은 양이지만 아미노산도 들어 있습니다. 이 때문에 개미가 진딧물이 싼 달달한 꿀똥을 찾아옵니다. 개미가 달콤한 꿀똥을 먹어치우고 모자라면 더 달라고 진딧물 엉덩이를 툭툭 칩니다. 그러면 진딧물은 엉덩이를 쭉 들어 올려 꿀똥 한 방울을 똑 떨어뜨리고 개미는 맛있게 핥아 먹습니다.

진딧물은 무당벌레가 최고로 치는 밥입니다. 무당벌레뿐만 아니라 풀잠자리 애벌레, 꽃등에 애벌레, 거미도 진딧물을 잡아먹습니다. 만약 진딧물이 다 잡아먹히면 개미는 꿀똥을 못 얻어먹으니 큰일입니다. 그래서 개미는 진딧물을 잡아먹으러 온 무당벌레를 단단한 큰턱으로 깨물거나 또는 개미산을 쏘기도 합니다. 딱정벌레목답게 딱딱한 날개를 가진 무당벌레가 다리와 더듬이를 오그리고 꼼짝을 안 해도 개미가 끈질기게 물어뜯어서 마침내 무당벌레는 진딧물 밥상을 포기하고 저만큼 가 버립니다. 개미는 진딧물의 수호천사이기도 하지만 원추리 꽃의 수호천사이기도 합니다. 진딧물이 싸 놓은 끈적이는 꿀똥을 깨끗이 먹어치우니, 원추리에게는 고마운 청소부입니다. 끈적이는 진딧물의 꿀똥을 치우지 않으면, 곰팡이나 다른 병균이 원추리에 들러붙어 다른 병을 일으킬지도 모르니까요.

• 벌레혹 •

숲길을 걷다 보면 식물 줄기가 부풀어 볼록 튀어나온 혹이 자주 보입니다. 식물마다 각각 다른 모양의 벌레혹(충영)을 달고 있군요. 균이 사위질빵 줄기에 만든 노란 혹, 때죽납작진딧물이 때죽나무 줄기에 만든 바나나 같은 혹, 밤나무혹벌이 밤나무 줄기에 만든 혹, 진딧물류가 물봉선 잎에 만든 혹, 사사키잎혹진딧물이 벚나무 잎 가장자리에 만든 혹, 오배자면충이 붉나무 줄기

1	2
3	4

1 사위질빵 줄기에 균이 만든 혹 **2** 구기자혹응애가 만든 벌레집 **3** 밤나무에 밤나무혹벌이 만든 벌레집 **4** 밤나무 혹 속의 내부로 두 마리의 밤나무혹벌 애벌레가 들어 있음

에 만든 혹, 구기자혹응애가 구기자 잎에 만든 혹, 혹벌류가 참나무류 잎에 만든 구슬 같은 혹, 참나무혹벌이 참나무류 가지에 만든 상수리나무 열매 같은 혹, 참나무순혹벌이 참나무류 가지에 만든 사과 같은 혹, 아까시잎혹파리가 아까시나무 잎에 만든 혹, 혹파리류가 쇠무릎 줄기에 만든 혹, 배자바구미가 칡 줄기에 만든 혹 등 참 많습니다.

이 많은 혹은 다 누가 만들까요? 식물이 만듭니다. 균, 응애, 선충, 진드기, 곤충이 식물 조직에 상처를 입히면, 식물은 즉각 자기 조직에 이상을 일으켜 혹을 만듭니다. 아무래도 곤충의 숫자가 많다 보니 곤충 때문에 생기는 벌레혹이 많습니다. 곤충은 오랜 시간을 두고 진화하면서 식물과 특별한 관계를 맺어 왔습니다. 초식곤충 가운데 충영곤충은 식물의 잎, 줄기, 꽃눈, 열매에 혹과 같은 비대한 구조물을 만들게 하는 곤충입니다. 혹벌레 가운데 50퍼센트쯤이 잎사귀에서 만들어집니다.

지구에 사는 충영곤충은 1만 3천 종으로 추산하는데, 그 가운데 겨우 2퍼센트 정도만이 밝혀져 이름도 모르는 종이 대부분입니다. 벌레혹을 만드는 곤충에는 혹벌류, 혹파리류, 매미류, 진딧물류, 나무이류, 총채벌레류, 딱정벌레목 일부, 바구미류 등이 있습니다. 그 가운데 매미 집안 식구인 진딧물류, 면충류, 나무이류는 주로 늦봄부터 초여름까지 혹을 잎사귀에 많이 만듭니다. 아직까지는 어떤 자극이 혹을 만들고 자라게 하는지 정확하게 모르지만, 진딧물류가 침입한 혹의 모양은 한쪽은 입술처럼 부풀고 반대쪽은 뻥 뚫려 있습니다. 진딧물류가 식물에 주둥이를 꽂을 때, 침샘물질이 식물에 들어갑니다. 침샘물질에는 아미노산, 식물 성장 조절 물질인 옥신, 페놀계 화합물과 페놀 옥시다제phenol oxidases가 들어 있는데, 아마도 이런 물질에 식물이 자극을 받아 혹을 만드는 것으로 생각합니다.

1	2
3	4
5	6

다양한 형태의 벌레혹과 그 속에 사는 곤충들 **1, 2** 갈참나무 잎에 혹벌이 만든 벌레집 **3** 쇠무릎 줄기에 혹파리가 만든 벌레집 **4** 버드나무 잎에 버들혹응애가 만든 벌레집 **5, 6** 참나무순혹벌이 만든 집과 그 내부의 모습

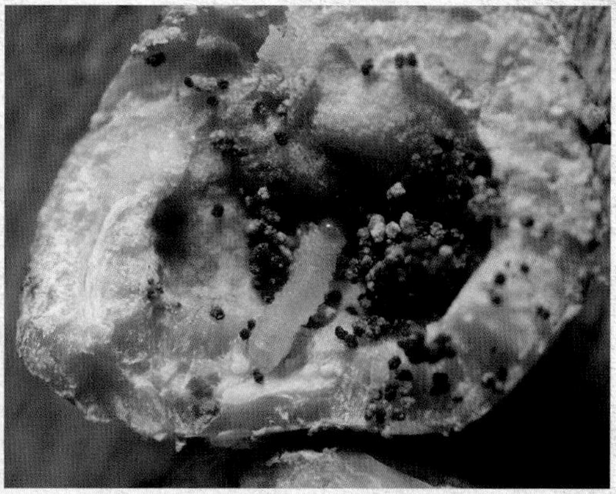

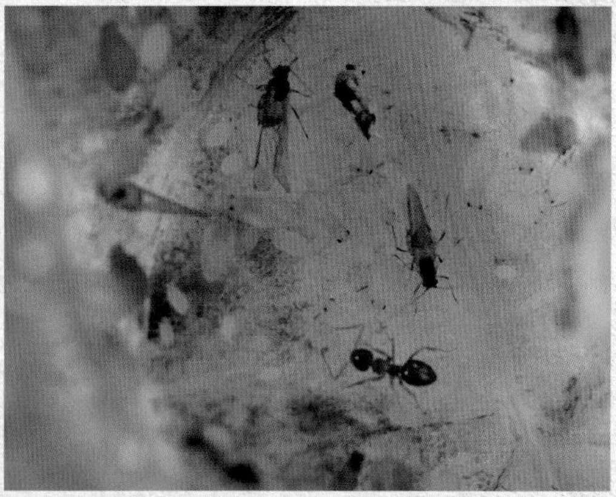

7	8
9	10
11	

7, 8 버드나무에 혹벌이 만든 벌레집 **9** 때죽납작진딧물이 만든 벌레집 **10** 물봉선을 오글거리게 만드는 진딧물들 **11** 물봉선의 정상적인 잎과 벌레혹이 된 잎(가운데)

붉나무 오배자면충이 붉나무에 만든 혹, 오배자

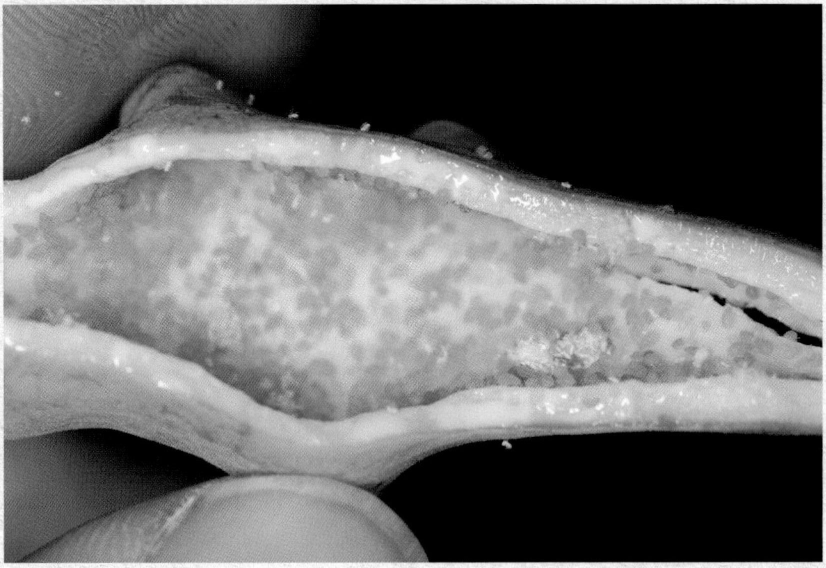

혹 속에 든 오배자 면충들

붉나무는 다 아시지요? 가을에 단풍이 붉게 든다 해서 이름 붙은 붉나무. 혹시 숲길을 걷다가 붉나무 가지에 사람 귀처럼 생긴 커다란 혹이 달려 있는 걸 본 적이 있나요? 그 혹 속에는 매미아목 식구인 오배자면충이 들어 있습니다. 그래서 그 혹을 오배자라고 불러요. 오배자 생김새는 울퉁불퉁 불규칙한 공 모양이고, 만져 보면 딱딱합니다. 속은 텅 비어 있고 맛을 보면 십니다. 처음 혹이 생길 때는 초록색이었다가 차츰 시간이 갈수록 열매처럼 붉게 물들어 열매로 착각할 정도입니다. 처음 생겼을 때보다 크기가 다섯 배로 커진다 해서 오배자라고 부릅니다. 오배자에는 탄닌 성분이 들어 있어 염색할 때 쓰이기도 하고, 민간에서는 약재로도 쓰입니다.

6월 초에 붉나무 작은 잎에 혹이 생기기 시작합니다. 오배자면충 애벌레가 잎사귀의 즙을 빨아 먹으려고 주둥이를 꽂을 때 침에 있는 옥신이라는 물질이 들어가면서 붉나무 세포는 혹처럼 불거집니다. 붉나무는 이물질이 들어오니 본능적으로 방어 태세에 들어간 것이지요. 점점 붉나무 작은 잎 조직은 병적으로 분열하며 커지고 마침내 커다란 방을 형성합니다. 그 방에서 오배자면충 애벌레들이 세 번 허물을 벗으며 무럭무럭 자라 어미가 됩니다. 어미가 된 오배자면충은 그 벌레혹 속에서 새끼를 낳고 또 낳습니다. 그렇게 벌레혹 속에서 두 달 동안 오배자면충의 한살이가 세 번, 네 번 돌아가고 나면 가을이 됩니다. 가을이 되면 날개 달린 암컷이 되어 벌레혹을 탈출해 바깥세상으로 나갑니다.

뾰족한 주둥이로 식물 즙을 빨아 마시는 매미

7월로 접어들며 점점 더 무더워집니다. 햇살이 얼마나 뜨거운지 잠깐만 햇볕 아래 서 있어도 머리가 벗겨질 것 같지요. 여름의 전령사 매미가 아침, 낮, 저녁, 심지어 밤까지 노래해서 귀가 멍멍합니다. 숲 언저리에서도, 들판에서도, 도시 가로수 길에서도, 시골길뿐 아니라 도심 속 아파트 단지에서도 맴맴맴, 쐐에에, 쓰름쓰름 여름내 노래를 부릅니다.

매미 가문의 대표인 매미과 식구는 노래를 얼마나 잘 부르는지 모릅니다. 6월 중순에 나와서 노래하는 털매미, 한여름에 노래하는 유지매미, 말매미, 참매미, 애매미, 쓰름매미 그리고 추석 즈음 늦가을에 노래하는 늦털매미는 매미과 식구인데, 모두 자기만의 소리로 노래를 합니다. 노래는 수컷만 부릅니다. 암컷은 소리를 못 내지요. 어른벌레와 애벌레는 서로 사는 곳이 다른데, 애벌레는 땅속에서 식물 뿌리를 먹고, 어른벌레는 땅 위에서 식물 즙을 마시고 삽니다. 어른벌레는 고작 일주일 남짓 살고, 애벌레는 적어도 1년 넘게 땅에서 살아야 합니다. 북아메리카에 사는 그 유명한 주기매미류(*Magicicada* sp.) 애벌레는 땅속에서 무려 17년을 살다 어른이 되면 땅으로 나와 고작 일주일쯤 사니 놀랍기만 합니다. 그래서 녀석을 미국 동부지방에서는 '피리어디컬 시케이더periodical cicada'라 하고, 우리나라에서는 '주기매미' 또는 '17년매미'라고 합니다. 또한 미국 남부지방에서는 애벌레가 13년 동안 땅속에서 살다가 땅 위로 올라와 산다 해서 13년매미라고 부릅니다.

매미과 식구도 매미 가문의 가족이다 보니 뾰족한 주둥이로 식물 즙을 빨아 마시고 삽니다. 녀석의 주둥이는 큰턱과 작은턱이 바늘같이 가늘고 기다

1 2
3 4
5 6

대부분의 매미는 기온이 높고 무더운 여름에만 노래를 한다. 1 깽깽매미 2 털매미 3 유지매미 4 애매미 5 참매미의 탈출 6 참매미 ©박해철

랗게 변형되어 단단한 나무조직의 생즙을 잘 빨아 먹습니다. 작은 턱 두 개가 서로 맞물리면서 관(tube)이 두 개 만들어지는데, 하나는 침(소화액)을 내보내고, 다른 하나는 식물 즙을 빨아 먹는 데 씁니다. 그 뾰족한 주둥이 힘이 얼마나 센지 웬만한 나무껍질도 뚫을 수 있습니다.

침 같은 바늘 주둥이가 튼튼한 이유는 목관부의 생즙을 먹기 때문이지요. 목관부의 생즙은 뿌리에서 잎사귀 쪽으로 올라갑니다. 매미과 식구도 거품벌레와 마찬가지로 중력과 반대 방향으로 흐르는 목관부의 즙을 빨아 마시기가 만만치 않습니다. 그래서 녀석들의 이마에는 생즙을 빨아 먹기 위해 구강펌프(cibarial pump)가 발달합니다. 크고 힘센 펌프는 녀석들의 윗입술과 혀 사이에 있으며 이마방패(두순)와 연결됩니다. 그래서 매미류 이마방패의 방에는 힘센 근육이 가득 차 있어 이마방패는 앞짱구처럼 앞으로 둥글게 툭 튀어 나왔습니다.

수컷 매미는 어떻게 울까요? 첫째 배마디에는 발음기관이 있습니다. 울음기관은 진동막, 발음근, 공기주머니로 이루어졌습니다. 진동막은 질기고 얇은 키틴질로 되어 있고, 그 진동막과 연결된 발음근은 'V' 모양의 근육입니다. 소리를 크게 울려 퍼지게 하는 공기주머니는 그 진동막 바로 밑에 있습니다. 울음소리는 발음근이 움직이면서 진동막을 빠르게 진동할 때 납니다. 이때 수컷은 배를 최대한 늘려 공기주머니를 크게 만드는데, 그 공기주머니가 크면 클수록 울음소리는 더 커집니다. 그러다 보니 같은 종이라도 몸통이 클수록 울음소리가 커지고, 몸통이 작을수록 울음소리가 작아집니다. 재밌게도 암컷은 노랫소리가 큰 수컷을 좋아하기 때문에 수컷들은 자기 소리가 다른 수컷의 소리에 묻히지 않게 크게 노래를 하지요. 매미류는 체온이 너무 낮으면 노래를 못하는데, 적어도 외부 온도가 16도보다는 높아야 합니다. 그래서 대부분의 매미류는 기온이 높고 무더운 여름에만 노래합니다.

또한 수컷은 천적을 경계하기 위해서 노래합니다. 한꺼번에 많은 수컷이 노래하면 소리가 그만큼 커져서 새들이 사냥하기 곤란해집니다. 새들끼리의 대화를 방해하거나, 매미가 앉은 위치를 헛갈리게 하니 매미 사냥 성공률이 떨어집니다. 그뿐이 아닙니다. 다른 수컷이 자기 영역에 들어오면 신경질적으로 울어대 상대방이 우는 것을 방해하기도 합니다. 텃세를 부리는 거지요.

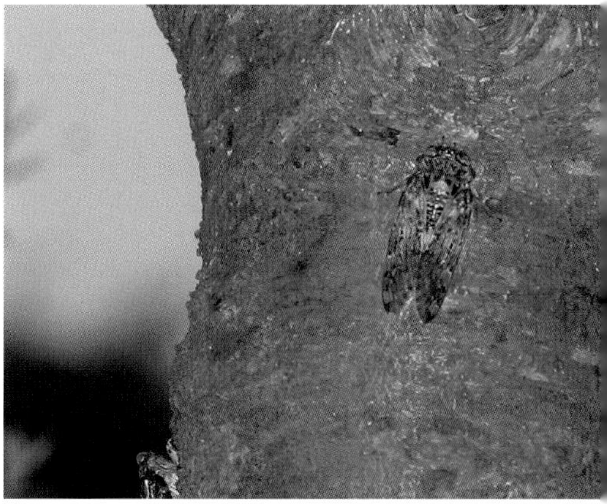
몸에 짧은 털이 나 있는 털매미 ©박해철

그러다 보니 사람 귀에는 매미 노랫소리가 소음에 가까울 정도로 시끄럽게 들립니다. 실제로 노랫소리가 얼마나 큰지 소음측정기로 재어 보니, 주거지역의 소음 기준보다 20데시벨이나 높은 85데시벨이었습니다. 전화 벨소리가 70데시벨인데, 매미 소리는 더 높다 하니 여름밤에 잠을 설칠 수밖에요. 원래 매미는 낮에 노래를 불렀는데 밤 불빛에 적응하여 밤이 낮인 줄 착각하고 노래를 하는 것이지요. 매미는 기온이 높은 7월과 8월에 주로 노래하며, 이때 도시는 열대야 현상으로 밤에도 푹푹 찌게 더우니 밤도 매미 세상인 셈입니다. 게다가 말매미 고향은 더운 지방이라서 온난화가 될수록 온도가 올라가니 녀석들은 신이 나서 더 크게 울어댑니다. 이렇게 바뀐 환경을 모르고 낮에도 울고 밤에도 울어야 하니 녀석들은 얼마나 힘들까요? 생태계를 파괴한 건 사람들인데 애꿎은 매미만 원망하는 현실이 안타깝기만 합니다.

매미는 전 세계적으로 2,500종 정도가 기록되어 있는데 온대와 열대기후대에서 삽니다. 그런 까닭에 북유럽 같은 곳에서는 매미 소리를 잘 인식하지 못합니다. 그곳에서는 매미소리를 들려주면 여치나 귀뚜라미냐고 묻는다 합니다. 매미가 하도 귀해서 못 보았으니 그럴 만도 하지요. 그 귀한 매미가 우리 땅에선 넘쳐나다 보니 우리에게는 성가신 존재가 된 지 한참입니다. 애벌레는 나무뿌리 즙을 먹고, 어른벌레는 나무즙을 먹으니 사람들은 녀석들을 싸잡아 해충이란 딱지를 붙여 놓고 갖은 '해충 박멸' 개발에 골몰합니다. 나무와 땅속에 살충제를 뿌리지만, 매미는 콧방귀라도 뀌듯이 해마다 여름이면 나무에 매달려 우렁차게 울어댑니다.

5. 수액에 모이는 곤충

왜 수액 나무에 모여들까?

매미가 펼치는 음악회가 무르익는 한여름, 숲 속 곤충은 죄다 나와 한바탕 '숲 속 반상회'를 엽니다. 초록 잎을 무수히 단 나무들도 왕성하게 활동합니다. 잎에서 햇빛을 받고 뿌리에서 물을 끌어올려 광합성을 해 영양분을 만듭니다. 이때 뿌리에서 확산작용으로 빨아들인 물은 목관부를 타고 위로 올라가 필요한 조직에 공급됩니다. 목관부 수액에는 흙에서 얻을 수 있는 무기염, 질소화합물, 탄수화물, 효소 등 식물이 살아가는 데 필요한 물질이 들어 있습니다.

뿌리에서 뽑아 올린 물을 이용해 잎사귀에서 광합성을 해서 만든 탄수화물은 체관부를 타고 흘러내립니다. 이때 체관부를 타고 위쪽에서 뿌리 쪽으로 내려오는 영양즙인 체관부 수액은 달달하고 진합니다. 그래서 체관부 수액은 목관부 수액보다 당분이 훨씬 많습니다. 당분 말고도 아미노산, 칼륨, 마그네슘 등 영양물질이 들어 있어 뿌리의 저장조직, 열매, 잎눈이나 꽃눈 따위를 만들 때 중요하게 쓰입니다. 이런 까닭에 오래된 나무 옆에 서 있으면 가끔 바람에 단내가 실려 오기도 합니다. 체관부는 부름켜(형성층)의 바깥 세포로 나무껍질 바로 안쪽에 있기 때문에 곤충이 쉽게 먹을 수 있습니다. 이 달달한 수액은 숲 속 곤충에게는 가장 훌륭한 영양밥입니다.

예를 들어 상수리나무 수액에는 당분이 20퍼센트나 들어 있습니다. 나무껍질 밖으로 흘러나온 당분은 공기 중의 산소와 만나면서 발효됩니다. 이렇

떨어진 감은 곤충의 요긴한 대체식량이다. 네발나비와 말벌류뿐아니라 여러 파리들도 모여들었다.

게 발효된 수액 냄새는 과일 썩은 냄새처럼 멀리까지 퍼집니다. 그러니 숲 속 곤충이 수액이나 썩은 과일을 찾아오는 건 흔한 일입니다.

그러면 곤충은 단단한 나무껍질 속에 들어 있는 이 수액을 어떻게 먹을까요? 나무가 점점 자라면서 줄기도 굵어지는데, 몸통에서 가지가 갈라져 나온 곳이 무게를 이기지 못하고 찢어질 때가 있습니다. 추운 겨울 동안 꽁꽁 얼었던 줄기가 봄이 되면 녹는데, 때로 줄기 껍질이 터지고 상처가 납니다. 사람들이 일부러 나무껍질을 벗겨서 상처가 날 때도 있습니다. 이렇게 상처가 난 나무껍질은 나무 자신만의 자연적인 치유조직에 의해 아물지만, 아무는 동안 수액은 스멀스멀 흘러나옵니다. 특히 한 아름이 넘는 굵은 줄기에서 흘러나오는 수액은 양이 많아 나무껍질을 촉촉하게 적십니다. 옹달샘처럼 퐁퐁 솟아나는 수액 샘에 여름 곤충이 몰려와 식사를 합니다. 무더운 한여름 나무에 흐르는 수액은 곤충에게 안식처를 제공하는 낙원입니다.

8월입니다. 어찌나 더운지 숲 속 오솔길을 걷는 것도 만만치 않습니다. 잠시 앉아 간간이 불어오는 바람에 몸을 맡기고 땀을 식힙니다. 그런데 바람에 시큼한 냄새가 이따금씩 실려 옵니다. 두리번두리번 주변을 둘러보니 저쪽에 줄기 한가운데가 움푹 파인 갈참나무가 서 있네요. 서둘러 다가가 보니 굵직한 갈참나무 몸통 껍질에 물기가 흥건하게 젖어 있는데, 얼마나 수액이 많이 흘렀는지 밑동까지 다 젖어 있습니다. 게다가 수액이 발효하여 과일처럼 달달하고 시큼털털한 냄새까지 나 수액 옹달샘에 온 게 실감이 납니다.

그런데 이게 웬일인가요? 왕오색나비, 수노랑나비, 흑백알락나비, 은판나비, 청띠신선나비, 네발나비, 장수말벌, 털보말벌, 말벌, 좀말벌, 쌍살벌류, 풍이, 나방류, 좀파리류, 꽃등에류, 개미, 밑빠진벌레류, 고려나무쑤시기, 풍뎅이붙이류, 사슴벌레류, 장수풍뎅이…… 온갖 여름 곤충이 모여 잔치가 벌어졌네요. 그런데 좀 이상합니다. 평화롭게 만찬을 즐기고 있는 줄 알았는데 '밥상머리'에서 먹이 싸움을 하고 있습니다. 수액을 먹으면서도 어떻게 하면 더 좋은 자리를 찾을까 몸싸움을 벌입니다. 나비는 커다란 날개를 펄럭이고, 덩치 작은 파리는 쫓겨서 날았다 앉았다 부산을 떨고, 밑빠진벌레류는 나무껍질 속에 표도 안 나게 박혀 있고, 풍이는 굉음을 내며 붕 날아갔다 되돌아오고, 장수말벌은 위협적인 큰턱으로 다른 곤충을 깨물어 쫓아내고, 사슴벌레는 우람한 큰턱을 이리저리 휘저으며 버티고 있고, 헤비급 장수풍뎅이는 제일 좋은 자리에 여유 있게 앉아 있습니다. 이런 소동 가운데도 수액 옹달샘 한켠에서는 밑빠진벌레 부부가 온몸이 수액에 흥건히 젖은 채로 짝짓기

1
2 3
4

수액을 찾는 다양한 곤충들

1 수액을 빨아먹는 수노랑나비
2 허겁지겁 날아든 검정말벌들
3 나무껍질 속에 쏙 들어가 있는 밀빠진벌레류
4 나뭇진에서 머리를 서로 밀쳐대는 사슴벌레 암컷과 수컷, 그리고 풍이

수액이 흐르는 나무 ©박해철

를 하느라 정신이 없습니다. 쌍살벌 한 마리가 쌩 날아와 녀석들 옆에 앉으니 깜짝 놀라 나무껍질 속으로 쏙 들어갑니다.

왜 이렇게 여름 곤충이 수액에 모여 식사를 할까요? 실은 수액에 모인 어른 나비류, 어른 말벌류, 어른 딱정벌레류 들은 며칠 굶는다 해서 바로 죽는 건 아닙니다. 하지만 영양가 많은 식사를 하게 되면 몸보신을 하여 오래 살 수 있고, 힘이 좋으니 경쟁에서 이길 수 있고, 무엇보다도 튼실한 알을 낳을 수 있습니다. 다행히도 녀석의 입틀은 물기 많은 즙을 먹기에 안성맞춤입니다. 나비류는 빨대 주둥이로 빨아 먹고, 꽃무지나 사슴벌레 같은 딱정벌레류는 솔처럼 생긴 혀로 수액을 쓱쓱 핥아 먹습니다. 물론 이런 주둥이로는 수액만 먹는 게 아니라 주변에 있는 꽃꿀이나 과일즙도 먹습니다. 어찌 보면 이들에게 수액은 여름철에 부족한 먹이를 보충하는 대체 식량인 셈입니다.

나뭇진도 먹는 왕오색나비와 말벌

오늘따라 왕오색나비가 유난히 눈에 띕니다. 연보라빛, 짙은 보랏빛, 파란빛, 검은빛…… 날개 색이 나뭇잎 사이로 언뜻언뜻 비치는 햇빛에 반사되어 휘황찬란합니다. 이름값을 하는군요. 게다가 몸집까지 크니 자태가 멋집니다. 나무껍질에 앉아 나뭇진을 빠는 녀석을 자세히 보니 긴 빨대 주둥이를 나뭇진에다 꽂고서 움찔움찔하며 맛있게 빨아 마십니다.

어른 나비라고 해서 꼭 꽃꿀만 먹는 건 아닙니다. 왕오색나비, 수노랑나비, 대왕나비 같은 산지성 나비는 갈라진 나무줄기 틈새로 흥건히 흘러나오는 나뭇진도 즐겨 먹습니다. 때때로 과일, 진흙, 동물 시체나 똥도 먹습니다. 발효한 나뭇진이나 과일에는 과당, 에탄올, 글리세린, 아미노산 같은 영양물

날개 색이 휘황찬란한 왕오색나비 수컷

질이 들어 있습니다. 꽃꿀보다 당 성분이 낮긴 하지만 꽃꿀이 드문 여름에는 나뭇진이 훌륭한 밥입니다. 아마 꽃꿀을 먹다가 나뭇진이나 과일 같은 먹잇감을 대체 식량으로 삼으며 진화한 것 같습니다.

나비는 건강한 난자, 튼튼한 정자를 만들기 위해서 빨대 주둥이로 빨아 마실 수 있는 먹이는 다 먹습니다. 나비가 나뭇진에 푹 빠져 있을 때 털보말벌이 부우웅 날아옵니다. 나뭇진에서 식사를 하던 나비, 파리, 꽃등에가 놀라 날아오릅니다. 말벌은 몸집이 큰 데다가 독침도 가지고 있으니 얼른 피하는 게 상책입니다.

어른 말벌류에게 여름은 바쁜 계절입니다. 커다란 말벌 집에는 여왕벌이 낳은 애벌레들이 우글우글하기 때문입니다. 말벌 애벌레는 육식성이라서 다른 곤충을 먹고 삽니다. 애벌레는 벌집 밖으로 나갈 수 없으니까 언니 말벌

위협적인 큰 턱뿐 아니라 큰 덩치로
강한 독침을 지닌 장수말벌

장수말벌을 피해 옆 수액을 탐하는 말벌류

이 사냥해온 '곤충 고기'를 벌집에 앉아서 받아먹습니다. 그 많은 애벌레들을 키워야 하는 말벌은 하루에도 수십 번씩 사냥을 갔다 와야 하니 몸이 열 개라도 모자랍니다. 더구나 봄에 비해 여름은 나비목 애벌레가 적은 편이라 더 부지런히 다녀야 사냥감을 찾을 수 있습니다. 어른 말벌도 날마다 애벌레들에게 갖다 줄 먹이를 사냥하려니 지치고 배가 고픕니다. 배고프면 어른 말벌은 자잘하게 핀 산초나무 꽃 같은 꽃차례에 날아와 꽃가루와 꽃꿀을 먹고, 나뭇진 옹달샘에 날아와 나뭇진을 먹으며 에너지를 보충합니다. 재밌게도 말벌의 입틀은 씹어 먹는 모양입니다. 큰턱이 얼마나 튼튼한지 다른 곤충의 몸을 동강 내기도 합니다. 하지만 장마철에는 먹잇감이 부족해서 꽃, 나뭇진, 마시다 버린 음료수까지 먹어치워 배를 채웁니다. 체면이 말이 아니지만 달달한 당분으로 배를 다 채우면 애벌레들에게 줄 곤충이나 거미를 사냥하러 다시 길을 떠납니다.

나뭇진 옹달샘에 단골손님이 또 있습니다. 풍이나 점박이꽃무지 같은 꽃무지류. 이들은 몸이 납작한 편인 데다 몸빛이 나무껍질처럼 칙칙해서 눈에 잘 안 띕니다. 녀석들은 무거운 딱지날개 때문에 잘 날지 않고, 다른 곤충이 귀찮게 하지 않으면 한곳에 무던히 앉아 나뭇진 식사를 합니다. 솔처럼 생긴 혀로 물기 많은 나뭇진을 핥아 먹습니다. 꽃무지류는 어른벌레와 애벌레의 밥이 다릅니다. 어른 꽃무지류는 나뭇진이나 과일즙 같은 액체를 핥아먹지만, 애벌레는 퇴비가 되어 썩어가는 나무와 풀줄기 따위를 먹습니다. 어른 꽃무지는 몇 개월을 살면서 부지런히 나뭇진이나 꽃가루 식사를 하면서 짝을 짓고 알을 낳으며 대를 이어 갑니다.

나비류, 사슴벌레류, 장수풍뎅이, 꽃무지류, 말벌류, 파리류 등은 나뭇진을 대체 식량으로 먹으면서 일시적으로 나뭇진 옹달샘에 모입니다. 일시적이긴 해도 나뭇진 옹달샘이 서로 자기 식당이라며 다투기도 하고 짝을 찾기도 하지요.

나뭇진의 진짜 주인, 나무쑤시기와 밑빠진벌레

나뭇진 하면 빼놓을 수 없는 딱정벌레목 식구가 있습니다. 이름도 우스꽝스러운 고려나무쑤시기(딱정벌레목 나무쑤시기과)와 밑빠진벌레류(딱정벌레목 밑빠진벌레과)입니다. 녀석들은 나뭇진의 '진짜 주인'입니다. 나뭇진에 잠깐 들러 식사만 하는 게 아니라, 애벌레 시절부터 어른 시절까지 한평생을 나뭇진에 자리를 잡고 살아가기 때문입니다.

먼저 고려나무쑤시기를 소개하지요. 이 녀석은 말 그대로 나무를 쑤실 수 있게 머리 부분이 뾰족합니다. 어른 고려나무쑤시기의 딱지날개는 광택이 나며 매우 단단해서 눌러도 파이지 않습니다. 홈줄 무늬가 또렷하고, 금빛 땡땡이 무늬 네 개가 박혀 있어서 보석같이 아름답습니다. 녀석들은 나무껍질 틈에 몸을 숨기고서 나뭇진을 빨아 먹습니다. 어른 밑빠진벌레류도 나뭇진이나 과일즙같이 발효한 즙을 즐겨 먹습니다. 딱지날개가 배 끝을 다 덮지 못해서 '밑이 빠진 벌레'란 이름이 붙었지만 생긴 건 귀엽습니다. 특히 몸집이 큰 네무늬밑빠진벌레는 까만 날개에 빨간 점이 네 개나 찍혀 있어서 고혹적이지요.

재밌게도 나무쑤시기류나 일부 밑빠진벌레류의 애벌레는 육식성입니다.

1 2
3

수액에서 한살이를 성공적으로 마친 딱정벌레들

1 네눈박이밑빠진벌레
2 알락납작밑빠진벌레
3 고려나무쑤시기

녀석들은 나뭇진을 먹는 게 아니라 나뭇진 옹달샘에 사는 구더기(파리류 애벌레)를 잡아먹고 삽니다. 그런데 물기가 흥건한 나뭇진 옹달샘에서 살려면 숨쉬는 걸 해결해야 합니다. 그래서 녀석들은 물속 곤충들처럼 몸 옆구리(배마디 양 옆쪽), 또는 마지막 배마디의 등면에 기관아가미(tracheal gill)가 붙어 있습니다. 액즙 속에 녹아 있는 산소를 기관아가미를 통해서 이용하는 것이지요.

나뭇진을 핥아 먹는 사슴벌레

여름밤은 더디 옵니다. 밤 아홉 시나 되어야 어둠이 완전히 내립니다. 사방이 깜깜해지기가 무섭게 밤 곤충이 활개를 칩니다. 길가에 늘어선 가로등에는 어른 나방류가 무더기로 날아오고, 사슴벌레 같은 야행성 딱정벌레도 날아와서 가로등 아래에 뚝 떨어집니다. 봄 내내 잎사귀를 먹고 자라던 많은 나방 애벌레들은 번데기 시절을 거쳐 여름이면 밤마다 불빛에 날아듭니다. 아기 손바닥보다 더 큰 옥색긴꼬리산누에나방, 물결무늬가 강렬한 물결나방, 불나방류, 밤에 활동하는 밤나방류, 몸집이 아주 작은 잎말이나방 등 수많은 나방들이 자기 세상을 만난 듯이 불빛에 날아왔다 땅으로 뚝 떨어집니다. 얼마나 많은지 가로등 하나를 올려다보면 마치 함박눈이 내리는 것 같습

수액뿐 아니라 불빛에도 유인된 사슴벌레 수컷

1 2
3

나뭇진에서 만나는 대형 사슴벌레인 넓적사슴벌레 1 암컷 ©박해철 **2, 3** 수컷

니다. 아마도 밤 불빛에 날아든 곤충 가운데 나방이 차지하는 비율은 3분의 2가 넘을 것 같습니다. 안타깝게도 땅에 떨어진 나방은 밤길을 질주하는 자동차 바퀴에 깔려 죽기도 합니다. 용케도 살아남은 나방은 짝을 만나 짝짓기를 하고, 어쩌다가 동물의 배설물이나 시체 즙을 먹으면서 영양을 보충하기도 합니다.

저쪽 갈참나무 숲에서 붕 소리와 함께 뚝 떨어지는 소리가 납니다. 소리만 들어도 덩치가 큰 사슴벌레임에 틀림없습니다. 소리 나는 쪽으로 천천히 다가가 손전등을 비춰 보니 넓적사슴벌레가 맞군요. 몸이 뒤집혀서 여섯 다리를 요동치며 일어나려고 애를 쓰다가 겨우 몸을 바로 잡습니다. 그러고는 성큼성큼 걸어서 나무줄기를 타고 올라갑니다. 녀석이 도착한 곳은 나뭇진 옹달샘. 밤인데도 나뭇진 옹달샘에는 밤 곤충이 많이 모여 있습니다. 큰턱이 없는 암컷 사슴벌레, 톱사슴벌레, 넓적사슴벌레 등이 나뭇진에 모여 식사를 하고 있습니다. 넓적사슴벌레는 도착하자마자 솔 같은 혀로 나뭇진을 핥아 먹기 시작합니다.

낮에는 나뭇진이 흐르는 나무껍질 틈바구니에 숨어 있거나 때때로 나뭇진 옹달샘에 와서 나뭇진을 핥아먹던 사슴벌레들이 총출동합니다. 사슴벌레는 특히 어린이들에게 인기가 많은 곤충이지요. 그러다 보니 멋지게 생긴 넓적사슴벌레나 왕사슴벌레를 애완용으로 기르는 어린이들이 많습니다. 사슴벌레가 인기가 많은 건 아무래도 잘난 '뿔'이 한몫하는 것 같습니다. 사슴벌레의 '뿔'은 한 번만 봐도 기억에 남는 데다, '사슴의 뿔' 하고 똑 닮아서 사슴벌레라고 이름 지었으니 이름값을 톡톡히 합니다.

하지만 사슴 이마에 난 뿔은 진짜 뿔이라 자르면 또 나오지만, 사슴벌레의 머리에 난 '뿔'은 뿔이 아니라 '큰턱'입니다. 큰턱이 무시무시하게 바뀐 것인데, 한 번 부러지면 다시 자라지 않으니 무늬만 뿔입니다. 재밌게도 수컷의 큰턱은 길게 뻗쳐 나와 우람하지만, 암컷의 큰턱은 짧아 소박합니다.

지구에는 사슴벌레류가 1천 종쯤 삽니다. 우리나라에는 17종 정도가 사는데, 종마다 큰턱이 다르게 생겼습니다. 우리나라에서 제일 많고 몸집이 가장 큰 넓적사슴벌레의 큰턱은 굵고 일자로 길며, 톱사슴벌레의 큰턱은 마치 휘어진 톱날과 같고, 왕사슴벌레의 큰턱은 둥글고 끝니가 두 개 나 있고, 다우리아사슴벌레의 큰턱은 코뿔소처럼 위로 휘어져 있습니다.

오렌지 빛의 두점박이사슴벌레. 제주도 같은 남부지역에만 분포 ©박해철

특이하게도 꼬마사슴벌레류와 원표애보라사슴벌레 수컷은 큰턱이 아주 작아 눈에 거의 띄지 않습니다. 원표애보라사슴벌레는 몸집이 작은 데다(몸길이 9~13밀리미터), 중부 이북의 높은 산에 있는 썩은 나무에 살아서 보기가 힘듭니다. 다만, 이른 봄에 참나무류의 새순에 모여들 때만 보다 쉽게 볼 수 있습니다. 반면에 꼬마사슴벌레류는 남부지방에 살며 성충은 육식성으로 알려져 있습니다. 사슴벌레 중에서 원시적인 모습을 하는 녀석의(원표애보라사슴벌레) 애벌레는 썩은 나무속에서 살다가 번데기 시절을 거쳐 가을에 어른벌레로 변신합니다. 갓 날개돋이한 어른벌레는 그대로 번데기 방에 머물다가 이듬해 봄이 되면 번데기 방에서 나옵니다.

곤충은 대부분 큰턱으로 먹이를 자르고 씹어 먹습니다. 잎벌레류는 큰턱으로 잎을 베어 씹어 먹고, 메뚜기류 역시 큰턱으로 잎을 베어 씹어 먹고, 어떤 하늘소류는 알을 낳기 위해 큰턱으로 나무껍질을 씹어 흠집을 내고, 잠자리류는 힘 약한 곤충을 잡아 큰턱으로 씹어 먹습니다. 하지만 대부분의 사슴

1 2
3

1 톱사슴벌레 수컷
2 애사슴벌레 한 쌍
3 애사슴벌레 수컷과 큰턱 모습

사슴벌레 애벌레가 사는 썩은 나무

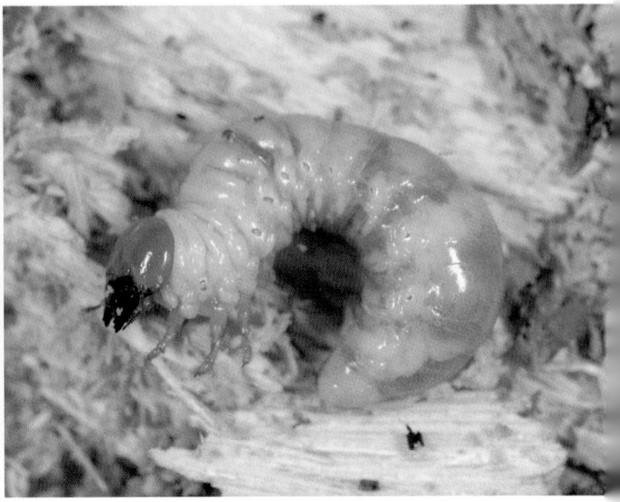
애사슴벌레 애벌레

벌레 수컷의 큰턱은 무늬만 큰턱이라서 씹어 먹질 못합니다. 이에 비해 암컷의 큰턱은 짧지만 굉장히 단단해서 알 낳을 때 중요하게 쓰입니다. 암컷은 알을 나무속에 낳아야 하는데 산란관이 나무껍질을 뚫을 만큼 튼튼하지 않습니다. 그래서 단단한 큰턱으로 나무껍질을 뜯어내고 몸을 180도로 돌린 다음 흠집 낸 부분에 산란관을 꽂고서 알을 낳습니다.

그러면 수컷은 큰턱을 어디에 쓸까요? 우선 나뭇진을 먹기 좋은 자리를 차지하려고 큰턱을 휘둘러 다른 곤충을 제압합니다. 자기 영역을 지키는 무기인 셈이지요. 또한 큰턱은 짝을 차지하는 데도 큰 몫을 합니다. 나뭇진 옹달샘에는 암컷뿐만 아니라 다른 수컷들도 나뭇진을 먹으러 몰려듭니다. 이때 암컷을 차지하려고 수컷끼리 경쟁을 벌이는 무기로 큰턱만 한 게 없습니다. 나뭇진이 흐르는 나무껍질 위에서 수컷끼리 싸움판을 벌이는데 큰턱으로 상대방을 집어던지고, 밀어내고, 탁탁 치며 떨어뜨리기도 합니다. 더구나 날카로운 큰턱으로 상대방의 날개나 몸통을 찔러 휘두르면 상대방 몸이 동강이 날 수 있습니다. 그렇게 격렬하게 싸워서 진 녀석은 떠나고, 이긴 녀석이 주변의 암컷과 짝짓기를 할 수 있습니다. 힘센 수컷이 암컷에게 선택될 기회가 훨씬 높으니까요. 큰턱이 튼튼하면 그만큼 자기 유전자를 자손에게 물려줄 기회가 높으니 먼 훗날 수컷 사슴벌레의 큰턱은 지금보다도 훨씬 더 길어질지 모를 일입니다.

사슴벌레 애벌레는 썩은 나무를 먹고 삽니다. 애벌레 시절에 먹은 영양물질에 따라 어른벌레의 큰턱이 우람하기도 하고 왜소하기도 합니다. 애벌레 때 잘 먹고 잘 커야 어른의 큰턱이 건강한데, 잘 못 먹으면 큰턱이 짧고 큰턱 안쪽에 있는 돌기도 없어집니다. 애벌레는 2~4년을 깜깜한 썩은 나무속에 살면서 썩은 나무속을 먹고 살아야 하니 숲 바닥에 쓰러져 썩어 가는 나무를 예사롭게 대할 일이 아닙니다. 숲을 정화한답시고 썩어 가는 나무를 치우는 일은 사슴벌레같이 썩은 나무속에서 사는 소중한 생명을 모조리 죽이는 일입니다.

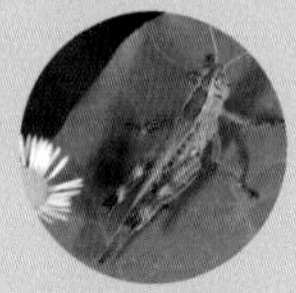

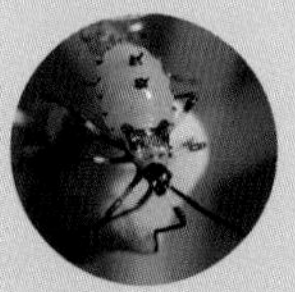

3부

–

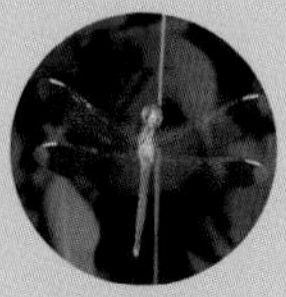

가을

6. 풀잎에 모이는 곤충

7. 웅덩이에 모이는 곤충

8월도 다 지나갑니다. 날마다 숨 막힐 것같이 덥더니 아침저녁으로 제법 선선한 바람이 붑니다. 나뭇잎도 실바람에 흔들리며 사스락사스락 소리를 냅니다. 시끄럽게 노래하던 매미 소리가 점점 잦아드는 걸 보니 여름도 끝이 나는가 봅니다. 풀벌레 노랫소리가 풀숲을 가득 메웁니다. 고개를 젖히고 하늘을 올려다봅니다. 어쩜 저리도 파랄까. 얼마나 파란지 하늘에 손을 대고 휘휘 젓기만 해도 손가락 사이로 파란 물이 뚝뚝 떨어질 것만 같습니다. 햇볕까지 맑게 쏟아지니 뭐 하나 모자랄 게 없습니다. 가을이니까요.

하얀 구름 노니는 파란 하늘을 올려다보며 숲길을 걷습니다. 길옆 풀밭에 선 개여뀌가 싸락눈 같은 꽃을 펑펑 피우고, 개미취, 미역취, 서양등골나물 같은 풀들이 맑은 바람 맞으며 살랑살랑 춤을 춥니다. 그새 커다란 나무에 매달린 짙은 초록빛 잎사귀들도 누렇게 바래 갑니다. 길옆 풀을 스칠 때마다 놀란 메뚜기들이 투드득 투드득 튀어 도망갑니다. 덩달아 여기저기에서 왕귀뚜라미가 또르르르 또르르르, 긴꼬리가 루루루루루, 극동귀뚜라미가 또륵 또륵, 긴꼬리쌕새기가 쌔액 쌔액 쌔액, 늦털매미가 지이이이. 얼마나 청아하고 경쾌한지 모릅니다. 무더운 여름 시원한 산속으로 피서 갔다 들판으로 되돌아온 고추좀잠자리의 수컷들이 새빨간 옷을 입고 풀밭을 쌩쌩 날아다닙니다.

가을이 오면 숲 언저리는 메뚜기류, 사마귀류, 노린재류, 잠자리류로 북적댑니다. 물론 나방이나 나비, 파리, 딱정벌레도 보이지만 눈에 금방 띄는 건 이 녀석들입니다. 그러고 보니 가을은 안갖춘탈바꿈을 하는 곤충의 계절이네요. 안갖춘탈바꿈을 하는 곤충은 번데기 시절을 거치지 않고 애벌레에서 곧바로 어른벌레가 됩니다. 메뚜기류, 사마귀류, 노린재류 애벌레는 대부분 봄에 알에서 깨어나서 여름까지 자라다가 가을 무렵이면 날개 달린 어른벌레로 변신합니다. 이 녀석들의 애벌레와 어른벌레는 같은 먹이를 먹습니다. 이에 비해 잠자리류는 어른벌레와 애벌레가 사는 곳이 전혀 다릅니다. 대부분의 잠자리류 애벌레는 자그마한 연못, 계곡물, 실개천 같은 물속에서 1년 가까이 작은 물고기나 다른 물속 생물을 잡아먹고 삽니다. 그러다 어떤 종은 봄에, 어떤 종은 여름에 어른벌레로 날개돋이를 합니다. 어른 잠자리는 땅 위에서 생활하는데, 대부분 하늘을 날아다니며 약한 곤충을 잡아먹습니다.

잠깐, 여기서 갖춘탈바꿈과 안갖춘탈바꿈을 짚고 넘어갈까요? 곤충이 지구에서 번성하게 된 이유 중 하나는 '탈바꿈'입니다. 환경의 변화가 심하거나 추운 겨울이 되어 온도가 내려갈 때, 변온동물인 곤충이 살아가기란 매우 힘듭니다. 그래서 곤충은 특단의 대책을 세워서 살아남을 확률을 높입니다. 환경의 변화에 맞춰 알이든, 애벌레든, 번데기든, 어른벌레 중 하나의 모습으로 변신해 환경이 좋아질 때까지 휴면에 들어갑니다. 추워지거나 너무 더워지면 어떤 녀석은 알로, 어떤 녀석은 애벌레로, 어떤 녀석은 번데기로, 어떤 녀석은 어른벌레로 겨울잠이나 여름잠을 자면서 생명을 유지합니다. 이 시기에는 성장과 모든 활동이 멈추고, 생명을 유지할 수 있을 정도로만 최소한으로 물질대사가 이뤄집니다.

그래서 곤충은 알, 애벌레, 번데기, 어른벌레의 역할이 효율적으로 나뉘어 있습니다. 알에선 애벌레가 깨어나고, 애벌레는 열심히 먹고 자라고, 번데기는 어른벌레로 변신하기 위해 몸을 재정비하고, 어른벌레는 알을 낳아 대를 잇고 더 좋은 환경에서 살기 위해 흩어집니다.

어떤 곤충이든 애벌레가 어른벌레로 변신하기 위해서는 종에 따라 반드시 안갖춘탈바꿈이나 갖춘탈바꿈의 과정을 거칩니다. 안갖춘탈바꿈을 하는 무리는 애벌레와 어른벌레의 생김새가 거의 비슷합니다. 이미 애벌레 몸속에 날개와 생식기 같은 중요한 기관이 있기 때문에 몸집이 자라면서 날개가 점점 커지고, 생식기도 점점 성숙합니다. 굳이 번데기 시기를 거치지 않고 허물만 벗고 날개돋이를 하면 어른벌레가 됩니다. 또한 애벌레와 어른벌레가 대부분 같은 종류의 먹이를 먹다 보니, 사는 곳도 비슷하고 환경 변화의 영향도 비슷하게 받습니다.

이에 비해 갖춘탈바꿈을 하는 무리의 애벌레와 어른벌레는 생김새나 생리현상이 무척 다릅니다. 애벌레와 어른벌레의 몸 구조가 많이 다르다 보니 제대로 잘 변신하기 위해 번데기 기간이 필요한 것이지요. 이 무리의 날개는 번데기 기간에 처음으로 몸 밖으로 불거져 나와 만들어집니다. 애벌레와 어른벌레는 생김새뿐만 아니라 종에 따라 먹잇감도 다르고 사는 곳도 다릅니다.

안갖춤탈바꿈을 하는 끝검은메뚜기

여기서 질문이 하나 생깁니다. 진화적인 면에서, 갖춘탈바꿈하는 무리와 안갖춘탈바꿈하는 무리 가운데 어떤 무리가 살아남는 데 유리할까요? 답부터 말씀드리면 갖춘탈바꿈하는 무리가 유리합니다. 연구 결과 갖춘탈바꿈하는 무리와 안갖춘탈바꿈하는 무리의 비율은 87:13으로, 갖춘탈바꿈하는 무리가 훨씬 더 많습니다. 이로 보건대 조상 대대로 환경에 적응한 갖춘탈바꿈이 진화 면에서 유리하다는 것을 알 수 있습니다.

안갖춘탈바꿈하는 곤충은 종류마다 주둥이가 다르게 생겨서 먹잇감이 다릅니다. 메뚜기류와 초식성 노린재류는 식물을 먹고 사는데, 메뚜기는 씹어 먹는 주둥이를 가져 주로 잎사귀를 아삭아삭 베어 씹어 먹고, 노린재류는 침처럼 생긴 주둥이를 가져 식물 즙을 빨아 마십니다. 육식성 노린재류는 침 모양 주둥이로 힘 약한 곤충의 체액을 빨아 마시고, 사마귀류와 어른 잠자리류는 씹어 먹는 주둥이로 힘 약한 곤충을 씹어 먹습니다. 자, 이제 가을에 자주 눈에 띄는 곤충을 만나러 가 볼까요?

풀숲에 숨어 있는 각시메뚜기

6. 풀잎에 모이는 곤충

가을 풀밭은 메뚜기 세상

제 나이 또래에겐 누구나 메뚜기와 놀던 어린 시절의 이야기가 있습니다. 뙤약볕 아래서 메뚜기를 잡으러 땀을 뻘뻘 흘리며 뛰어다닌 이야기, 메뚜기를 잡아다 불을 피워 새까맣게 구워 먹다 손과 입이 숯검정이 된 이야기, 날개도 떼어 보고 다리도 떼어 본 섬찟한 이야기. 제게도 그런 추억이 있습니다. 어린 시절에 몇 집만이 옹기종기 모인 시골 마을에서 살다 보니 친구가 별로 없었습니다. 그나마 있는 친구도 남자아이들이라서 같이 놀 수도 없는 데다가 그때만 해도 '남녀칠세부동석'이란 말이 통했으니 말이지요. 그러다 보니 혼자서도 잘 놀았습니다. 학교에서 돌아오면 가방은 마루에 던져두고 온 천지가 풀밭인 들로 산으로 쏘다니며 놀았지요. 한낮은 뜨거운 가을, 풀밭은 그야말로 '메뚜기 백화점'입니다. 불청객에 놀라 툭툭 튀어 도망가는 팥중이, '탁' 소리를 내며 '후드드득' 날아가는 풀무치, 풀잎 뒤에 매달려 맛나게 식사하는 섬서구메뚜기, 엄마 등에 업힌 아기처럼 암컷 등에 업힌 귀여운 수컷 방아깨비, 거미줄에 걸려 거미한테 보쌈당하는 불쌍한 등검은메뚜기, 풀 위를 겅중겅중 걸어 다니는 실베짱이, 풀줄기 뒤에서 감쪽같이 숨어 쌔액 쌔액 노래 부르는 쌕새기, 풀밭이 들썩일 정도로 큰 소리로 드르르륵 노래 부르는 긴날개여치……. 메뚜기에 맘을 뺏겨 시간 가는 줄도 모르고 쫓아다녔지요. 녀석들은 잡히기만 하면 입에서 검푸른 즙을 토해내니 어느새

손이 거무죽죽 물들었습니다.

흑백 영화처럼 떠오르는 메뚜기가 그 시절처럼 많지는 않습니다. 농약에 죽어 가고, 사람들에게 자신들의 삶터를 빼앗기고, 하루가 다르게 들어서는 건물과 도로에 밀려 메뚜기가 많이 줄어 갑니다. 그래도 풀밭만 있으면 살아가는 메뚜기! 가을은 여전히 메뚜기 세상입니다.

메뚜기만큼 역사에 자주 등장한 곤충은 없습니다. 주연급 중에서도 최고 주연급이지요. 고려시대에 김부식이 편찬한 『삼국사기』에도 메뚜기에 대한 이야기가 나옵니다.

> "신라시대의 두 번째 왕인 남해 차차웅 15년, 서라벌에 가뭄이 들더니 7월에 황(蝗, 메뚜기)이 날아들어 백성이 굶주렸다. 창고를 열어 구제했다."

등판의 색이 진하다. 등이 검어서 등검은메뚜기라는 이름이 붙었다.

우리 역사에 기록된 메뚜기 떼 피해는 삼국시대에 36회, 고려시대에 27회, 조선시대에 62회 나온다고 합니다. 그뿐 아닙니다. 가끔 뉴스에도 나오듯이 세계적으로도 메뚜기는 사람들 입에 오르내립니다. 펄 벅Pearl S. Buck이 쓴 소설 『대지』에 등장하는 메뚜기 떼, 북아메리카의 농작물을 다 먹어치우는 메뚜기 떼, 최근 발생한 아프리카와 오스트레일리아의 메뚜기 떼…… 그 메뚜기들은 떼거리로 옮겨 다니며 풀이란 풀을 싹쓸이합니다. 대부분 메뚜기류의 밥은 식물입니다. 씹어 먹는 주둥이를 가져 식물의 잎사귀를 베어 씹어 먹습니다. 게다가 미소 곤충과 달리 몸집이 커서 먹는 양이 많아 녀석들이 지나간 자리는 그야말로 초토화되지요. 특히 사람들이 기르는 농작물을 먹어치워 원성이 자자합니다. 인삼이나 보리 같은 농작물을 먹어치우는 땅강아지, 벼를 갉아 씹어 먹는 벼메뚜기, 각종 농작물을 먹어치우는 대식가 풀무치 등은 농작물에 크고 작은 피해를 입혀 종종 해충으로 취급되곤 합니다.

세계에서 메뚜기 떼가 가장 극성을 부리는 곳은 아프리카 지역입니다. 1784년 남아프리카에서는 메뚜기류가 3천억 마리나 떼로 나타나 3천제곱킬로미터의 논과 밭에 엄청난 피해를 주었다고 합니다. 특히 2011년에는 꿈의 섬 마다가스카르에도 메뚜기가 떼로 날아다니며 수많은 농작물을 먹어치웠다 하니 놀랍기만 합니다.

떼로 모여 사는 메뚜기

메뚜기는 대체로 무리 지어 생활합니다. 메뚜기가 떼를 이루는 데는 여러 환경 요인이 영향을 끼칩니다. 예를 들면 사막 주변의 초지草地에 사는 풀무치는 늘 먹잇감이 모자라 애를 먹습니다. 스텝 지역은 비가 규칙적으로 내리지 않아 식물의 생육도 해마다 다르기 때문입니다. 혹시나 메뚜기가 사는 지역에 가뭄이 들어 식물이 제대로 자라지 못하면 녀석들은 다른 풀밭으로 먹이를 찾아 떠나야 합니다. 그 근처에 사는 풀무치도 사정은 같아서 먹이를 찾아 다른 풀밭으로 오다 보면 여러 무리가 한곳에 모입니다. 때로 바람을 타고 바람이 데려다주는 곳으로 우연히 한곳에 모이기도 합니다. 이들은 모여 살며 짝짓기를 하고, 알을 낳습니다. 알에서 깨어난 애벌레가 자라고, 애벌레는 어른벌레가 되고, 어른벌레는 또 알을 낳고……. 이렇게 한살이가 여러 번 돌아가다 보면 '마을' 수준이던 풀무치 무리는 기하급수적으로 늘어나 '소도시' 수준으로 커집니다. 그 큰 집단이 같은 곳에서 살면서 같은 먹이를 먹다 보니 자연스럽게 먹잇감이 부족해집니다. 버틸 때까지 버티다 더는 안 되겠다 싶으면 녀석들은 떼를 이뤄 '신세계 풀밭'을 찾아 먼 여행을 떠납니다. 사람들이 땀 흘려 가꿔 놓은 논과 밭의 작물이든 자연의 풀밭이든 녀석들에겐 모두 '풀밭'인 셈입니다.

그렇게 모여 사는 메뚜기류의 몸에는 서서히 변화가 생깁니다. 개체수가 많아지고 적어짐에 따라 생김새, 생리 현상, 몸빛, 행동 등이 아주 많이 달라집니다. 개체수가 적으면 '개별형(solitary)'으로 바뀌는데, 넓적다리마디와 앞가슴등판이 크고, 멀리 날아갈 필요가 없으니 날개가 짧고, 색깔은 대개 초록빛을 띱니다. 개별형은 서로 거리를 두고 밤에 떼를 지어 이동하는 습성이 있습니다. 개체수가 많으면 '집단형(gregarious)'으로 바뀌는데, 이때는 넓적다리마디가 짧고, 멀리 날아갈 수 있게 날개가 길고, 집합성이 강하고, 며칠 굶을 것을 예상해 배고픔에 대한 내성도 강합니다. 집단형은 알과 애벌레 시

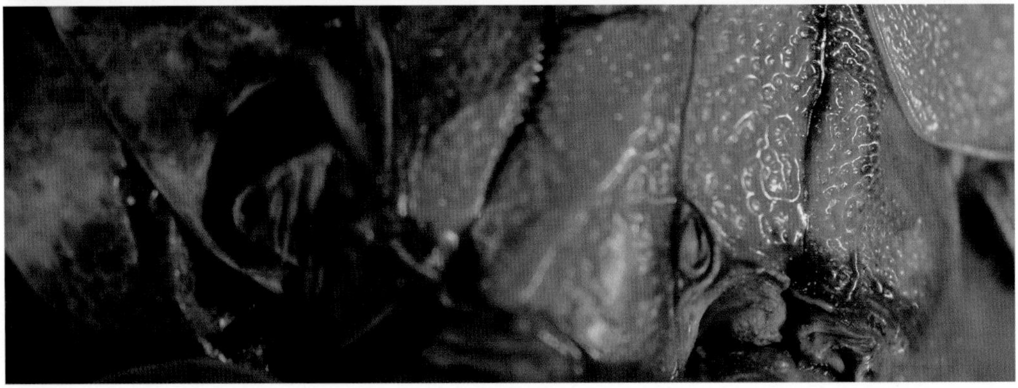

1 2
3

풀무치의 모습 1 짝짓기 자세에서 수컷은 엄마 등에 엎힌 아기 같은 모습이다. 2 풀무치 얼굴 3 'D' 모양의 투명한 고막을 통해 소리를 듣는 풀무치

기부터 경쟁을 하기 때문에 서로 생리적, 신경적으로 자극을 주고받는 경향이 강합니다.

메뚜기의 의사소통

메뚜기류가 내는 소리를 들어 보셨나요? 메뚜기도 소리를 내어 암컷과 수컷이 대화를 나누는 종들이 있습니다. 메뚜기류는 대부분 앞날개에 있는 단단한 날개맥과 뒷다리의 넓적다리마디 안쪽 가장자리를 비벼 소리를 냅니

1 2 3

삽사리의 모습과 생태 1 수컷 삽사리 2 짝짓기하는데, 날개가 퇴화되어 날개보다 배가 긴 암컷 3 뒷다리와 앞날개를 비벼 소리를 내고 있다.

다. 또 어떤 녀석은 날면서 날개끼리 서로 부딪쳐 소리를 내고, 큰턱을 서로 비벼서 소리를 내는 녀석이 있는가 하면, 앞날개 끄트머리를 뒷다리로 가볍게 쳐서 소리를 내는 녀석도 있습니다. 6월이면 벌써 어른벌레가 되는 삽사리는 앞날개와 뒷다리 안쪽에 촘촘히 박힌 마찰돌기를 비벼서 노래를 부릅니다. 풀무치는 이들과는 달리 뒷다리에 마찰돌기가 없기 때문에 돌기 많은 앞날개에 뒷다리를 비벼서 소리를 냅니다. 이렇게 낸 소리를 듣기 위해선 귀가 필요합니다. 메뚜기류의 귀는 어디에 있을까요? 정확하게 첫째 배마디

양쪽에 하나씩 붙어 있습니다. 날개를 살짝 들어 뒷다리 근처 첫째 배마디를 살펴보세요. 'D' 모양의 투명한 고막이 보이지요? 사람처럼 귓바퀴가 없는 얇은 고막은 안쪽으로 청신경이 연결되어 있어 주변의 소리를 들을 수 있습니다.

땅속에 알 낳는 메뚜기

메뚜기류는 대부분 암컷의 몸집이 수컷보다 더 큽니다. 암컷 배 속에는 앞으로 알이 될 난황이 들어 있으니 수컷에 비해 몸집이 더 커야겠지요. 그래서 암컷 등에 올라가 짝짓는 수컷의 모습이 마치 엄마 등에 업힌 아기 같습니다. 재밌게도 수컷은 생식기를 'S' 모양으로 한 번 비틀어 암컷의 생식기에 갖다 댑니다. 수컷은 짝짓기를 하면서 정자를 암컷에게 직접 넘겨줍니다.

짝짓기를 마친 암컷은 알이 성숙하기를 기다립니다. 암컷은 알을 낳을 장소를 찾아내는데, 대부분은 땅속에다 알을 낳습니다. 알을 적당한 시기에, 적당한 장소에 낳지 않으면 알이 잘 발육하지 못할 수 있기 때문에 알 낳을 장소를 잘 선택해야 합니다. 천적의 눈에 덜 띄어야 하고, 땅이 촉촉해 알이 마르지 않아야 하고, 알에서 깨어난 애벌레가 먹을 밥이 충분해야 합니다. 또 흙이 단단하지 않고 적당히 포슬포슬한지, 흙에 물기가 적당히 있는지, 흙 속에 염분이 적당히 들어 있는지 여러 가지를 살핍니다.

적당한 곳을 고르면 암컷은 배 끝을 길게 늘여서 땅에 찌르고 위아래로 왔다갔다 움찔움찔하면서 알을 낳습니다. 알이 산란관을 빠져나올 때 몸속에 있는 생식관의 근육이 물결치듯 수축운동을 하니 배 끝도 덩달아 뿔룩뿔룩 움직입니다. 신기하게도 알이 산란관을 지날 때 거품 같은 물질이 함께 분비

됩니다. 이 거품 분비물은 산소와 닿으면서 굳어져 가죽 같은 알주머니가 됩니다. 알주머니는 알을 따뜻하게 잘 보호하고, 건조하지 않게 해주고, 기생충이나 병원균의 공격을 막아 줍니다. 땅속에서 알로 겨울을 보내고, 이듬해 봄이 되면 알에서 애벌레가 깨어나 땅 위로 올라옵니다. 만일 환경이 안 좋으면 땅속에서 환경이 좋아질 때까지 알로 버티기도 합니다.

메뚜기 종류

메뚜기류(아목)에는 메뚜기과, 모메뚜기과, 섬서구메뚜기과, 좁쌀메뚜기과, 방아깨비과 등이 있는데, 메뚜기류는 대부분 땅과 가까운 풀밭에서 삽니다. 그러다 보니 몸빛이 식물과 비슷한 초록빛을 띠기도 하고, 땅 색깔과 잘 어울리는 갈색을 띠기도 합니다. 예를 들면 섬서구메뚜기, 방아깨비, 벼메뚜기의 몸은 풀잎과 비슷한 초록색이고, 팥중이나 등검은메뚜기는 갈색입니다. 같은 종인데도 몸빛이 다른 경우가 있습니다. 어떤 녀석은 유전적인 원인 때문에 갈색이 되기도, 초록색이 되기도 합니다. 또 어떤 녀석은 환경의 영향으로 몸빛이 달라질 때가 있습니다.

메뚜기류는 성장 과정에서 서식지의 습도, 먹이 양, 주변 환경의 색, 온도와 개체군의 밀도 따위의 영향을 받아 몸빛을 바꾸기도 합니다. 대체로 같이 사는 무리(개체군)의 밀도가 낮고 습도가 높으면 초록색을 띠며, 밀도가 높고 습도가 낮아 건조하면 갈색을 띠는 성향이 있습니다. 소금기가 있는 염습지의 식물을 먹는 메뚜기류는 몸빛이 불그스름하게 바뀌기도 합니다. 특히 단풍이 드는 늦가을이 되면 같은 종인데도 몸빛이 갈색으로 바뀌는 녀석들도 있습니다.

1 2
3 4

다양한 종류의 메뚜기들 1 짝짓는 우리벼메뚜기 2 여러 마리가 함께 있는 밑들이메뚜기류 3 색이 검고 잔털이 많은 긴날개밑들이메뚜기 애벌레 4 원산긴날개밑들이메뚜기 어른벌레

5 6
7 8

5 방아깨비 애벌레 6 녹색형 어른 방아깨비 7 갈색형 날개를 가진 어른 방아깨비 8 성충으로 월동하는 각시메뚜기 ©박해철

메뚜기과

메뚜기아목 가운데 가장 큰 집안으로 우리가 메뚜기라고 부르는 녀석들은 대부분 메뚜기과 식구입니다. 산길, 풀숲, 논, 밭, 강변, 바닷가 모래밭, 사막 등 곳곳에서 삽니다. 날아갈 때 날개를 부딪치면서 '탁' 소리를 내기도 합니다. 고막은 첫째 배마디에 붙어 있습니다. 메뚜기과 식구 가운데 자주 만나는 종을 꼽으라면 벼메뚜기, 방아깨비, 등검은메뚜기, 팥중이, 밑들이메뚜기 정도가 될 것 같습니다. 특히 논에 심은 벼를 즐겨 먹는 벼메뚜기는 1960~1980년에 많이 뿌린 농약 때문에 한때는 개체수가 엄청나게 줄었습니다. 하지만 친환경 농법에 관심을 가진 사람들 덕에 농약을 점점 덜 뿌리게 되어 1990년대 이후부터는 개체수가 제법 늘어나 지금은 흔하게 볼 수 있습니다.

몸빛이 거무튀튀하고 칙칙해 '송장메뚜기'라고도 불리는 팥중이(위쪽)과 두꺼비메뚜기(아래쪽)

또한 많은 사람들이 '송장메뚜기'라고 부르는 녀석들은 거의 메뚜기과 식구입니다. 실은 '송장메뚜기'란 종류는 따로 없습니다. 다만 옛 어른들 눈에 등검은메뚜기, 두꺼비메뚜기, 팥중이의 몸빛이 거무튀튀하고 칙칙한 게 마치 송장 같아서 붙인 별명인 것으로 생각합니다.

섬서구메뚜기과

풀밭에서 가장 자주 만나는 메뚜기 하면 섬서구메뚜기를 빼놓을 수 없습니다. 몸 생김새는 긴 마름모꼴에다 머리는 길쭉합니다. 우리나라에 사는 섬서구메뚜기과 식구는 단출하게 섬서구메뚜기뿐었습니다만, 최근에 제주도와 남부도서에서 분홍날개섬서구메뚜기가 발견됩니다. 이들 역시 암컷보다 수컷이 매우 작아 짝짓기할 때는 마치 암컷이 아기를 업고 있는 것처럼 보입니다.

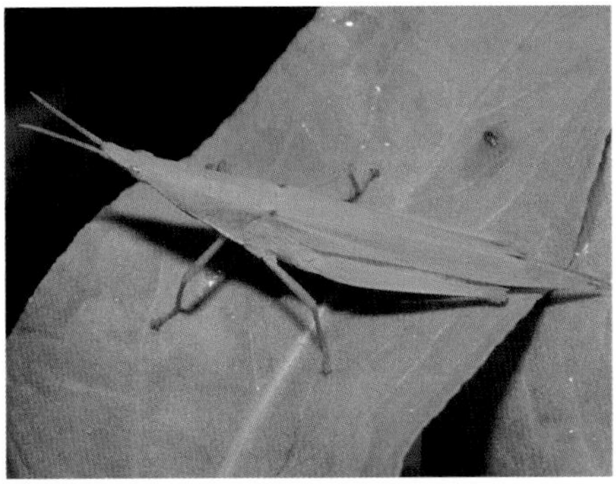

1 머리가 길쭉한 섬서구메뚜기
2 섬서구메뚜기 짝짓기, 애기처럼 작은 암컷 등 위의 수컷
3 섬서구메뚜기의 탈피하는 모습

좁쌀메뚜기과

몸 크기가 아주 작고(몸길이 5밀리미터 정도) 대부분 몸빛이 땅 색처럼 거무튀튀해서 꼼꼼히 찾아야 보입니다. 언뜻 보면 땅강아지와 비슷하게 생겼는데, 어른벌레로 겨울을 납니다. 뒷다리의 넓적다리마디가 매우 튼튼해서 땅을 잘 파고, 건드리면 툭툭 높이 튀어 오릅니다.

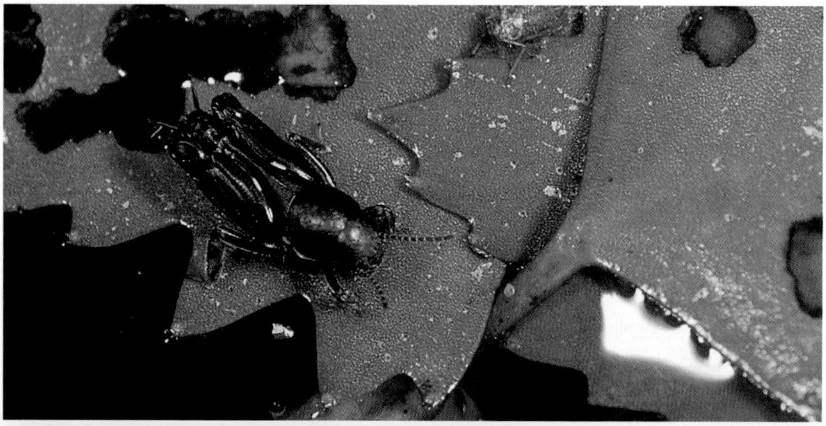

1 몸 크기가 아주 작은 좁쌀메뚜기 2 높이 뛰어 오를 준비가 된 좁쌀메뚜기

모메뚜기과

몸 크기가 메뚜기치고는 작고(몸길이 10밀리미터 정도), 몸 생김새는 짧은 마름모꼴입니다. 급하면 물에도 잘 뛰어들어 헤엄을 치기도 합니다. 주로 물기가 많은 땅에서 삽니다. 같은 종이라도 몸빛이나 무늬가 여러 가지입니다. 우리나라에는 모메뚜기, 가시모메뚜기, 장삼모메뚜기 등이 삽니다.

짧은 마름모꼴로 생긴 모메뚜기

풀무치 얼굴

메뚜기는 씹어 먹는 주둥이를 가졌습니다. 곤충의 주둥이는 윗입술, 아랫입술, 큰턱(한 쌍), 작은턱(한 쌍)과 혀로 되어 있는데, 메뚜기목 식구의 주둥이는 이 다섯 부분이 온전하게 남아 있습니다. 그래서 메뚜기목의 주둥이는 모든 곤충 주둥이의 기준이 됩니다. 메뚜기 무리는 큰턱이 매우 단단해서 먹잇감이 식물이든 동물이든 상관하지 않고 한 입 한 입씩 베어 잘 씹어 먹습니다. 큰턱 안쪽에는 날카로운 이빨 같은 돌기들이 있어 음식물을 잘 자르고 씹을 수 있습니다. 큰턱 아래쪽에 달린 작은턱은 먹잇감을 흘리지 않고 '목구멍(전구강)'으로 넘어가게 합니다.

1	2
3	4
5	6

1 끝검은메뚜기 2 끝검은메뚜기의 짝짓기 3 잔날개여치 4 긴날개여치 얼굴
5 긴날개여치 암컷 6 긴날개여치 수컷

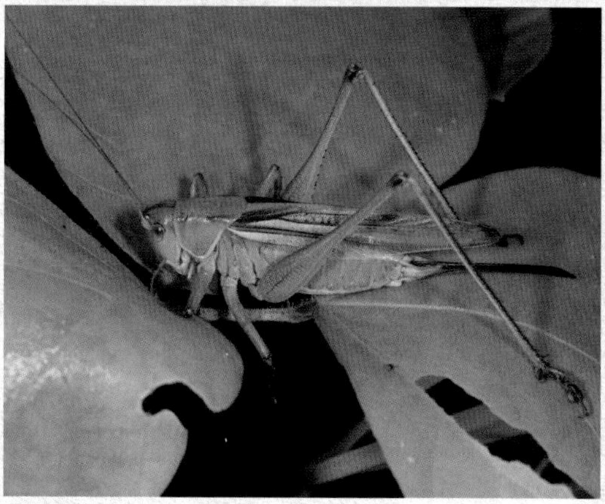

또한 메뚜기목 하면 빼놓을 수 없는 게 '뛰뛰기형' 뒷다리입니다. 뒷다리는 앞다리와 가운뎃다리보다 두 배쯤 긴 데다가 넓적다리마디(퇴절)는 운동근육이 빽빽이 들어차 '알통다리'처럼 툭 불거져 있습니다. 천적이 다가오거나 위험을 느끼면 재까닥 튀어 올라 도망칩니다.

우리나라에 사는 메뚜기 집안(목)은 크게 메뚜기류(메뚜기아목)과 여치류(여치아목)로 나눕니다. 더듬이 길이, 다리 모양, 겉날개에 붙은 소리 기관, 배 끝만 잘 들여다봐도 누가 메뚜기류인지, 누가 여치류인지 금방 알 수 있습니다. 메뚜기류와 여치류의 생김새가 어떻게 다른지 살펴보면 다음과 같습니다.

	메뚜기류	여치류
더듬이	두텁고, 몸길이보다 짧다.	가느다랗고 몸길이 보다 길다.
고막	첫째 배마디에 있다.	앞다리에 있다.
소리	(수컷, 암컷) 앞날개와 뒷다리의 넓적다리마디를 비벼서 소리를 낸다.	(수컷) 앞날개끼리 서로 비벼서 소리를 낸다.
배 끝 모양 (암컷)	산란관이 배 끝 속에 들어 있어서 겉에서 안 보인다.	배 끝에 아주 기다란 산란관이 있다.
짝짓기	암컷 등에 수컷이 올라타서 짝짓기를 한다.	수컷 등에 암컷이 올라타서 짝짓기를 한다.
정자 전달	수컷은 정자를 암컷 배 끝에 직접 넣는다.	정자주머니를 암컷 배 꽁무니에 붙여 간접 전달한다.
알 낳기	알을 한꺼번에 무더기로 낳은 뒤 알주머니로 감싼다.	알을 하나씩 하나씩 낳는다.

날개를 비벼 소리를 내는 여치

시원한 가을날 풀밭에서는 곤충 울음소리가 한창입니다. 곤충 단원들로 구성된 오케스트라가 여름부터 가을까지 음악회를 엽니다. 지휘자도 없이 자기 몸을 악기 삼아 즉흥곡을 연주합니다. 시원하게 소리를 내뿜는 매미는 관악기, 날개를 비벼 소리 내는 귀뚜라미류와 여치류는 현악기. 이들의 음악은 한결같이 암컷을 애타게 부르는 구혼 환상곡입니다.

우리나라에서 최고의 곤충 가수를 꼽으라면 여치아목 식구를 들 수 있습니다. 누구도 그 자리를 넘보지 못하지요. 노린재목 집안인 매미과 식구 15종 정도가 노래를 부르지만 100종이 넘게 노래하는 메뚜기목 집안에 비하면 게임이 안 됩니다. 우리나라에 사는 메뚜기목 식구는 모두 140종 정도 되는데, 그 가운데 노래하는 녀석은 100종 정도. 녀석들은 저마다 다른 소리를 내어 노래를 부릅니다.

사람이 말과 글로 대화하듯이 여치류가 짝을 찾을 때도, 짝을 지을 때도, 자기 영역에 들어오지 말라고 경고할 때도 소리를 내어 '그들만의 대화'를 나눕니다. 그 대화에서 대부분은 '짝짓기용 노래(구애음 courting song)'입니다.

수컷 여치가 짝짓기용 노래를 부르는 이유는 장점이 많기 때문입니다. 암컷은 깜깜한 밤에 돌 밑에 숨어 있어도, 햇빛이 비치는 낮에 돌 밑이나 덤불에 숨어 있어도, 멀리 떨어져 있어도 수컷이 노래를 부르면 잘 들을 수 있습니다. 한번도 수컷을 만난 적이 없어도 노랫소리만 듣고 상대방의 신체 조건을 알아차립니다.

밤에 전등을 켜고 풀숲을 걷다 보면 암컷을 많이 만납니다. 수컷은 자기

긴날개여치 수컷

수컷 앞날개의 마찰기구. 서로 비벼 소리를 내 암컷을 부른다.

영토에서 떠나지 않고 덤불 속이나 돌 밑에서 울기만 하니 이 소리를 들은 암컷이 이 수컷에게 갈까 저 수컷에게 갈까 길에서 서성이고 있기 때문입니다. 노래가 시원치 않은 수컷보다는 노래를 잘 부르는 수컷에게 암컷들이 몰리는 수밖에요. 놀랍게도 어떤 수컷은 노래는 않고 암컷이 지나다니는 길목에서 얼쩡대다가 노래 잘 부르는 수컷을 찾아가는 암컷을 중간에 가로채서 짝짓기를 하기도 합니다. 자기 유전자를 보존하기 위한 몸부림이라고 해야 할까요? 어떤 침파리류는 귀뚜라미 노랫소리를 듣고 날아와 귀뚜라미 몸에다 애벌레를 낳습니다. 가끔 천적이 노랫소리를 듣고 날아와 수컷을 잡아먹기도 하고, 심지어 수컷 노랫소리를 흉내 내어 다가오는 암컷을 잡아먹기도 합니다. 오스트레일리아에 사는 쏙독새는 밤에 돌아다니며 땅강아지 노랫소리를 흉내 내어 동족인 줄 알고 다가온 다른 땅강아지를 잡아먹는다고 합니다. 열대지방에 사는 박쥐는 여치류가 나뭇잎 위에서 노래하면 잽싸게 날아와 잡아먹고, 어떤 고양이는 소리가 큰 여치류의 노랫소리를 듣고 찾아가 잡아먹기도 합니다.

여치류는 '짝짓기용 노래' 말고도 '경쟁음(aggressive song)'이나 '유인음(calling song)'을 낼 때도 있습니다. 유인음은 자기 영역을 표시하면서 멀리 떨어진 암컷의 관심을 끌려고 내는 소리입니다. 경쟁음은 자기 영역에 다른 종이나 동료가 들어오면 가차 없이 날카롭게 지르는 소리입니다. 어떤 종(*Oecanthus*속)의 영역은 50센티미터 정도인데, 침입자가 자기 영역에 들어와서 경쟁음을 내는 데도 도망치지 않으면 달려들어 싸움을 벌입니다.

귀가 무릎에 달린 여치류

수컷이 아름다운 세레나데를 부르면 암컷은 그 노랫소리를 듣고 다가옵니다. 여치류의 귀는 어디에 있을까요? 여치류의 귀는 '무릎'에 달려 있습니다. 양쪽 앞다리의 종아리마디 끝에 고막이 있는데, 종아리마디 안쪽과 바깥쪽 두 군데에 붙어 있어 소리가 들리는 방향을 알아차립니다. 얇은 고막 안쪽에는 청신경이 연결되어 있어서 귀의 성능이 좋습니다. 고막이 두 앞다리에 각각 붙어 있어서 다리 하나가 잘려 나가도 암컷은 수컷의 노랫소리를 들을 수 있습니다. 또 앞가슴등판 양옆으로 크게 뚫린 숨구멍이 보이는 종류도 있는데 이것이 단지 숨구멍의 역할만 하는 것이 아니라 들을 수 있게 도와주는 기능이 있다 합니다.

여치류 종류

여치아목 집안 식구는 메뚜기아목 식구와 달리 더듬이가 가늘고 길며, 몸은 비교적 부드러운 편이고, 뒷다리도 가늘고 긴 편입니다. 대부분 풀밭, 나무 위, 돌 밑, 정원, 밭 등에 살면서 종에 따라 풀, 썩은 사체, 살아 있는 동물, 과일 등 여러 가지를 먹습니다. 낮에도 나와 활동하지만 어떤 종은 밤에 활발하게 움직입니다. 몸빛은 대부분 풀이나 땅 색깔과 비슷한 초록색이나 갈색을 띱니다. 여치아목에는 여치과, 귀뚜라미과, 긴꼬리과, 땅강아지과, 꼽등이과 식구가 속해 있습니다.

여치과

여치과는 여치아목 가운데 식구를 가장 많이 거느린 집안으로 〈개미와 베짱이〉 우화에 나오는 주인공 베짱이도 여치과 식구입니다. 몇 년 전 충청도와 경상도 지역의 과수원에 떼로 나타나 복숭아, 사과, 매실, 상추를 먹어치워 사람들 입에 오르내렸던 갈색여치도 여치과 식구지요. 같은 여치아목에 속하는 귀뚜라미류는 땅 위, 돌 밑에 살아 몸빛이 흙색이지만 여치과 식구는 대부분 나무 위나 풀잎에 붙어살아 몸빛이 대부분 초록색인 데다 앞날개 생김새도 식물 잎사귀와 닮았습니다.

여치과 식구는 먹성이 좋아, 실베짱이류나 일부 쌕새기 같은 녀석들은 풀을 먹고(초식성) 살고, 여치나 중베짱이 같은 녀석들은 힘 약한 곤충을 잡아먹고(육식성) 삽니다. 특히 몸집이 큰 여치는 대개 자기보다 작은 곤충을 잡아먹지만, 간혹 청개구리나 사마귀 애벌레 같은 힘센 동물을 사냥해 먹기도 합니다. 하지만 먹이가 부족할 때는 육식성인 녀석들도 과일, 죽은 시체, 식물을 먹습니다. 마찬가지로 풀잎을 먹는 실베짱이류도 때에 따라서는 꽃가루나 꽃잎을 먹고, 먹이가 부족하면 종종 동물 시체도 먹으니 엄밀하게 따지면 여치류는 잡식성인 셈입니다.

갈색여치 암컷

갈색여치 수컷의 포식 ©박해철

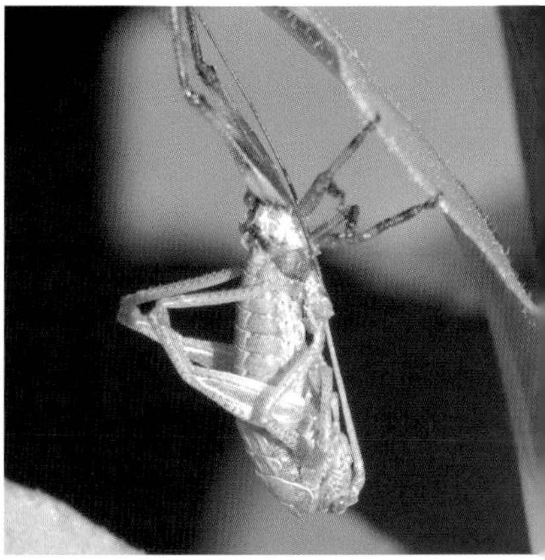

허물을 벗는 갈색여치 애벌레

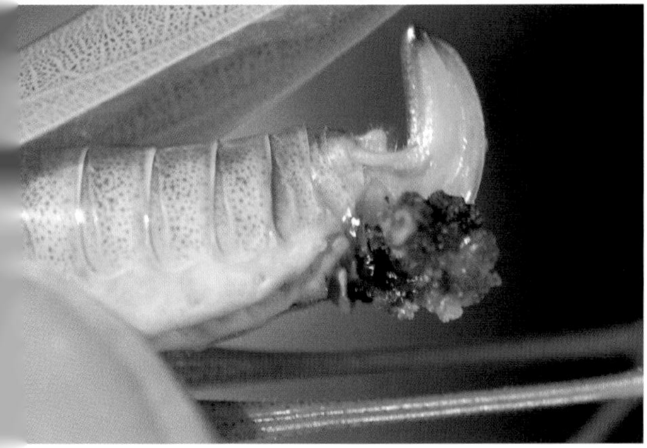

검은다리실베짱이 암컷에게 건네진 정포

꽃잎을 주로 먹는 검은다리실베짱이 수컷

베짱이 수컷. 머리 뒤부터 앞가슴 등판이 넓으면서 진한 갈색이다.

실베짱이 암컷

큰실베짱이 암컷

창처럼 긴 산란관을 지닌
긴날개중베짱이 암컷

몸집이 크며 주로 나무 위에
올라앉아 있는 날베짱이

머리와 가슴등판이
적갈색을 띤 중베짱이 수컷

줄베짱이 갈색형 암컷

줄베짱이 녹색형 수컷

줄베짱이 녹색형 암컷

메부리 암컷

쌕새기 수컷

암컷과 수컷의 생김새가 다른데, 암컷은 배 끝에 칼 모양 또는 낫 모양의 산란관을 차고 있고, 수컷은 앞날개에 소리를 내는 발음기관을 달고 있어서 밤낮 날개를 비벼 암컷을 위한 세레나데를 부릅니다. 그런데 여치과 수컷은 귀뚜라미류 수컷과 다른 방법으로 날개를 비빕니다. 여치과 수컷의 왼쪽 앞날개에는 작은 돌기가 촘촘히 붙어 있는 날개맥이 있습니다. 그리고 오른쪽 앞날개 가장자리에는 빨래판 같은 마찰편(scraper)이 있습니다. 왼쪽 날개와 오른쪽 날개를 바이올린 연주하듯이 쓱쓱 비비면 소리가 납니다. 귀뚜라미류는 여치류와 다르게 왼쪽 날개에 빨래판 같은 마찰편이 있고, 오른쪽 앞날개에 돌기가 붙어 있어 오른쪽 날개를 왼쪽 날개 위에서 비벼 소리를 내지요.

짝짓기를 마친 암컷은 대부분 산란관을 식물 줄기에 대고 조직을 뚫어 알을 하나씩 하나씩 낳습니다. 어떤 종은 땅속에 산란관을 꽂고 알을 하나씩 하나씩 낳습니다. 대부분 알 상태로 겨울을 나지만 어른벌레로 겨울을 버티는 녀석들도 있습니다. 세계에서 5천 종 정도가 사는데, 우리나라에도 40종 정도가 터를 잡고 삽니다. 실베짱이류, 철써기, 베짱이, 매부리류, 쌕새기류, 여치류 등이 여치 집안 식구입니다.

귀뚜라미과

가을 하면 금방 떠오르는 곤충이 바로 귀뚜라미지요. 귀뚜라미가 청량한 가을밤에 또르르르르 노래하기라도 하면 사람들은 수도자가 되어 자신을 되돌아봅니다. 누구에게나 추억 하나쯤 선물해주는 귀뚜라미과에는 종류가 많습니다. 몸집이 제일 큰 왕귀뚜라미, 수컷 얼굴이 양옆으로 특이하게 튀어나와 모가 진 모대가리귀뚜라미, 너무 흔한 극동귀뚜라미와 알락귀뚜라미, 풀

1 2
3

눈에 띄는 바위와 나무판자 위에 올라온 귀뚜라미 **1** 긴 산란관을 지닌 왕귀뚜라미 **2** 앞날개 위에 발음 구조를 가진 극동귀뚜라미 수컷 **3** 넓적다리마디가 알통처럼 생긴 먹종다리 암컷

밭에서 해맑게 노래하는 알락방울벌레, 겉날개가 아름다운 풀종다리, 링-링- 방울소리를 내는 방울벌레, 몸이 홀쭉하고 소리를 내지 못하는 홀쭉귀뚜라미 등 참 많습니다. 세계에 1천2백 종쯤 살고, 우리나라에는 30종쯤 삽니다.

귀뚜라미과 식구는 대부분 돌 밑이나 덤불 속에서 삽니다. 땅에서 살기 때문에 몸빛은 흙색이며 몸은 납작한 편입니다. 더듬이는 여치류답게 실 모양으로 가느다랗고 굉장히 깁니다. 녀석들은 야행성이라 주로 밤에 나와 돌아

1 2
3 4

1 각시취 꽃을 먹고 있는 긴꼬리 암컷 2 긴꼬리 수컷 3 허물 벗고 어른이 된 긴꼬리쌕새기 암컷 4 앞날개를 비벼 소리를 내는 긴꼬리쌕새기 수컷

다니고, 식성은 잡식성이라 아무것이나 잘 먹어치웁니다. 작은 곤충을 잡아먹기도 하고, 음식물 찌꺼기 그리고 오이나 수박 같은 과일도 잘 먹습니다.

뭐니 뭐니 해도 귀뚜라미 하면 노랫소리입니다. 수컷은 암컷을 불러들이기 위해 짝을 찾을 때까지 앞날개를 비벼 노래를 부릅니다. 종마다 앞날개 생김새와 앞날개 날개맥에 붙어 있는 발음기관이 달라 다른 노래를 부릅니다. 더욱이 비벼 나는 소리를 더 크게 울리려고 왼쪽 앞날개의 줄칼 부분에 투명한 막질로 된 거울판(mirror)을 가지고 있습니다. 두 날개를 비빌 때면 날개가 약간 부풀어지는데, 이때 거울판에 소리가 모여 소리를 더 크게 합니다.

재밌게도 귀뚜라미류가 양쪽 앞날개를 비비며 소리를 내는 방식은 바퀴벌레가 짝짓기하는 방식에서 진화한 것으로 추정합니다. 바퀴벌레가 짝짓기할 때 수컷은 앞날개를 뒤로 들어 올려 암컷을 유혹하는 분비물이 나오는 뒷가슴샘을 드러냅니다. 그러면 재까닥 암컷은 그 분비물을 핥아 먹고 이때 수컷은 자연스럽게 다가가 짝짓기를 합니다. 마찬가지로 귀뚜라미류 수컷도 울음소리를 듣고 찾아온 암컷에게 날개를 들어 올립니다. 그러면 암컷은 수컷의 뒷가슴샘 분비물을 핥아 먹고, 그 틈을 타 수컷은 정자주머니를 암컷 배 끝에 붙입니다.

암컷의 배 끝에는 가늘고 긴 송곳 모양의 산란관이 붙어 있습니다. 짝짓기를 마친 암컷은 산란관을 흙에 꽂고서 알을 하나씩 하나씩 낳습니다.

땅강아지과

땅강아지의 족보를 따져 보면 '메뚜기목 여치아목 땅강아지과'이니 땅강아지는 엄연한 메뚜기 가족입니다. 땅강아지는 몸값이 비싼 편입니다. 땅강아지 집안은 자손이 귀해서 온 세계를 다 뒤져 봐야 80종 정도밖에 안 되고, 우리나라에는 달랑 땅강아지 한 종만 살고 있습니다. 그러니 몸값이 비싸도 한참 비쌉니다.

우리나라에 사는 땅강아지는 깜찍하게 생겼습니다. 몸길이가 3센티미터가 넘어서 맨눈으로도 잘 보입니다. 몸은 흙색이며 짧고 보드라운 털로 덮여 있습니다. 손끝으로 살짝 쓰다듬어 보면 벨벳처럼 맨들맨들하고 보들보들

땅을 파려는 땅강아지

한쪽 뒷날개가 길게 펴진 땅강아지

합니다. 땅에 납작 엎드린 몸뚱이는 어찌 보면 가재 같고, 어찌 보면 새우 같고, 어찌 보면 납작 엎드려 있는 똥개 같기도 합니다. 뭐니 뭐니 해도 땅강아지의 특허 상품은 두더지 다리처럼 짜리몽땅한 다리! 평생을 땅속에서 사니 긴 다리가 굴을 파는 데 거추장스러울 겁니다. 진화하며 다리가 짧아진 것 같습니다. 여기에 입이 떡 벌어지게 만드는 건 녀석의 앞다리! 앞다리의 종아리마디는 말 그대로 쇠스랑, 아니 굴삭기처럼 생겨서 타고난 땅 파기 선수인 걸 알 수 있습니다. 보통 땅속에서 굴을 파는 곤충(토양성 곤충)의 앞다리는 땅 파기 좋게 삽처럼 넓적하긴 해도 엽기적인 땅강아지 다리와는 게임이 안 됩니다. 마치 활짝 편 부채 같은 종아리마디에는 두툼한 톱날 같은 쇠스랑 날이 붙어 있어서 땅을 파기 위해 태어난 것 같으니 말이지요. 땅강아지는 대부분 땅속에서 살면서 식물 뿌리나 곤충을 잡아먹으면서 살아갑니다.

땅강아지도 노래를 부를까요? 부릅니다. 땅강아지도 어엿한 여치아목 가족이니 날개를 비벼 노래를 부릅니다. 비록 앞날개가 짧긴 하나 앞날개의 날개맥에는 발음기관이 있습니다. 재밌게도 땅강아지 수컷은 땅굴을 쌍갈래로 파고 굴속에 앉아서 노래를 부릅니다. 땅굴 입구에서는 한 갈래로 땅굴을 파고 들어가다가 나중에는 'Y' 모양으로 땅굴을 팝니다. 입구는 땅 밖으로 난 통로고, 양 갈래로 판 땅굴은 앞이 막혀 있어 날개를 비비면 메아리 효과가 납니다. 녀석이 배 꽁무니를 땅굴 입구 쪽에 대고서 날개를 비벼 노래를 부르면 양 갈래로 뚫린 땅굴 덕분에 땅강아지의 노랫소리가 메아리처럼 증폭되어 멀리멀리 퍼져 나갑니다.

꼽등이과

등이 굽은 꼽등이과. 몇 년 전 상영된 〈연가시〉란 영화 때문에 '꼽등이 괴담'이 유행했는데, 그 괴담의 주인공이 꼽등이입니다. 꼽등이는 몸에 독을 가지고 있지 않아 사람들에게 해를 주지 않습니다. 더구나 주로 습한 곳을 좋아해 집 안에서 보기는 쉽지 않습니다. 꼽등이는 자주 연가시의 밥이 되어 제 명에 살기 힘듭니다. 연가시는 원래 물에서 사는데, 습한 곳에서 사는 꼽등이가 물가에서 식사를 할 때 연가시 알을 같이 먹을 때가 있습니다. 꼽등이 몸에 들어간 알은 시간이 지나면서 깨어나 애벌레가 됩니다. 애벌레는 꼽등이 몸을 먹고 살다가 자라면 꼽등이 몸에서 빠져 나와 물속으로 들어가 삽니다. 연가시는 사람 같은 포유동물 몸에서는 절대로 살지 못합니다. 그러니 꼽등이 몸에 사는 연가시가 사람 몸에 전염되는 것은 말도 안 됩니다. 억울하게도 영화 때문에 사람들에게 괴한으로 몰리고 있으니 꼽등이는 기가 찰 겁니다.

꼽등이류의 몸빛은 대부분 거무칙칙한 데다 야행성이라서 웬만해선 눈에 안 띕니다. 물기가 많은 곳을 좋아해 주로 동굴 속, 나무구멍 속, 산길의 배

1
2
1 등이 굽은 꼽등이 2 죽은 집게벌레의 사체를 먹는 꼽등이

수로, 낙엽 밑 같은 데서 삽니다. 꼽등이류 더듬이는 자기 몸길이보다 네 배나 깁니다. 암컷은 배 끝에 기다랗게 휜 산란관을 칼처럼 차고 있습니다. 특이하게도 꼽등이류는 날개가 없어 못 납니다. 대신 뒷다리가 아주 길고 튼튼해서 건드리면 무척 높이 껑충껑충 뛰어 도망갑니다. 녀석은 주로 땅에 떨어진 곤충이나 다른 동물의 시체를 즐겨 먹습니다. 여름밤에 길바닥에서 교통

사고로 죽은 사슴벌레나 포유동물의 시체를 밤새 먹어치워 청소부 역할을 톡톡히 합니다. 우리나라에는 알락꼽등이 등 다섯 종류가 삽니다.

…메뚜기목의 앞날

언제부터인지 메뚜기류가 줄어들고 있습니다. 몇십 년 전만 해도 이 땅에 흔해서 잡아다가 강아지풀에 꿰며 놀던 시절이 있었는데, 이젠 추억의 곤충이 되었습니다. 머지않아 전설의 곤충이 될지도 모릅니다. 녀석들은 우거진 풀밭에서 삽니다. 손바닥만 한 땅만 있어도 뿌리를 내리는 풀은 메뚜기에게 더 없는 보금자리입니다. 그런 땅이 사라지고 있습니다. 사람들 편하게 살겠다고 메뚜기들 땅을 그들에게 허락도 받지 않고 제멋대로 파헤치고, 시멘트로 쳐 발라 포장합니다. 녀석들이 즐겨 알을 낳는 축축한 물가도 이젠 옛 추억이 된 지 오래입니다. 물이 흐르는 냇물이나 강 옆에 자연스럽게 생겨난 풀 언덕이 지금은 사람 다니는 길로 바뀐 지 오래입니다. 주차장, 자전거 도로, 찻길이 메뚜기 땅에 무단으로 침입한 거지요. 내 땅 돌려 달라고 감히 소송도 못 하고 집 잃고 헤매는 메뚜기들. 곤충 치고 메뚜기류는 몸집이 커서 여러 포식동물에게 인기가 많습니다. 한 마리만 잡아도 배부르게 먹을 수 있으니까 거미와 새 할 것 없이 많은 사냥꾼에게는 좋은 먹잇감이지요. 특히나 조롱박벌은 메뚜기류와 여치류 전문 사냥꾼이고, 때까치는 메뚜기류를 잡아 나무 가시에 꽂아 놓고 겨울 내내 두고두고 먹습니다. 이렇게 자연의 먹이망에서 메뚜기는 굵직한 위치를 차지합니다. 그런 메뚜기가 줄어들고 있습니다. 그들과 함께 살아가는 방법은 없을까요?

지독한 노린내를 풍기는 노린재

가을은 노린재의 계절입니다. 풀이 무성한 숲길, 어른 노린재들은 메뚜기가 툭툭 튀어 다니는 풀밭에서 조용히 식사를 합니다. 엉겅퀴 꽃줄기에 다닥다닥 붙어 있는 떼허리노린재, 개미취 꽃 위에 앉아 있는 알락수염노린재, 유채 꽃 줄기를 오르락내리락하는 비단노린재, 개여뀌 열매에 매달린 우리가시허리노린재, 산딸기나무 줄기에 달라붙은 큰허리노린재, 가시 많은 며느리배꼽 줄기에 달라붙은 알노린재, 영롱한 좀작살나무 열매에 모여든 아기 광대노린재 떼, 나방류 애벌레를 잡아먹고 있는 주둥이노린재…… 다들 뾰족한 주둥이로 식사를 하느라 정신이 없습니다.

가을에 흔히 볼 수 있는 노린재들은 겨울을 성충으로 나는 종류가 대부분입니다. 새봄이 오면 알을 낳고 여름에 이르도록 성충으로 몸을 만들고, 가을 풀밭을 누빕니다. 광대노린재나 큰광대노린재처럼 다 자란 애벌레로 겨울잠을 자는 종류들도 있습니다. 이들 노린재는 가을 동안 식물 줄기, 잎, 열매 따위를 열심히 먹어 둬야 겨울을 잘 버틸 수 있습니다. 돌멩이 틈, 수북이 쌓인 낙엽 밑, 깊게 파인 굴속, 썩은 나무껍질 속 같은 데에서 수십 마리가 떼로 모여 추운 겨울을 납니다. 그래서 늦가을이 되면 때때로 추위를 피해 우리가 사는 따뜻한 집 안으로 날아오기도 합니다.

즙을 마시는 노린재

노린재류의 가장 큰 특징은 침처럼 생긴 뾰족한 주둥이입니다. 침 모양 주둥이를 가졌으니 액체 먹이만 먹을 수 있습니다.

1 엉겅퀴 꽃줄기에 다닥다닥 붙어 있는 떼허리노린재 2 며느리밑씻개 꽃에 올라선 우리가시허리노린재 3 산딸기 줄기에 달라붙은 큰허리노린재 4 칡신나물을 기어가는 큰허리노린재 5 줄기 틈 사이에 낀 듯이 즙액을 빠는 무당알노린재 6 지느러미엉겅퀴 꽃 밑의 즙액을 빠는 알락수염노린재 7 산형화과 꽃봉오리를 빠는 홍줄노린재 8 오밀조밀 모여 있는 광대노린재 어린 애벌레 9 다 자란 광대노린재 애벌레가 열매를 먹고 있다. 10 홍비단벌레의 짝짓기 11 북쪽비단노린재의 짝짓기

애꽃벌을 사냥해서 체액을 빨아
먹는 다리무늬침노린재

먹잇감은 식물이 됐든 동물이 됐든 아무 상관없습니다. 식물을 먹는 녀석은 식물의 즙을 빨아 마시고, 동물을 먹는 녀석은 동물의 체액을 빨아 마십니다. 노린재류뿐만 아니라 매미류 주둥이도 먹이를 잘 찌를 수 있도록 침처럼 생겼습니다. 그래서 학자들은 매미류와 노린재를 같은 집안 식구(노린재목)로 취급합니다.

노린재의 침 주둥이는 큰턱과 작은턱이 날카롭게 변하여 만들어졌습니다. 한 쌍의 작은턱에는 각각 홈이 파였는데, 이것이 한데 딱 맞물리면서 도랑 같은 두 개의 좁은 관을 만듭니다. 하나의 관에서는 먹을거리를 소화하여 녹여 낼 침(소화액 포함)을 내보내고, 또 다른 관에서는 식사를 하기 위해 소화된 식물 즙이나 동물 체액을 빨아들입니다. 이렇게 늘어난 긴 주둥이는 식사를 하지 않을 때는 한 번 접어 배 쪽 다리 사이에다 보관합니다.

강한 바늘처럼 보이는 왕침노린재의 주둥이

초식성 노린재와 육식성 노린재

우리나라에 사는 노린재 집안(노린재아목) 식구는 300종쯤 되는데, 같은 노린재 집안이라 해도 식성이 똑같지 않습니다. 육식을 하는 녀석은 힘 약한 동물의 체액을 빨아 마시고, 초식을 하는 녀석은 열매즙 같은 식물 즙을 빨아 마십니다.

우선 식물을 먹고 사는 노린재부터 만나 볼까요? 원래 노린재의 밥은 식물이었습니다. 주둥이가 침처럼 생기다 보니 식물의 줄기, 잎, 심지어 열매 속에 들어 있는 생즙만 골라 먹습니다. 녀석들은 비교적 먹성이 좋은 편이라 특정한 식물을 가리지 않고 식물 속의 즙이란 즙은 다 좋아하는 경향이 있습니다. 몸빛이 휘황찬란한 광대노린재는 작살나무류의 즙을 즐겨 먹지만 참나무류, 식나무, 황벽나무, 노린재나무, 산초나무 등 여러 식물을 먹습니다. 물론 예외는 있어 홍줄노린재는 당근이나 당귀처럼 산형화과의 꽃에만 찾아와 우아하게 꽃즙을 빨아 마시고, 노랑배허리노린재는 화살나무, 참빗살나무 같은 노박덩굴 집안 식구만 골라 먹습니다.

초식성 노린재는 침 같은 빨대 주둥이로 식물 즙을 빨아 먹습니다. 녀석들의 주둥이는 우악스러운 육식성 노린재와는 달리 침처럼 곧고 가느다랗습니다. 그런 가는 주둥이로 어떻게 리그닌이나 셀룰로오스로 무장한 식물의 표피를 뚫을까요? 다 방법이 있습니다. 녀석들은 줄기나 열매에 침 같은 주둥이를 푹 찔러 넣고선 침샘에서 소화액을 분비합니다. 소화액에는 펙티나아제pectinase 효소가 들어 있어 식물 세포벽의 중간박막층을 부드럽게 분해합니다. 그러면 자연스럽게 노린재의 가느다란 주둥이가 식물조직을 잘 뚫고 들어갑니다.

몸빛이 휘황찬란한 광대노린재

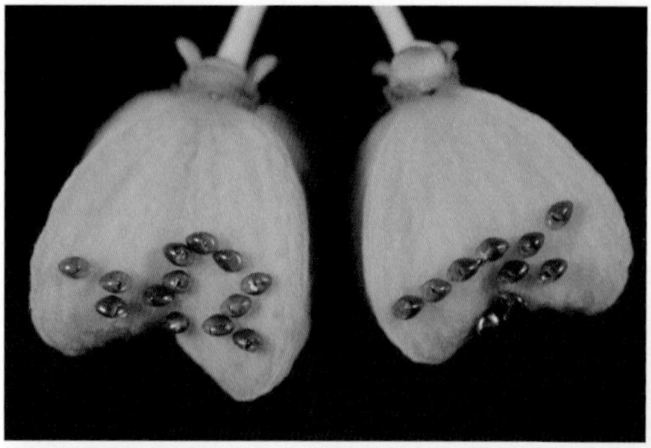
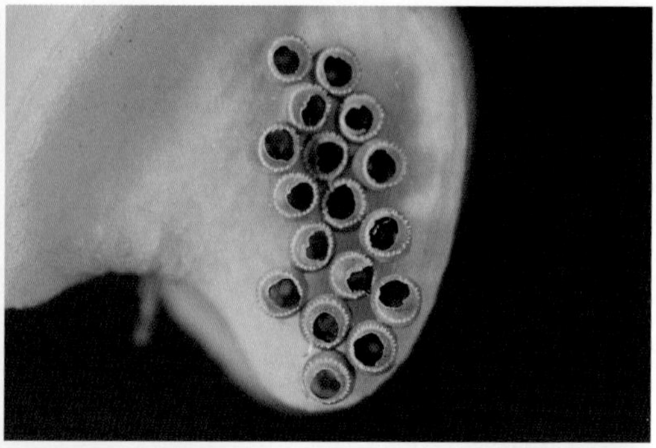
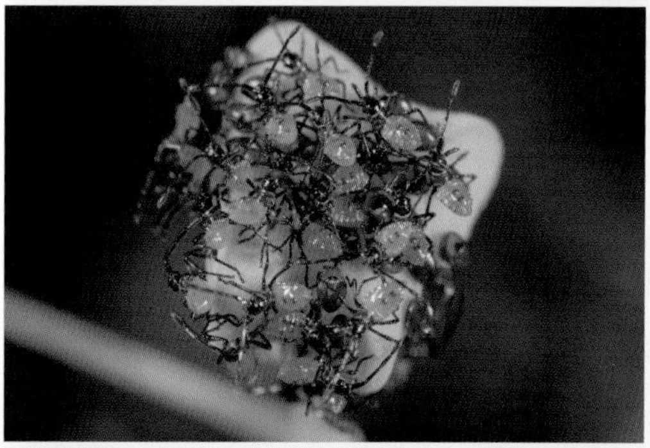

1	2
3	4
5	

참빗살나무에서의 노랑배허리노린재 생활

1 어미가 참빗살나무 열매에 낳은 알 **2** 애벌레가 깨어난 후의 알껍질 **3** 갓 부화한 후 모여 있는 어린 애벌레 **4** 참빗살나무 열매의 즙을 먹고 있는 애벌레 **5** 참빗살나무 열매에 앉아 식사하는 어른벌레

게다가 침에는 아밀라아제까지 들어 있어 식물 즙의 소화를 돕습니다. 녀석들은 애벌레 시절부터 어른 시절까지 싱싱한 식물 즙을 빨아 먹으며 살아갑니다. 초식성 노린재 무리에는 에사키뿔노린재, 톱다리개미허리노린재, 잡초노린재, 가시노린재 등 흔히 보이는 종들이 대부분 들어 있습니다.

육식성 노린재도 엄연한 노린재 집안 식구니 주둥이가 뾰족합니다. 하지만 육식성 노린재의 주둥이는 가느다란 초식성 노린재의 주둥이와는 다르게 두툼합니다. 육식성이다 보니 아무래도 주둥이가 튼튼하고 두꺼워야 외골격의 곤충이나 다른 동물들도 잡아먹기 쉽겠지요. 녀석들은 사냥꾼답게 먹잇감을 찾으러 부지런히 풀이나 나뭇잎을 돌아다닙니다. 그러다 힘 약한 먹잇감을 만나면 잠시 멈춰서 먹잇감을 노려보며 무시무시한 침 주둥이를 꺼냅니다. 눈 깜짝할 사이에 녀석은 먹잇감의 몸통에 침 주둥이를 정확히 꽂습니다. 순간 먹잇감은 온몸을 비틀며 탈출하려 발버둥치지만 노린재의 침 주둥이를 벗어날 수는 없습니다. 육식성 노린재는 주둥이를 꽂으면서 먹잇감에다 소화효소를 집어넣습니다. 소화효소는 침샘에서 만들어지는데, 소화 효소에는 먹잇감의 몸 조직을 만드는 단백질이나 지질을 분해하는 물질이 들어 있습니다.

소화효소가 먹잇감의 몸에 서서히 퍼지면서 먹잇감은 인사불성이 되어 서서히 힘이 빠집니다. 그리고 먹잇감의 몸은 점점 흐물흐물 죽처럼 변해갑니다. 그렇게 요리가 완성되면 육식성 노린재는 침 주둥이를 빨대 삼아 먹잇감의 체액을 쭉쭉 빨아 먹습니다. 식사 중에 건드리면 대부분 두툼한 주둥이에 먹잇감을 꽂은 채 풀잎 뒤로 도망가 마저 식사를 합니다.

그렇다면 노린재의 주둥이는 포유동물의 피를 빨아 먹는 모기의 주둥이와 닮았을까요? 아닙니다. 모기의 주둥이는 윗입술이 변형된 것이지만 노린재의 주둥이는 작은턱과 큰턱이 변형된 것이니 모기의 주둥이와 노린재의 주둥이는 구조적으로 다릅니다. 이것은 진화의 한 과정으로 풀이할 수 있습니다. 즉, 서로 친척 관계가 없는 생물들이 비슷한 서식환경에 적응하기 위해

1 2
3 4

1 알을 지키는 에사키뿔노린재 2 흰작살나무 열매의 즙을 좋아하는 에사키뿔노린재 3 가시노린재 4 병꽃나무에서 즙액을 빠는 가시노린재 애벌레

각기 다른 방식으로 진화한 것으로 생각합니다.

육식성 노린재는 입맛이 까다로워 주로 살아 있는 생물만 잡아먹습니다. 나비류 애벌레, 잎벌레, 진딧물, 초식성 노린재류는 제 몸보다 약한 곤충은 어떤 종류든 다 잡아먹습니다. 육식성 노린재 무리에는 주둥이노린재, 남색주둥이노린재, 왕침노린재나 다리무늬침노린재 같은 침노린재류와 장님노린재류 등이 식물 위에서 생활합니다. 반면에 물자라, 물장군, 송장헤엄치게, 소금쟁이 등은 물속에서 다른 곤충과 올챙이, 작은 물고기의 체액을 빨아 먹고 사는 육식성 노린재들입니다.

1 2
3 4
5 6

사냥꾼 노린재류 1 좀남색잎벌레 애벌레를 사냥 중인 남색주둥이노린재 2 나방 애벌레를 공격하는 남색주둥이노린재 애벌레 3 뿔나비 번데기를 공격하는 주둥이노린재류 4 장님노린재를 공격하는 빨간긴쐐기노린재 애벌레 5 나방 유충을 사냥 중인 주둥이침노린재 6 날렵한 고추침노린재

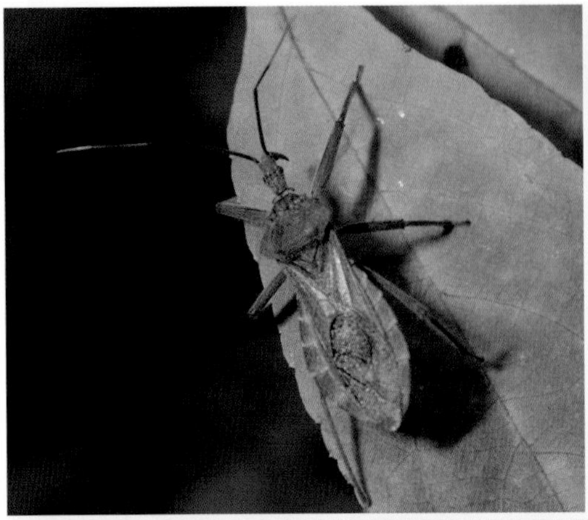

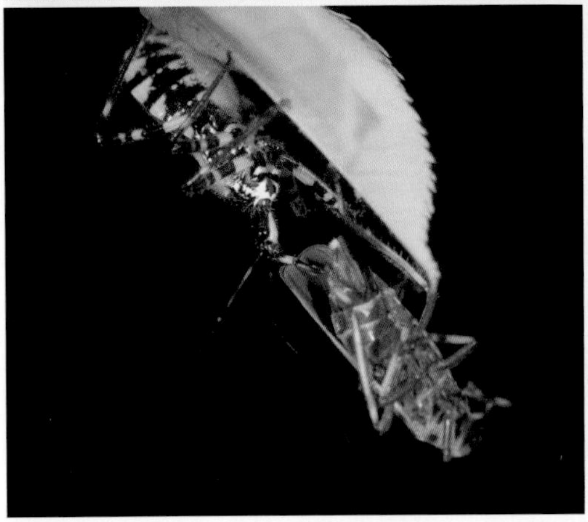

1 2
3
4 5

사냥꾼 노린재 1 국내 침노린재 중에서 가장 큰 왕침노린재 2 몸에서 점액이 나와 지저분한 껍적침노린재 3 다리에 고리 모양의 얼룩을 가진 다리무늬침노린재 4 다리무늬침노린재의 끝검은말매미충 사냥 5 작은 곤충을 잡아먹는 밀감무늬검정장님노린재 ©박해철

화학가스를 만드는 노린재

잘 익은 산딸기를 좋아하는 노린재류 애벌레

산길을 가다가 빨갛게 잘 익은 딸기를 보면 나도 모르게 다가가 탐스런 딸기를 따서 한입에 쏙 넣을 때가 많습니다. 새콤하고 달달한 맛이 그만이지요. 하지만 가끔은 달달한 맛에 역겨운 냄새가 섞여 있어 '퉤' 하고 뱉을 때가 있습니다. 딸기 속에서 식사하던 노린재를 그만 딸기와 함께 씹었기 때문이지요. 노린재에겐 역겨운 냄새가 납니다. 한번 건드리기라도 하면 노린재는 참을 수 없는 지독한 냄새를 풍깁니다. 그 고약한 냄새가 '노린내'와 같다 해서 '노린재'라고 이름 지었습니다. 왜 노린재는 지독한 냄새를 풍길까요? 천적들이 자기를 잡아먹지 못하게 하려는 것이지요.

노린재는 위험하면 곧바로 몸속에서 '화학가스(화학방어물질)'를 만들어 발사합니다. 화학가스의 성분은 대부분 카르보닐기(carbonyl group) 화합물인 알데히드aldehyde와 케톤ketone 물질로, 그 가운데서 트랜스-2-헥세날trans-2-hexenal이 많이 알려져 있습니다. 노린재는 일단 위험해지면 화학가스의 원료 물질인 에스터ester를 분비샘에서 분비해 무기 제조방으로 보냅니다. 동시에 원료를 가공해 가스 만드는 걸 도와주는 가수분해효소와 산화효소도 분비샘에서 나와 무기 제조방으로 들어갑니다. 또한 여기에선 별도로 원료 물질과 반응할 카르보닐기 화합물을 직접 분비합니다. 무기 제조방에서 모든 원료가 만나 섞인 후 여러 단계를 거쳐 마지막으로 화학가스인 알데히드가 만들어집니다. 이 화학가스가 분비 구멍으로 순식간에 퍼져 나오면 천적은 당황해서 노린재를 쉽게 공격하지 못합니다. 이 화합물질은 독성도 많고 냄새도 지독해 다른 곤충이나 개구리 같은 동물이 싫어하기 때문이지요.

그러면 화학가스를 어떻게 터뜨릴까요? 재밌게도 애벌레와 어른벌레의 분비 구멍은 각각 다른 부분에 있습니다. 애벌레 시절에는 날개가 아직 다 자라지 않아 등 쪽에 분비 구멍이 열려 있고, 어른벌레 시절에는 날개가 다 자라 등을 덮어버리기 때문에 분비 구멍이 옆구리 쪽으로 옮겨갑니다. 자세히 말하면 어른 노린재의 분비 구멍은 뒷다리와 붙어 있는 뒷가슴의 양쪽 옆에 각각 한 개씩 있습니다. 이곳에서 발사하는 노린재의 화학가스는 굉장히 지독한 냄새를 풍기고, 냄새는 쉽게 사라지지도 않습니다.

재밌게도 노린재의 화학가스에는 물기가 약간 있어서 노린재를 만진 뒤 손가락을 비비면 물기가 남아 있습니다. 화학가스에 물기가 있으니 가스가 공중으로 다 발사되지 못하고 일부는 남아서 분비 구멍 주변을 적십니다. 화학가스를 뿜는 분비 구멍 바로 옆에는 화학가스를 잘 흡수할 수 있는 큐티클 층이 있습니다. 큐티클 층은 매우 정교하게 만들어져 가스 물질이 스멀스멀 잘 스며들게 합니다. 따라서 공중으로 분사되지 않은 화학가스 물질은 분비 구멍 주변에 서서히 퍼져 나갑니다. 그래서 노린재를 잡으면 손가락에서 오랫동안 노린재 특유의 냄새가 나는 것입니다.

노린재의 한살이

노린재목 식구는 모두 안갖춘탈바꿈을 합니다. 애벌레는 번데기를 거치지 않고 곧바로 어른벌레가 되는 거지요. 알에서 깨어난 노린재의 애벌레와 다

1 2 3
4 5

썩덩나무노린재의 성장기 1 알 2 알에서 갓 깨어난 애벌레 3 어린 애벌레 4 다 자란 애벌레 5 어른벌레

자란 어른벌레의 생김새는 거의 비슷합니다. 몸 크기, 날개 길이, 몸빛이 다를 뿐 습성은 비슷해서 같은 먹이를 먹고 삽니다. 그래서 풀밭에서 노린재를 만나면 어른벌레인지 애벌레인지 헷갈릴 때가 많습니다. 하지만 쉽게 구분할 수 있습니다. 날개가 없는지, 날개가 완전하게 배 끝을 다 덮었는지 확인하면 됩니다. 어린 애벌레는 몸속에 날개싹이 있어서 겉으로 날개가 드러나

지 않습니다. 여러 번 허물을 벗으면서 서서히 날개가 자라다가 어른벌레가 되면 날개가 배 끝을 다 덮습니다.

노린재의 한살이를 알아볼까요? 짝짓기를 마친 암컷 노린재는 장독대에 즐비한 항아리들처럼 알을 몇 줄씩 줄 맞춰 낳습니다. 하나 낳고, 그 옆에 또 하나 낳고, 또 그 옆에 하나 낳고…… 한 장소에 수십 개의 알을 쪼르륵 줄을 맞춰 낳습니다. 알에서는 아기 노린재가 태어나(1령 애벌레), 식물의 줄기나 잎에 뾰족한 침 주둥이를 꽂고 생즙을 마십니다. 열심히 먹다가 몸집이 커지면 허물을 벗고, 또 생즙을 배불리 먹다가 몸이 커지면 또 허물을 벗고……. 그렇게 생즙을 먹으면서 애벌레 시절을 보냅니다. 그러다가 대부분의 노린재가 종령(5령 애벌레)이 되면 등에서 날개가 자랍니다. 몸이 다 자라 어른벌레로 변신하면 드디어 등에 날개가 완전하게 달립니다.

7. 웅덩이에 모이는 곤충

여름 무더위가 한풀 꺾인 초가을. 더위를 피해 높은 산으로 잠시 피서 갔던 고추좀잠자리가 하나둘 평지나 숲 가장자리로 내려옵니다. 어느새 숲 주변 연못가나 웅덩이에는 고추좀잠자리, 여름좀잠자리, 깃동잠자리 등이 제법 많이 날아다닙니다. 또한 늦봄부터 보이던 밀잠자리, 온몸이 빨간 고추잠자리, 날개 끄트머리에 까만 띠무늬가 있는 노란띠잠자리, 헤비급 왕잠자리, 앞다리에 방울을 달고 다니는 수컷 방울실잠자리, 아주 흔한 아시아실잠자리, 어른벌레로 용감하게 겨울을 나는 묵은실잠자리가 북적입니다.

마침 깃동잠자리가 죽은 나뭇가지 위에 날개를 활짝 펼치고 앉았네요. 날개 끝에 까만 띠를 두르고, 배가 검붉은 걸 보니 수컷이군요.

깃동잠자리 수컷 성숙

깃동잠자리 암컷

두점박이좀잠자리의 겹눈

1 날개에 띠를 지녀 날개띠좀잠자리
2 된장 빛깔 몸의 된장잠자리
3 배추흰나비를 사냥한 밀잠자리
4 한 해를 어른 잠자리로 묵는 묵은실잠자리
5 아시아실잠자리 수컷
6 성적으로 성숙함을 보여주는 고추좀잠자리 수컷
7 온몸이 빨간 고추잠자리 수컷

고추좀잠자리의 얼굴

취기가 오른 것같이 빨간 수컷 하나잠자리의 얼굴

실잠자리류가 자신의 친구를 잡아먹고 있다.

연 잎에 앉아 있는 등줄실잠자리 수컷 ©박해철

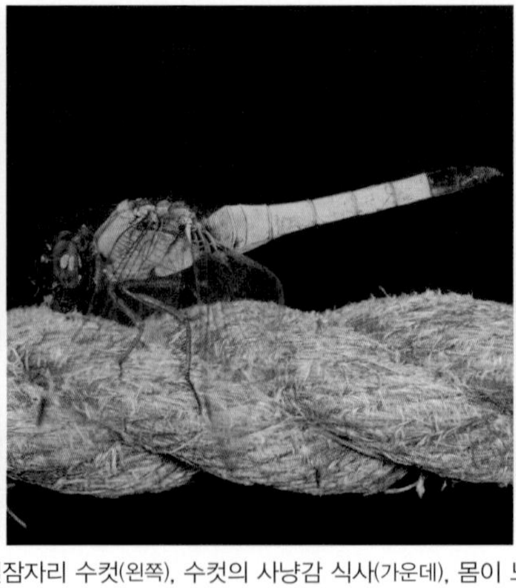

밀잠자리. 회가루를 뒤집어 쓴 듯한 큰밀잠자리 수컷(왼쪽), 수컷의 사냥감 식사(가운데), 몸이 노란 암컷(오른쪽)

작은 나방을 문 새노란실잠자리

왕잠자리 물속 산란 ©박해철

미성숙한 고추좀잠자리의 포식하는 장면

녀석을 잡아 보려고 빨간 잠자리에게 살금살금 다가갑니다. 손을 뻗는 순간 눈치 빠른 녀석이 날쌔게 날아가 버립니다. '에구, 놓쳤네, 아깝다…….' 조금 뒤에 녀석이 다시 그 나뭇가지 위에 쪼르르 날아와 앉습니다. 또 살금살금 다가갑니다. 눈이 뒤에도 달렸는지 이번엔 손을 내뻗기 전에 도망갑니다.

어쩌면 이렇게 눈치가 빠를까요? 어른 잠자리는 겹눈이 커서 다른 곤충에 비해 움직이는 물체에 대한 인식력이 좋습니다. 어른 잠자리의 겹눈은 머리의 절반을 넘게 차지해서 머리 뒷부분까지 뻗어 있습니다. 겹눈은 수많은 낱눈들이 모여 만들어졌는데, 낱눈이 무려 2만 개가 넘습니다. 낱눈들은 각각 보이는 각도에 따라 물체를 보기 때문에 앞쪽 뒤쪽 옆쪽을 모두 볼 수 있습니다. 게다가 겹눈이 머리 뒷부분까지 뻗어 있으니 뒤쪽까지도 잘 볼 수 있습니다. 그래서 녀석들 주변에 얼씬거리기만 해도 녀석들은 벌써 알아채고 쉬익 날아 도망갑니다.

타고난 사냥꾼 잠자리

잠자리목 식구는 모두 공중을 날며 다른 곤충이나 힘 약한 동물을 잡아먹는 육식성이라 겹눈이 크면 클수록 사냥에 유리합니다. 특히 어른 잠자리는 타고난 사냥꾼입니다. 비행 능력이 매우 뛰어날 뿐 아니라 먹잇감의 움직임을 잘 포착해서 공중 세계를 호령합니다. 녀석은 '비행 조종사'답게 가슴근육이 굉장히 튼튼해 잘 납니다. 날개를 1초에 20~30번 움직이는데, 앞날개 두 장이 내려가면 뒷날개 두 장이 올라가고 앞날개 두 장이 올라가면 뒷날

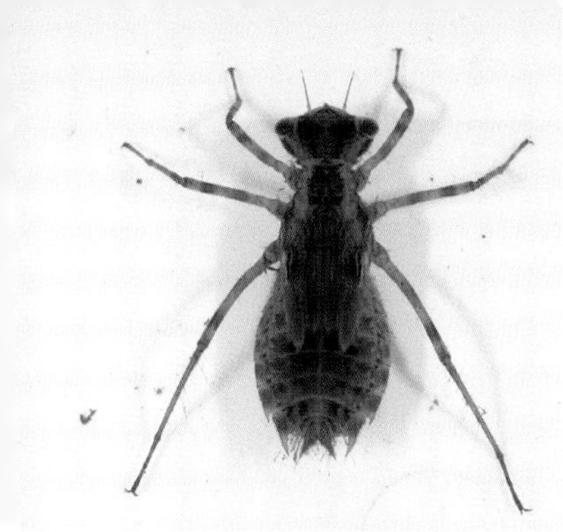

잠자리류 애벌레(배 끝에 아가미가 없음)

실잠자리류 애벌레(배 끝에 꼬리아가미 하나가 떨어짐)

실잠자리 배 끝에 난 아가미

잠자리들의 좋은 서식지. 연꽃 등 수초가 많으며 수면이 넓은 습지(왼쪽), 물이 얕고 수초가 많은 작은 둠벙(오른쪽)

개 두 장이 내려가면서 멋지게 날아다닙니다. 어떤 녀석은 시속 60킬로미터 속도로 날아다닐 수 있다니 과연 헬리콥터의 모델이 될 만합니다. 또한 다리에는 가시털이 촘촘히 박혀 있어 한번 잡은 먹잇감을 절대 놓치지 않습니다. 도망치려 요동치는 먹이를 여섯 다리로 꽉 잡고서 강력한 큰턱으로 한 입씩 베어 와작와작 씹어 먹습니다.

잠자리는 애벌레 때는 물속에서 살고 어른이 되면 땅 위에서 삽니다. 사는 곳이 다르니 먹잇감도 다릅니다. 애벌레는 물속을 헤엄치고 다니며 물벼룩, 장구벌레 등 물속 작은 동물들과 올챙이나 어린 물고기까지 잡아먹습니다.

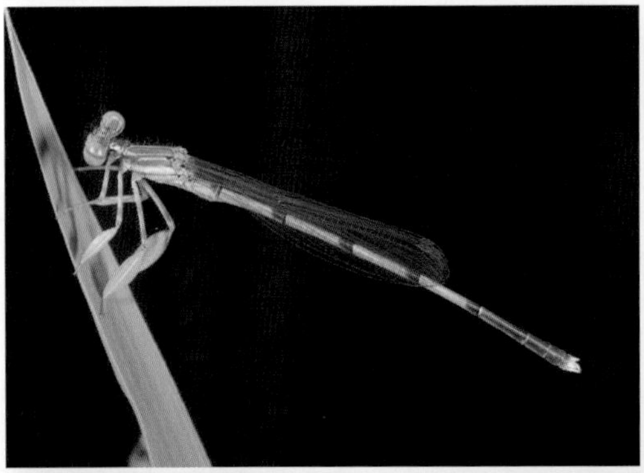

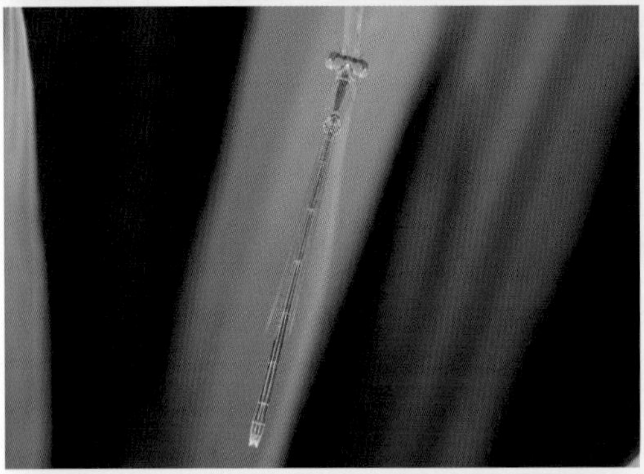

1	2
3	4
5	6
7	

1 고추좀잠자리 미성숙 수컷
2 고추좀잠자리 암컷
3, 4 다리에 방울이나 부채 같은 것을 달고 있는 방울실잠자리 수컷(3번 미성숙, 4번 성숙 개체)
5 아시아실잠자리 미성숙 수컷
6 아시아실잠자리 성숙 수컷 개체
7 머리부터 배 끝까지 붉게 물든 하나잠자리 성숙 수컷

밀잠자리 미성숙 암컷

새노란실잠자리 성숙 수컷

어른벌레는 공중을 날며 하루살이, 깔따구, 파리, 나비 등 날아다니는 다양한 곤충을 잡아먹습니다. 그러니 녀석들을 곤충계의 양서류라고 할 만합니다. 이렇게 일생에서 어느 한 시기라도 물속에 사는 곤충을 수서곤충이라고 합니다. 특히 잠자리처럼 애벌레 때는 물속에서 살고 어른벌레가 되면 땅 위에 사는 곤충을 반수서성 곤충이라고 합니다.

잠자리 애벌레는 대부분 밤중에 어른벌레로 변신합니다. 날개돋이 시간이 길면 천적에게 무방비로 당할 수 있어 어둠을 틈타 날개돋이를 합니다. 신기하게도 갓 날개돋이한 어른벌레는 짝짓기를 할 수 없습니다. 아직 성적으로 성숙하지 않은 '미성숙 잠자리'이기 때문입니다. 성적으로 성숙한 잠자리가 되려면 먹잇감을 사냥하면서 시간을 더 보내야 합니다. 예를 들면 고추좀잠자리는 6월쯤에 미성숙 잠자리로 변신한 뒤 여름을 시원한 산에서 보내고 9월쯤 성숙한 잠자리가 되어 평지로 내려와 짝짓기를 합니다. '미성숙 기간'이 긴 편입니다.

재밌게도 미성숙 잠자리는 몸빛이 누르스름하고, 옆 가슴에 난 줄무늬가 흐릿합니다. 암컷은 성숙해도 누르스름하여 둘은 종종 혼동됩니다. 성숙한 수컷의 몸빛은 선명하고 뚜렷합니다. 혼인색을 띠는 것이지요. 마치 피라미가 짝짓기할 때쯤이면 온몸이 알록달록 무지개 색으로 변하는 것처럼, 잠자리도 이제는 짝짓기를 할 수 있다고 온 천하에 광고하는 것입니다. 대부분의 동물처럼 잠자리도 거의 수컷만 혼인색을 띠고 암컷은 보호색을 띠어 몸빛이 누리끼리합니다.

잠자리류와 실잠자리류

잠자리의 조상은 3억 년 전 고생대 석탄기에 지구에 처음 등장한 원시잠자리목(Protodonata)인데, 날개를 편 길이가 70센티미터가 될 정도로 거대했습니다. 이들은 중생대 삼첩기 때 이미 멸종하여 화석으로만 남아 있습니다. 지금까지 살아남은 잠자리의 진정한 조상은 고생대 페름기 후기에 나타난 실잠자리형으로 지금의 실잠자리아목과 비슷합니다. 이들은 빠르게 분화해

봄에 우화하는 쇠측범잠자리

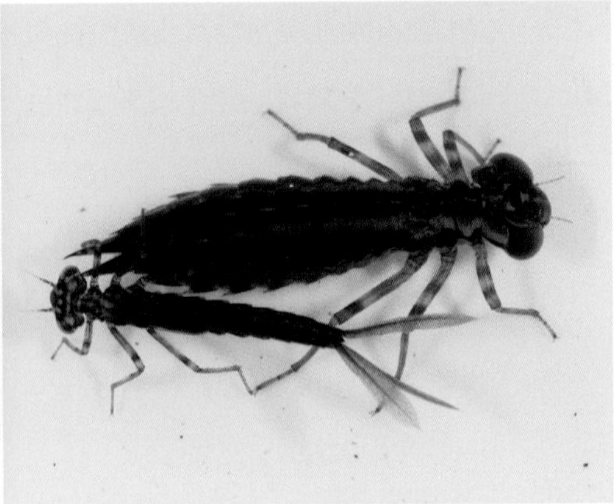

잠자리 애벌레(위쪽: 왕잠자리, 아래쪽: 실잠자리류)

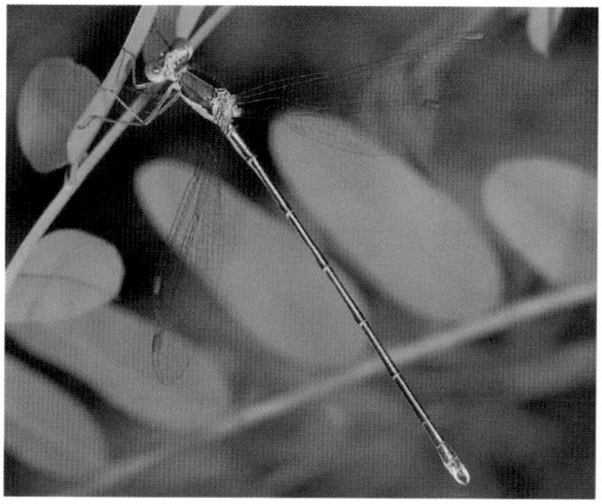
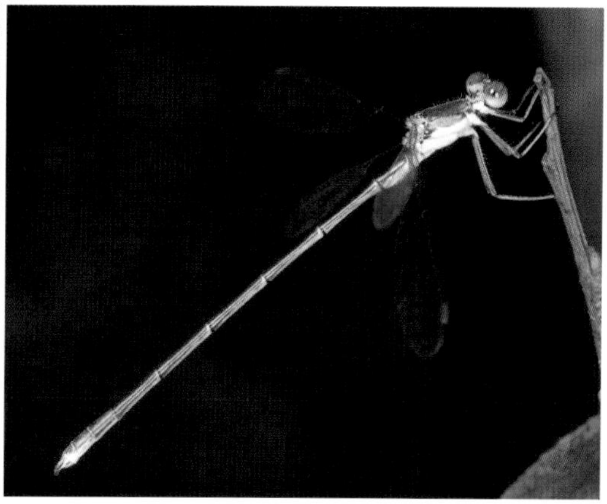
실처럼 가느다란 청실잠자리

실잠자리아목과 옛실잠자리아목으로 갈라지고, 쥐라기 시대에는 옛실잠자리아목에서 다시 잠자리아목이 갈라져 나옵니다. 우리나라에는 현재 실잠자리아목과 잠자리아목만이 삽니다.

실잠자리아목과 잠자리아목은 생김새나 습성이 서로 다릅니다.

실잠자리아목

어른벌레

- **생김새** 앞날개와 뒷날개의 생김새나 날개맥이 거의 같고 앉아 쉴 때는 날개를 배와 수직이 되게 놓습니다. 겹눈은 머리 양쪽 옆으로 튀어나와 겹눈과 겹눈 사이가 넓습니다. 겹눈은 만 개 이상의 낱눈으로 이루어져 있습니다.
- **색 변이** 실잠자리류는 암컷이 성적 성숙에 따라 색 변이가 일어나기도 합니다. 대표적인 종으로는 아시아실잠자리, 황등색실잠자리, 노란실잠자리 등이 있습니다. 아시아실잠자리 암컷은 갓 날개돋이를 했을 때 몸빛이 빨갛지만 점점 자라 성숙해지면 푸르게 변합니다. 황등색실

잠자리 암컷의 몸빛은 미성숙할 때는 노랗지만 성숙해지면 푸르게 바뀝니다.

• 짝짓기 자세　실잠자리류의 수컷은 배 끝에 있는 교미부속기로 암컷의 목 부분을 잡습니다. 교미부속기가 앞뒤로 한 쌍씩 4개 있어 안정적으로 잡을 수 있습니다.

• 알 낳는 방법　실잠자리류 암컷은 산란관이 뾰족하게 발달하여 마름이나 붕어말 같은 물풀의 조직을 뚫고 그 속에 알을 낳습니다(청동실잠자리는 나무에 알을 낳음).

• 습성　비행 능력이 뛰어나지 못해 활동 영역이 좁고, 멀리까지 날아서 분산할 수 없습니다. 잔잔히 흐르는 물이나 물이 저벅저벅 고여 있는 연못이나 습지에 삽니다.

애벌레

• 생김새　실잠자리아목의 몸은 연필처럼 가늘고 길며 열한 번째 배마디가 꼬리아가미로 바뀌었습니다.

• 호흡　배 끝에 달린 세 개의 꼬리아가미에는 기관이 퍼져 있어 물속에 녹아 있는 산소를 이용합니다. 꼬리아가미가 잘려 나가도 용존산소가 높은 물속에서 실잠자리류가 사는 데 지장이 없어 숨 쉬는 데 보조 역할을 하는 것으로 추정합니다.

잠자리아목

어른벌레

• 생김새　앞날개가 뒷날개보다 폭이 더 넓고, 날개맥이 조금씩 다르며, 앉아 쉴 때는 날개를 배와 수평이 되게 놓습니다. 겹눈은 크고 겹눈과 겹눈이 거의 붙어 있습니다. 겹눈은 2만 개 이상의 낱눈으로 이루어져 있습니다.

• 색 변이 잠자리류는 수컷이 미성숙 단계에서 성숙 단계로 자라면서 색깔이 변합니다. 대표적인 종은 밀잠자리속, 고추잠자리속, 좀잠자리속에 속한 종들입니다. 밀잠자리류 수컷은 미성숙 시기에 가슴과 배 부분이 암컷과 비슷하게 노란색을 많이 띠는데 성숙하면 하늘색으로 바뀝니다. 고추잠자리와 좀잠자리류 수컷도 미성숙 시기에는 암컷과 비슷하게 노란색과 검은색이 섞여 있지만, 성숙하면 몸 대부분이 빨갛게 변합니다.

• 짝짓기 자세 잠자리류 수컷은 배 끝에 있는 교미부속기로 암컷의 뒷머리를 잡습니다. 수컷의 교미부속기는 3개이기 때문입니다.

• 알 낳는 방법 산란관이 뾰족하게 발달한 왕잠자리류를 빼고 잠자리류 대부분은 산란관이 퇴화한 생식판으로 물 위를 치면서 알을 물속으로 떨어뜨리거나, 물 위에 낙하산처럼 뿌리거나, 진흙 속에 낳는 등 알 낳는 방법이 다양합니다.

• 습성 활동 영역이 넓고, 멀리까지 분산할 수 있습니다. 예를 들면 6월부터 우리나라에 나타나는 된장잠자리(*Pantala flavescens*)는 중국이나 동남아시아 지역에서 기류를 타고 서해를 건너 우리나라로 날아올 정도로 비행 능력이 뛰어납니다.

애벌레

• 생김새 잠자리류의 몸은 굵고 짤막한 게 튼튼하게 생겼으며 열한 번째 배마디는 짧은 부속기로 바뀌었습니다.

• 호흡 직장아가미로 숨을 쉽니다. 직장 안쪽의 주름진 부분은 표면적이 넓고 기관들이 많이 갈라져 나옵니다. 직장 속의 물은 배의 운동을 통해 늘 새로운 물이 들어옵니다. 배의 운동은 제4배마디와 제5배마디 사이의 횡경막과 제6배마디의 횡경막이 수축하면서 일어납니다. 이때 물에 녹아 있는 산소는 높은 농도에서 낮은 농도로 분자들이 움직이는 확산 과정을 통해서 서서히 아가미로 들어갑니다. 물속의 산소 농도가 잠자리의 산소 농도보다 높기 때문입니다.

암컷을 놓지 않는 수컷 잠자리

가을이 되면 연못 주변에서 잠자리들이 짝짓기를 하고 알을 낳느라 분주합니다. 물속 애벌레 시절부터 미성숙 시절을 거쳐 어른벌레가 될 때까지 살아온 단 하나의 이유는 자손을 낳는 일. 마침 암컷과 수컷이 마주쳤습니다. 수컷은 짝짓기를 하기 전에 해야 할 중요한 작업이 있습니다. 녀석은 배를 구부려 배 끝을 배 앞쪽 마디에 대고 정자를 옮깁니다. 왜 정자를 옮길까요? 잠자리 수컷은 생식기가 두 개 있습니다. 원래 생식기는 배 끝쪽인 아홉째 배마디에 있고, 또 보조생식기인 정자 보관소는 둘째 배마디와 셋째 배마디 사이에 있습니다. 물론 정자는 배 끝에 있는 생식기관에서 만들어집니다. 수컷은 짝짓기 전에 반드시 정자를 원래생식기에서 보조생식기로 옮겨야 합니다. 배 끝(열째 마디)에는 갈고리 같은 교미부속기가 있는데, 이것으로 짝짓기할 때 암컷의 머리를 잡는 데 써야 하기 때문입니다. 암컷이 도망가지 못하게 하고, 다른 수컷이 자기와 짝짓기를 한 암컷에게 달려들지 못하게 하려고 말입니다. 교미부속기와 생식기가 모두 배 끝에 있는 바람에 정자 넣는 일과 암컷을 잡는 일을 한꺼번에 할 수 없습니다.

정자를 무사히 옮긴 잠자리 수컷은 암컷에게 휙 날아가 배 끝에 달린 갈고리 같은 교미부속기로 암컷의 뒷머리를 꽉 잡습니다. 그리고 수컷은 자기 부속기에 꽉 잡힌 암컷을 끌고 저만큼 날아가고, 암컷은 꼼짝도 못하고 수컷이 날아가는 대로 끌려갑니다. 수컷이 내려앉은 곳은 풀잎 위. 암컷도 얼떨결에 함께 앉아 둘은 열심히 짝짓기를 합니다. 암컷은 배를 둥글게 구부려 수컷의 둘째, 셋째 배마디에 있는 보조 생식기에 자기 배 끝을 갖다 댑니다. 이렇게 하여 둘의 짝짓기 자세가 하트 모양이 됩니다. 짝짓기를 하며 수컷은 성공적

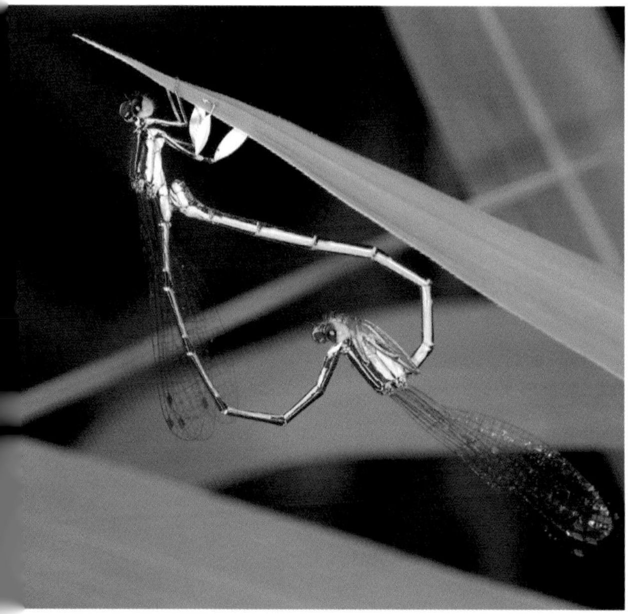

하트 모양이 된 잠자리 짝짓는 모습. 수컷이 배 끝으로 암컷을 잡는 대신 암컷은 자신의 배를 둥글게 구부려 수컷 보조생식기에 대고 수정함(왼쪽: 방울실잠자리, 오른쪽: 아시아실잠자리)

으로 암컷에게 소중한 유전자를 넘겨줍니다.

짝짓기가 다 끝나도 수컷은 암컷을 놓아주지 않습니다. 여전히 수컷은 배 끝 부속지로 암컷의 머리를 잡은 채 날아갑니다. 더 희한한 것은 암컷은 아무렇지도 않은 듯 순순히 수컷에게 매달려 이리저리 끌려다닙니다. 둘은 함께 연못으로 날아가고, 암컷은 물에 알을 낳습니다. 배 끝으로 물 표면을 탁탁 치면서 알을 낳는군요(타수산란). 수십 번을 배 끝으로 물 표면을 치면서 알을 떨어뜨립니다. 물론 알을 낳을 때도 수컷은 암컷을 놓지 않고 매달고 납니다. 알은 점막에 싸여 물속 바닥으로 뚝뚝 가라앉습니다. 미처 가라앉지 못한 알은 물고기나 다른 물속 생물의 밥이 됩니다.

무슨 일인지 알을 낳는 동안 수컷이 그만 암컷을 놓쳤습니다. 그래도 수컷

1 짝짓기 후의 산란 과정
2 1 산란 장소까지 연결비행 2 수컷에 잡힌 채 물풀에 산란하는 암컷

은 여전히 암컷 주변을 빙빙 돌며 암컷을 감시합니다. 왼쪽으로 가면 왼쪽으로 가고, 오른쪽으로 가면 오른쪽으로 따라가고……. 스토커가 따로 없습니다. 그때 다른 수컷이 알 낳는 암컷에게 얼씬거리자 짝짓기한 수컷이 침입자를 위협해 쫓아 버립니다.

수컷이 암컷을 따라다니는 이유는 자기 유전자를 지키기 위해서입니다. 잠자리는 기본적으로 여러 상대와 짝짓기를 합니다. 그런데 암컷의 산란관 옆에 있는 저정낭에 보관한 수컷의 정자 가운데 맨 나중에 짝짓기를 해서 얻은 정자가 제일 먼저 암컷의 난자와 만나 수정이 됩니다. 그러니 수컷 입장에선 자기가 '마지막 남편'이 되길 바랍니다. 그래서 집요하게 암컷을 자기 배 끝에 달고 다니거나, 암컷 주변을 빙빙 돌면서 다른 수컷이 암컷에게 접근하지 못하게 합니다. 하지만 또 다른 수컷이 이 암컷에게 짝짓기를 시도합니다. 더 놀라운 건 새로운 수컷은 암컷의 저정낭에 들어 있는 기존의 정자를 자신의 보조생식기로 파내고 나서 자기 정자를 넣습니다. 이전에 짝지은 수컷 입장에서는 정말이지 생각만 해도 끔찍한 일입니다. 자기 정자가 파내어 버려지다니! 잠자리의 속내를 알고 나니, 수컷 잠자리의 무례한 스토커를 나무랄 수만도 없습니다.

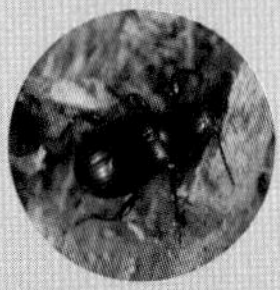

4부

–

겨울

늦가을입니다. 바람이 스산하게 붑니다. 나뭇잎도 덩달아 우수수 떨어져 빙그르르 돌다 힘없이 바닥을 데구르르 구릅니다. 어느새 숲 바닥에는 낙엽이 가득합니다. 구수한 낙엽 냄새에 파묻혀 숲길을 걷습니다. 다들 겨울잠 자러 갔는지 곤충이라곤 눈 씻고 찾아봐야 겨우 몇 마리 보입니다. 파리류, 꽃등에류, 뿔나비, 네발나비…… 얼마나 걸었을까요? 길옆 참빗살나무에 매달린 어여쁜 열매가 바람 부는 대로 춤을 춥니다. 분홍색 열매 껍질 속에 들어 있는 빨간 열매가 참 앙증맞습니다. 열매에 쏙 빠져 있는데, 나뭇가지에 웬 나방이 앉아 있습니다. 그것도 한 마리가 아니고 서너 마리가 줄 지어 앉아 있습니다. 누굴까? 가까이 다가가 보니 어른 노랑털알락나방이군요. 이 추운 데서 뭘 하고 있을까요? 알을 낳고 있습니다. 엄마 노랑털알락나방이 참빗살나무 줄기를 여섯 다리로 꼭 잡고서 알을 낳고 있습니다. 그새 많이도 낳아 놓았군요. 나뭇가지 한 면이 알로 가득

참빗살나무 줄기를 여섯 다리로 꼭 잡고서 알을 낳는 노랑털알락나방

찼는데, 물 샐 틈이 없을 정도로 빽빽합니다. 그런데 이 쌀쌀한 가을날에 알을 낳다니! 곧 겨울이 들이닥칠 텐데, 알이 얼기라도 하면 어쩌려고 겁 없이 알을 낳을까요? 다행히도 엄마 노랑털알락나방은 알을 낳으면서 몸에 붙어 있는 털을 알에다 일일이 덮어 줍니다. 어미 한 마리가 난 알을 대충 세어 보니 백 개가 넘습니다. 알 하나하나마다 털 이불을 덮어주는 어미를 보니 마음 한 구석이 짠합니다.

이렇게 늦은 가을에도 알을 낳는 곤충이 있습니다. 곧 추운 겨울이 되니 늦가을에 낳은 알은 깨어나지 못하고 알인 상태로 겨울을 나야 합니다. 지구에 알려진 곤충은 어림잡아 1백만 종이나 됩니다. 어마어마한 숫자지요. 이 수많은 곤충이 어떻게 추운 겨울을 나는지 일일이 알려지지 않아 몹시 궁금할 뿐입니다. 하지만 곤충은 저마다 자기 한살이 주기에 맞게 겨울을 날 것이라고 추측합니다. 사마귀나 노랑털알락나방은 알로, 뿔나비나 무당벌레는

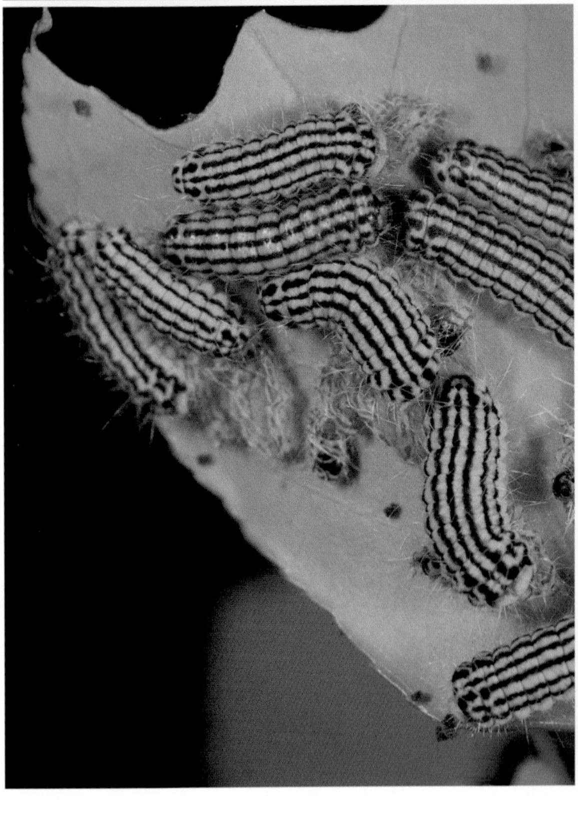

어른벌레로, 왕오색나비나 홍날개는 애벌레로, 호랑나비나 갈구리나비는 번데기로 겨울을 나는 것이지요. 겨울잠을 자는 장소도 다양합니다. 돌 밑, 덤불 속, 땅속, 물속, 나무껍질 밑, 나무속, 버섯 속, 동굴, 낙엽더미 아래처럼 따뜻한 곳이면 어디든지 곤충이 머뭅니다.

곤충이 겨울잠을 자는 곳은 아무리 따뜻한 곳이라도 거의 야외이기 때문에 온도가 매우 낮습니다. 변온동물인 곤충이 추위를 이겨내기는 쉽지 않습니다. 그래서 곤충은 목숨을 유지할 만큼의 기초대사량만 하고 겨울잠을 잡니다. 겨울잠을 자는 동안 곤충의 몸이 얼지 않을까요? 다행히도 곤충의 몸에서는 부동물질이 나옵니다.

겨울잠을 자는 동안 곤충의 몸은 생리적인 변화가 일어납니다. 더는 자라지 않고, 몸속 수분도 줄어들고, 지방질을 늘려 낮은 온도에 적응하려 애씁니다. 특히 곤충은 매서운 추위를 견디기 위해 몸에 글리세롤glycerol을 많이 비축합니다. 글리세롤은 몸이 어는 것을 막아주는데, 자동차에 쓰는 부동액 재료인 폴리에틸렌 글리콜polyethylene glycol과 비슷한 물질입니다. 그러니 곤충이 글리세롤을 많이 가지면 가질수록 어는점이 훨씬 낮아집니다. 한 수 더 떠서 어떤 곤충은 어는점을 낮추는 화학물질뿐만 아니라 세포 속에 얼음 결정이 생겨도 얼어 죽지 않게 하는 화학물질을 만들기도 합니다.

이제부터 곤충이 어디에서 어떤 모습으로 겨울잠을 자는지 장소 별로 알아보겠습니다.

1	2
3	4

1 노랑털알락나방의 먹이식물인 화살나무 2 노랑털알락나방 수컷 3 잎 뒷면에 모여서 허물을 벗는 노랑털알락나방 애벌레 4 집단으로 잎을 먹고 있는 노랑털알락나방 애벌레

8. 낙엽 밑으로 모이는 곤충

추운 늦가을인데도 한낮은 햇살이 제법 따스합니다. 이때를 틈타 뿔나비 한 마리가 나와 갈참나무 낙엽에 앉아 일광욕을 즐깁니다. 다가가니 저만치 도망갑니다. 나뭇잎 떨어지듯 포르르 날아가서 땅에 앉았다, 가까이 다가가면 또 포르르 저만치 날아가서 땅에 앉고……. 머리에 뿔 난 뿔나비를 따라가다 보니 어느새 팽나무 앞입니다. 벌써 팽나무 아래에는 노랗게 물든 팽나무 잎사귀들이 잔뜩 떨어져 소복이 쌓여 있습니다. 쪼그리고 앉아 팽나무 잎을 하나 둘 셋 들춰 보는데 낙엽 뒷면에 조그만 애벌레가 붙어 있습니다. 누굴까요? 머리에 사슴뿔처럼 멋진 뿔을 달고 있는 걸 보니 왕오색나비의 후손인 애벌레입니다. 초여름에 휘황찬란한 오색 날개를 나풀거리던 왕오색나비 애벌레가 낙엽 뒤에 붙어 있습니다. 내친김에 더 뒤적여 봅니다. 아, 수노랑나비 애벌레도 있군요. 녀석들 말고도 팽나무 낙엽 아래에서 추운 겨울을 나는 애벌레는 흑백알락나비 애벌레, 홍점알락나비 애벌레 등이 있습니다. 다들 보호색을 띠느라 낙엽색 옷을 입었습니다. 이 녀석들은 먹이식물인 팽나무나 풍게나무 잎을 여름 내내 먹다가 겨울이 다가오면 떨어진 잎사귀와 함께 땅으로 내려옵니다. 그러고는 주둥이에서 명주실을 토해 내 잎사귀 뒷면에다 자기 몸을 묶고선 낙엽 이불을 덮고 겨울을 납니다.

이들뿐만 아니라 별박이자나방 같은 나방류 애벌레도 자기가 먹고 자란 숙주식물인 쥐똥나무와 가까운 곳에 있는 낙엽 더미 속에서 겨울을 보냅니다.

애벌레뿐만 아니라 어른벌레도 낙엽 밑에서 겨울을 납니다. 무당벌레는

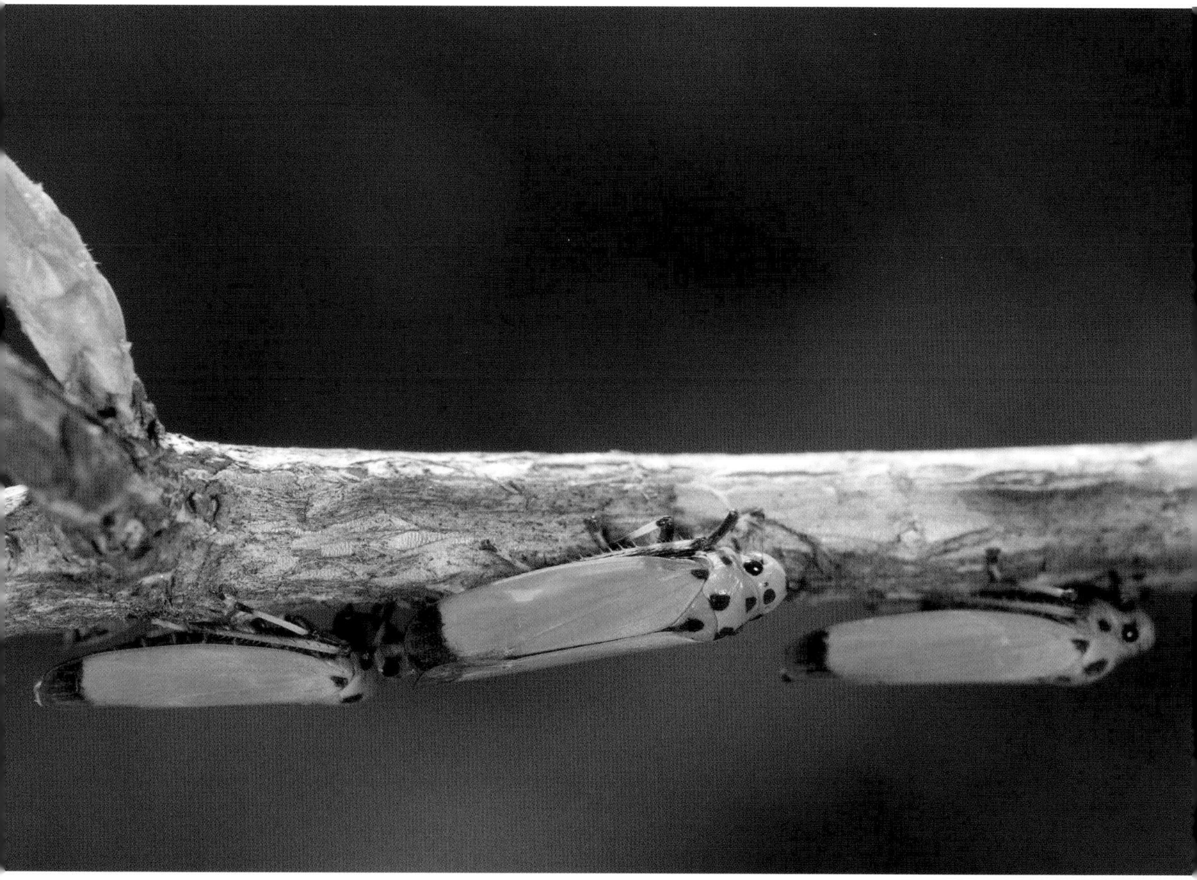

겨울에 어른벌레로 월동하는 끝검은말매미충

바위틈 같은 곳에서 수십 마리가 떼로 모여 있고, 썩덩나무노린재 같은 어른 노린재류도 떼거리로 낙엽 더미 속에서 겨울을 납니다. 어른 뿔나비, 어른 네발나비, 어른 멧노랑나비, 어른 청띠신선나비도 낙엽이 수북이 쌓인 덤불 숲에서 매섭게 바람이 부는 겨울을 보냅니다.

9. 땅속에 모이는 곤충

돌 밑이나 땅속도 곤충에겐 더없이 따뜻한 안식처입니다. 돌을 들추면 돌 밑에선 땅노린재나 딱정벌레류, 토양성 거저리류가 죽은 듯이 앉아 있습니다. 균을 먹고 사는 무당벌레붙이도 돌 밑에서 여러 마리가 모여 겨울을 납니다. 어른 모메뚜기도 돌 틈이나 덤불 속에서 겨울을 납니다. 땅속 깊은 곳에선 풍뎅이류 애벌레, 방아벌레 애벌레, 딱정벌레류 애벌레 등이 겨울을 나고 있고, 낙엽이 썩은 부엽토 속에선 꽃무지류 애벌레가, 썩은 나무속에서는 장수풍뎅이 애벌레가 살고 있습니다.

특히 거저리류 가운데는 모래 같은 땅에서만 사는 녀석이 있습니다. 바닷가 모래밭에선 바닷가거저리, 모래거저리붙이, 모래거저리의 어른벌레와 애벌레가 겨울을 납니다. 모래가 섞인 흙 속에선 강변거저리, 고려거저리, 작은모래거저리가 애벌레와 어른벌레의 모습으로 겨울잠을 자며 봄을 기다립니다.

메뚜기류나 여치류 또한 땅속에서 알로 겨울을 납니다. 특히 버려진 판자때기나 거적때기 같은 쓰레기나 나무토막도 곤충이 겨울을 나기에 아주 훌륭한 안식처입니다.

흙 속에서 월동하는 노린재류 애벌레

10. 나무속에 모이는 곤충

나무는 변온동물인 곤충에게 최고의 주택입니다. 특히 썩은 나무는 일부 곤충에게 평생 안식처를 제공합니다. 마침 쓰러진 아름드리 오리나무가 보이네요. 누군가가 쪼개 보았는지 오리나무의 썩어 가는 속살이 다 보입니다. 혹시 추위에 드러난 애벌레가 동상을 입을까 싶어 나무 부스러기를 제자리에 다시 모으는데, 이게 웬일입니까? 사슴벌레류 애벌레가 추위에 꼼짝을 못하고 땅에 누워 있습니다. 몸에 살얼음이 언 것처럼 투명합니다. 안쓰러워 얼른 나무 부스러기 속에다 넣어줬는데, 아마도 몇 달 이어지는 추위를 이겨내긴 어려울 것 같습니다. 한번 쪼개진 나무는 다시 붙일 수 없으니 겨울에는 썩은 나무라도 함부로 뒤적이거나 쪼개면 안 됩니다. 나무속에서 평생을 사는 애벌레는 속수무책으로 얼어 죽으니 말입니다.

그럼 썩은 나무속에는 사슴벌레류 애벌레 말고도 누가 살까요? 주로 나무속 깊은 곳에서는 딱정벌레 집안 식구(딱정벌레목) 애벌레가 삽니다. 하늘소류 애벌레, 비단벌레류 애벌레, 거저리류(맴돌이거저리류, 우묵거저리류, 호리병거저리류 따위) 애벌레, 바구미류 애벌레 등이 대표적입니다. 이들은 썩은 나무속을 떠나 하루도 살 수 없습니다. 오랫동안 썩은 나무에 적응해서 살아왔기에 나무

1	2
3	4
5	6
7	8

나무속에서 겨울을 나는 곤충

1 나무 수피 밑의 노린재류 **2** 썩은 나무속에서 월동하는 방아벌레류 **3** 썩은 나무속에서 월동하는 여왕개미 **4** 나무 밑동에서 월동하는 말벌류 **5** 나무속에서 월동하는 좀말벌 **6** 썩은 나무속의 우리호리병거저리 **7, 8** 썩은 나무속에서 월동하는 맵시벌류

속 말고는 다른 곳에서 살기가 쉽지 않습니다.

나무껍질 아래에서도 곤충이 겨울을 납니다. 이 녀석들은 나무껍질 아래서 살다 보니 몸이 납작한 편입니다. 홍날개 애벌레, 보라거저리 애벌레, 머리대장 애벌레, 넓적가시노린재 등이 대표적이고, 간혹 균식성 곤충은 나무껍질에 붙은 버섯에서 겨울을 나기도 합니다. 특히 느슨하게 벗겨진 나무껍질 아래에는 노린재류, 무당벌레, 잎벌레류, 방아벌레류가 숨어 있습니다. 특히 썩은 나무 그루터기나 많이 썩은 나무속에는 말벌류의 여왕벌이나 여왕개미가 들어 앉아 있습니다. 이밖에도 사마귀의 알, 호랑나비 번데기, 배추흰나비 번데기가 나뭇가지나 풀줄기에 매달린 채 겨울을 보냅니다.

곤충에게 겨울은 한숨 쉬어가는 계절입니다. 혹독한 추위와 맞서는 일이 만만치는 않지만 잠시 성장을 멈추고 잠을 자면서 거친 환경을 이겨내는 단련의 계절입니다.

| 참고문헌 |

강전유, 김철응, 박형기, 이상길, 이용규, 정호성, 2008. 나무해충도감. 소담출판사, 328pp.

강창수, 김진일, 김학렬, 류재혁, 문명진, 박상옥,여성문, 이봉희, 이종욱, 이해풍, 2005. 일반곤충학. 정문각, 631pp.

권성환, 2003. 식물의 세계. 아카데미서적, 203pp.

기청산식물원부설 한국생태조경연구소, 2004. 우리꽃 참 좋을씨고. 얼과 얼, 217pp.

김성수, 2003. 나비, 나방. 교학사, 335pp.

김성수, 2006. 우리나비 백 가지. 현암사, 476pp.

김성수, 2012. 한국나비생태도감. 사계절, 539pp.

김정한, 2005. 토박이 곤충기. 진선출판사. 237pp.

김준호, 2007. 한국생태학 100년. 서울대학교출판부, 569pp.

김진일, 1998. 한국곤충생태도감, 딱정벌레목 III. 고려대학교 곤충연구소, 255pp.

김진일, 1999. 쉽게 찾는 우리 곤충. 현암사, 392pp.

김진일, 2002.우리가 정말 알아야 할 우리 곤충 백가지. 현암사, 399pp.

김태우, 2010. 곤충, 크게 보고 색다르게 찾자!. 자연과 생태, 295pp.

김태우, 2013. 메뚜기 생태도감. 지오북, 381pp.

김태정, 2010. 우리가 정말 알아야 할 우리꽃 백가지(개정 2판). 현암사, 547pp.

김창환, 남상호, 이승모, 1982. 한국동식물 도감 제 26권 동물편(곤충류 VIII), 문교부.

길버트 월드 바우어 지음, 김소정 옮김, 2013. 욕망의 곤충학. 한울림, 301pp.

다나카 하지메 지음, 이규원 옮김, 2007. 꽃과 곤충, 서로 속고 속이는 게임. 지오북, 261 pp.

마르크스 베네만 지음, 유영미 옮김, 2010. 지능적이고 매혹적인 동물들이 생존게임. 웅진지식하우스. 343 pp.

메이 R. 베렌바움 지음, 윤소영 옮김, 2005. 살아있는 모든 것의 정복자 곤충. 다른세상, 461pp.

박경현, 차명희, 김란순, 김지연, 2009. 살아있는 생태박물관. 채우리, 256pp.

박규택, 1999. 한국의 나방(I). 곤충자원편람 IV, 생명공학연구소 곤충분류연구회, 358pp.

박상진, 2002. 궁궐의 우리나무. 눌와, 433pp.

박상진, 2006. 역사가 새겨진 나무 이야기. 김영사, 265pp.

박영하, 2005. 우리나라 나무 이야기. 이비락, 381pp.

박진영, 2004. 한국산 거위벌레과(딱정벌레목)의 계통분류 및 생태학적 연구. 안동대학교 (학위논문)

박종균, 백종철, 2001. 딱정벌레과(딱정벌레목). 한국경제곤충 12, 농업과학기술원, 169pp.

박중직, 1994, 한국산 남생이잎벌레아과의 미성숙 단계에 관한 분류학적연구. 안동대학교대학원 석사학위논문

박해철, 김성수, 이영보, 이영준, 2006. 딱정벌레. 교학사, 358pp.

박해철, 2006. 딱정벌레, 자연의 거대한 영웅 딱정벌레에 관한 모든 것. 다른세상, 559pp.

박해철, 2007. 이름으로 풀어보는 우리나라 곤충 이야기. 북피아주니어, 231 pp.

박해철, 심하식, 황정훈, 강태화, 이희아, 이영보, 김미애, 김종길, 홍성진, 설광열, 김남정, 김성현, 안난희, 오치경, 우리 농촌에서 쉽게 찾는 물살이 곤충. 논총진흥청 농업과학기술원, 349pp.

백문기, 2012. 한국 밤 곤충 도감. 자연과 생태, 448pp.

백유현, 권밀철, 김현우, 2009. 주머니 속 나비 도감. 황소걸음, 344pp,

백종철, 정세호, 변봉규, 이봉우, 2010. 한국산 산림서식 메뚜기 도감. 국립수목원, 175pp.

부경생, 김용균, 박계청, 최만연, 2005. 농생명과학연구원 학술총서 9, 곤충의 호르몬과 생리학. 서울대학교출판부, 875pp.

부경생, 2012. 곤충생리학. 집현사, 618pp.

손기철, 윤재길, 2004, 꽃의 색의 비밀. 건국대학교출판부, 260 pp.

송기엽, 윤주복, 2003. 야생화 쉽게 찾기. 진선출판사, 607pp.

서울특별시공원녹지관리사업소, 2002. 생태학교 여름 교재. 길동자연생태공원.

서울특별시공원녹지관리사업소, 2004. 2004년 가을 길동자연생태공원 생태학교 교재, 변해가네. 길동자연생태공원, 211pp.

손재천, 2006. 주머니 속 애벌레 도감. 황소걸음, 455pp.

신유항, 1991. 한국나비도감. 아카데미서적, 364pp.

신유항, 2001. 원색한국나방도감. 아카데미서적, 551pp.

이승모, 1987. 한반도 하늘소과 갑충지. 국립과학관, 287pp.

정광수, 2007. 한국의 잠자리 생태도감. 일공육사, 512pp.

올리히 슈미트 지음, 장혜경 옮김, 2008. 동물들의 비밀신호. 해나무, 207pp.

원두희, 권순직, 전영철, 2005. 한국의 수서곤충. (주)생태조사단, 415pp.

윤일병, 1995. 수서곤충검색도설. 정행사. p. 262.

윌리엄 C. 버거 지음, 2010. 채수문 옮김, 꽃은 어떻게 세상을 바꾸었을까? 바이북스, 390pp.

이상태, 2010. 식물의 역사. 지오북, 303pp.

이성규, 2003. 식물의 살아남기. 대원사, 202pp.

이나가키 히데히로 지음, 최성현 옮김, 2003. 풀들의 전략. 오두막, 232pp.

이영노, 오용자, 2004. 관속 식물 분류학 Taxonomy of Vaxcular Plants. 삼원문화. pp. 259, 서울.

이영노, 1998. 원색한국식물도감. 교학사, 1246pp.

이영준, 2005. 매미박사 이영준의 우리 매미 탐구. 지오북. 191p.

이종욱, 1998. 한국곤충생태도감 IV. 벌, 파리, 밑들이, 풀잠자리, 집게벌레목. 고려대학교 한국곤충연구소, 246pp.

이종은, 안승락, 2001. 잎벌레과(딱정벌레목). 한국경제곤충 14호, 농업과학기술원, 229pp.

이종은, 조희욱, 2006. 한국경제곤충 27, 농작물에 발생하는 잎벌레류. 농업과학기술원, 127pp.

이한일, 2007. 위생곤충학(의용절지동물학) 제 4판. 고문사, 467pp.

정부희, 2010. 곤충의 밥상. 상상의 숲, 479pp.

정부희, 2011. 곤충의 유토피아. 상상의 숲, 479pp.

정부희, 2012. 곤충 마음 야생화 마음. 상상의 숲, 479pp.

정부희, 2013. 나무와 곤충의 오랜 동행. 상상의 숲, 479pp.

정부희, 2014. 곤충의 빨간 옷. 상상의 숲, 479pp.

제임스 B. 나르디 지음, 노승영 옮김, 2009. 흙을 살리는 자연의 위대한 생명들. 상상의 숲, 431pp.

제임스 K. 웽버그 지음, 2004. 박영원 옮김, 곤충의 유혹. 휘슬러, 190pp.

조복성, 1959, 한국동물도감 (I) 나비류. 문교부, 243pp.

조복성 지음, 황의웅 엮음, 2011. 조복성 곤충기. 뜨인돌, 323pp

최광식, 최원일, 신상철, 최광식, 최원일, 정영진, 이상길, 김철수, 2007. 신산림병해충도감. 웃고문화사, 402pp.

토마스 아이스너 지음, 김소정 옮김, 2006. 전략의 귀재들 곤충. 삼인, 568pp.

Thomas M. Smith and Robert Leo Smith 지음, 강혜순, 오인혜, 정근, 이우신 옮김, 2007. 생태학 6판. 라이프사이언스, 622pp.

한호연, 최득수, 2001. 꽃등에과(파리목). 한국경제곤충지 15호. 농업과학기술원, 223pp.

허북구, 박석근, 이일병, 2004. 재미있는 우리 나무 이름의 유래를 찾아서. 중앙생활사, pp. 343, 서울.

허운홍, 2012. 나방 애벌레 도감. 자연과 생태, 520pp.

현재선, 2007. 식물과 곤충의 공존전략. 아카데미서적, 298pp.

현재선, 2009. 곤충의 진화와 생활사전략. 아카데미서적, 298pp.

Byun, B.K., Y.S. Bae, and K.T. Park, 1998. Illustrated Catalogue of Tortricidae in Korea (Lepidoptera). In Park, K.T.(eds): Insects of Korea [2], 317pp.

Crowson, R.A., 1981 *The biology of the Coleoptera*. Academic Press, New York, 802pp.

Eisner, T. and J. Meinwald, 1966. Defensive secretion of arthropods. Science 153: 1341-1350.

Gilbert Waldbauer, 1999. *The Handy Bug Answer Book.* Visible Ink Press, U.S.A., 308pp.

Gilbert Waldbauer, 2003. *What good are bugs?* Harvard University press.

Gilbert Waldbauer, 2006. *A walking around the pond.* Harvard University press, 286pp.

Grimaldi, D. and M. S. Engel 2005 Coleoptera and Strepsiptera. pp. 357-406. In: Evolution of the Insects. Cambridge University Press, New York. pp. 1-755.

Gullan P.J. and Cranston, P.S., 2000. The Insects. An outline of Entomology (second edition). Blackwell science, 470pp.

Jolevet, P., 1995 *Host-plants of Chrysomelidae of the world.* Bachhuys Publishers Leiden. pp. 1-281.

Joliver, E. P. and T. H. Hsiao, 1988 *Biololgy of Chrysomelidae.* Kluwer Academic Publishers, Netherland. pp. 1-615.

Han, H.Y., D.S. Choi, J.I. Kim and H.W. Byun, 1998. A catalog of the Syrphidae (Inseca: Diptera) of Korea. Ins. Koreana 15: 95-166.

Kim J. I., Kwon Y. J., Paik J. C., Lee S. M., Ahn S. L., Park H. C., Chu H. Y., 1994. Order 23. Coleoptera. In: The Entomological Society of Korea and Korean Society of Applied Entomology (eds.), Check List of Insects from Korea, pp. 117-214. Kon-Kuk University Press, Seoul.

Kimoto, S. and H. Takizawa, 1994. Leaf beetles (Chrysomelidae) of Japan. Tokai University Press. pp. 539.

Knutson, R. M., 1974. Heat production and temerature regulation in eastern skunk cabbage. Science, 186: 746-747.

Kurosawa, Y., Hisamatsu, S. and Sasaji, H., 1985. The Coleoptera of Japan in Color Vol. III. Hiokusha publishing co., Ltd. Japan. 500pp.

Kim, T. J., 1994. *Medically Available Wild Plants in Korea*. Guk-il Media Co.

Moodie,, G.E.E., 1976. Heat production and pollination in Araceae. Can. J. Bol. 54: 545-546.

Ougushi, T. 2005. Indirect interaction webs: Herbivore movement, and insect-transmitted disease of maize. Ecology, 68: 1658-1669.

Park, C. H. and Lee B. Y., 1993. Life History of the Forsythia Sawfly, Apareophora forsythiae Sato (Hymenoptera: Tenthredinidae). Korean J. Appl. Entomol. 32(4): 457-459.

Richard E. White, 1983. *A field Guide to the Beetles of North America*. Houghton mifflin company, pp.368, boston New York,

Saito, K., 1931. Cicadidae. *More important injurious forest insects in Corea*. Bull. Agri. For. Coll. Suigen, (4): 73.

Uemura S. K. Ohkawara, G. Kudo, N. Wada and S. Higashi, 1993. Heat production and cross-pollination of the Asian Skink Cabbage *Symplocarpus renifolius* (Araceae). Amer. J. Bot. 80: 635-640.

| 찾아보기 |

ㅂ

ㅅ

ㅇ

ㅈ

ㅊ

ㅋ

기타